高等学校教材

变形监测理论与应用

Theory of Deformation Monitoring and Its Application

侯建国　王腾军　编著

周秋生　主审

测绘出版社

·北京·

内容简介

本书系统介绍了变形监测技术所应用到的基础理论知识、各种类型变形体的监测技术、监测数据分析预测的数学方法和多种监测领域的工程实例，并附有大量的应用算例，以及基于MATLAB的线性回归预测、时间序列预测、灰色系统预测、神经网络预测和小波去噪等计算机操作及程序源代码。全书共分九章，前三章介绍变形监测技术有关的基本概念，以及与常规测量异同，包括变形体监测的意义、监测方案设计、监测网平差和参考点稳定性检验等内容；第四和第五章详细介绍了利用监测技术所获得的数据预处理方法和预测所用到的数学工具；第六、七和八章介绍了变形监测技术常用到的几个应用领域；最后一章结合建筑工程、基坑工程及桥梁工程从监测方案的撰写到具体实施方法，以及监测中期和总结报告及图表的提交形式等都给出了具体实例。

本书可作为全国高校测绘专业及相关专业学生教材，也可作为测绘专业及岩土工程监测和管理等专业科技人员的参考书。

图书在版编目(CIP)数据

变形监测理论与应用/侯建国，王腾军编著．—北京：测绘出版社，2008.6（2013.12重印）
ISBN 978-7-5030-1862-6

Ⅰ．变…　Ⅱ．①侯…②王…　Ⅲ．变形观测—研究　Ⅳ．P227

中国版本图书馆CIP数据核字(2008)第083103号

责任编辑	金　君	**封面设计**	杨晓明
出版发行	测绘出版社	**电　　话**	010—83543956(发行部)
地　　址	北京市西城区三里河路50号		010—68531609(门市部)
邮政编码	100045		010—68531363(编辑部)
电子信箱	smp@sinomaps.com	**网　　址**	www.chinasmp.com
印　　刷	三河市世纪兴源印刷有限公司	**经　　销**	新华书店
成品规格	184mm×260mm		
印　　张	14.75	**字　　数**	360千字
版　　次	2008年6月第1版	**印　　次**	2013年12月第3次印刷
印　　数	5001—7500	**定　　价**	27.00元

书　　号　ISBN 978-7-5030-1862-6/P・481

本书如有印装质量问题，请与我社门市部联系调换。

前　言

工程建设和地质灾害的监测，对保证工程的安全施工、运营及灾害的预测和预警是非常重要的手段。根据教学大纲要求，测绘工程专业的学生在学习完测绘专业相关课程后，在高年级必须掌握变形监测理论与技术及其应用。变形监测的内容涉及监测技术及监测数据分析与预测两大部分。本书在第一章详细阐述了变形监测在全球性变形研究、区域性变形研究和工程变形研究的情况，介绍各种监测对象的常用技术，并对监测数据几何分析和物理解释进行简要叙述。在第二章介绍监测网中有关监测点的概念、网的类型及网的优化情况。第三章首先介绍监测网平差时所必备的广义逆矩阵和方程组解之间关系知识，然后介绍监测网经典平差、秩亏自由网平差和拟稳平差以及参考点稳定性检验。第四章介绍监测资料的预处理方法，包括监测数据检核和取舍常用方法、监测数据插补方法及滤波方法，并详细给出了小波分析在监测数据去噪的应用。第五章详细介绍了监测数据预测常用的数学方法。第六、七、八章介绍变形监测在工程建筑物、深基坑工程和桥梁工程中的应用。第九章介绍了变形监测一些具体工程实例。

本书写作特点为：介绍监测技术时，把传统和现代方法相结合。考虑掌握 MATLAB 这一工具对工科大学生的重要性，在监测数据处理部分，给出了若干算例的 MATLAB 源代码及小波分析图形用户界面操作。在介绍近代测量数据处理工具时，如神经网络预测和小波去噪内容中，略去了复杂的理论基础，通过一个实例分析，可使读者掌握同类监测数据的具体应用。

本书作者通过多年的变形监测课程理论教学和监测工程实践工作，根据学生的教学反馈信息以及工程上的要求，组织了本书的编写提纲。考虑学生在学习变形监测课程的时候，除了掌握常用监测的技术外，还应该了解变形监测数据处理的一些理论基础。所以，本书撰写时遵循省略变形监测理论知识的推导，通过实际算例使读者熟悉该知识点的应用情况，并给出若干监测领域所涉及的变形监测技术内容，使学生走向工作岗位能够参考书中实例完成相应的工程监测工作。

本书第一、四、五、六、八、九章由黑龙江工程学院侯建国编写；第二、三、七章由长安大学王腾军编写，全书由侯建国统稿。在本书的编写过程中，得到了长安大学博士生导师张勤教授的关心和支持。书稿编写完成后，全国高等学校测绘学科教学指导委员会委员黑龙江工程学院周秋生教授审阅了全书，在此谨致衷心感谢。

我们恳切希望使用本教材的教师和广大读者对本书提供宝贵意见或建议，以便再版时修正。

作者

2008 年 5 月

目 录

第一章 变形监测概述

任何测量工作都是针对相应对象而言的，如地形图测绘是对某区域进行地物和地貌的测量，地籍及房地产测量是精确测定土地权属界址点的位置。变形监测是对变形体上的监测点进行测量，亦称变形观测或形变测量。其任务是确定在外力作用下，变形体的形状、大小及位置变化的空间状态和时间特征。变形监测的主要目的就是监测变形体的安全状态，验证有关工程设计的理论或地壳运动的假说，以及建立正确预报变形的理论和方法。变形分析包括变形的几何分析和物理解释，变形预测是建立在一定的数学模型基础之上。对于变形体的安全来说，监测是基础，分析是手段，预报是目的。

§1-1 变形监测对象和意义

一、变形监测的对象

变形监测的对象是多种多样的，变形体的范围大到整个地球，小到一个工程建(构)筑物的块体。也就是说一切关系到人们生活的实物对象都可能成为变形监测的对象，而同一类型的对象，其产生变形的原因不同，则变形分布及其规律也不相同。所以，在变形监测实施之前，必须弄清楚产生变形的原因，才能布设监测控制网，观测得到可靠的变形数据和正确的变形分析结果。

(一) 全球性变形监测研究

地球和其他物质一样，是在不断运动和变化的，如地壳的水平移动和垂直升降、大陆漂移、海面高度变化、地球两极周期性运动等。因此，地球作为一个变形体通过长期重复测量，就可以发现地壳变化情况，通过对监测数据分析作出科学的预报，以此减少由于地壳瞬变运动而引发的地震和火山等自然灾害给人类造成的危害。

1. 地极移动监测

地轴自转不仅受到日、月引力作用而在空间变化，而且还受到内部质量不均匀影响而在地球体内运动。因此，地球自转在空间的位置和指向并不是固定不变的，地球在绕太阳运行时，其自转轴方向并不保持恒定，而是绕着北黄极缓慢地旋转。地轴在直径大约是 18m 圆圈作不规则曲线运动，大约是 14 个月转一圈。自转轴的变化是大地测量学、天文学和地球物理共同关心的问题，1900 年国际大地测量学会在地球上盖瑟斯堡、太平洋岸、日本和意大利设站监测极移。

2. 地球板块运动监测

地球动力研究表明，地壳被划分若干个彼此相对运动的板块，构造活动主要发生在板块的边缘。地质学家认为现代岩石圈已破裂分成 12 个大板块，即北美板块、南美板块、加勒比板块、欧亚板块、菲律宾板块、阿拉伯板块、太平洋板块、非洲板块、印度澳大利亚板块、纳兹卡板块、科科斯板块和南极板块。证明板块运动的主要方法，是在各板块上设立固定测站，利用空间大地测量技术，长期监测各站的位置及各站间的长度和高差的变化。对各期监测资料分析，就可发现板块之间移动的速度和移动方向。到1985年止，全球已建立包括44个站的板块运动监测网，其中北美板块上17个，欧亚板块上16个（包括我国的上海站），太平洋板块上4个，南美板块上3个，印澳板块上2个，阿拉伯板块上1个，纳斯卡板块上1个。目前，已经通过空间测量手段证实大西洋每年以2.5cm的速度在扩大，而太平洋板块在缩小。各板块之间运动速率也是不同的，非洲大陆每年加宽几个毫米到几十毫米；日本东京正在已每年2.5cm的速率向中国上海大陆靠近；地球表面温度升高使海平面以每年2.1mm的速度上升。

3. 地球旋转速率变化监测

众所周至，地球旋转一周需要约24小时，假如一个人待在家里，他在宇宙空间一昼夜也运行了四万公里，“坐地日行八万里”嘛！但是地球旋转的速度并不是一个固定的常数，它是在不断变化的。地球自转的线速度与纬度及高度有关，地球自转的角速度为$2\pi/T$。由于地球自转速度变化引起日长的变化，且其变化是很复杂的。时间尺度有几天到几十年，甚至有长期变化。为了检验某一时间尺度的地球旋转速度的变化，采用比地球自转更稳定的石英钟（$10^{-11}\sim10^{-12}$量级的稳定度）可测出短周期的变化通常是10^{-3}s的量级，如采用更稳定的原子钟（10^{-13}量级的稳定度）可测出10年尺度的变化是10^{-2}s的量级。

（二）区域性变形监测研究

一个地区、一个国家或城市由于受到自然因素和人为因素的影响，破坏了地壳上部的平衡，造成地面变形，而引发一系列的地质灾害。这种变形需要长期观测监视，以便采取措施控制其发展，保证人类正常的生产和生活。

1. 地壳形变监测

所谓地壳运动，是在地球内部构造应力的作用下，所引起的地壳一些元素的相对运动。它们可以是垂直运动、水平运动或倾斜运动，综合表现为大面积的地壳形变。地壳运动可分为长期运动和瞬变运动，由于地壳的瞬变运动可能引起地震和火山等自然灾害的发生。通过监测地壳的变形是预报地震发生时间和地点的主要方法，因此，测定地壳板块内变形状态和板块交界处地壳相对速度的区域性变形研究是非常重要的。监测地壳运动通常建立了三级监测网：除全球板块运动监测网外，还有区域地壳运动监测网（几百公里到1000km）和局部地壳运动监测网（几十米到几十公里）。

2. 城市地面沉降监测

目前，全球已知的重要表层沉降地区有150个以上的城市。美国、日本和墨西哥分布最多，东京最大沉降达到4.3m，最严重达到10m。中国有50多个城市存在不同程度的地面沉降问题，下面就上海、天津、西安和北京等比较突出城市给予介绍。

（1）上海市从1921年发现地面下沉开始，到1965年止，最大的累计沉降量已达2.63m，影响范围达400km^2。有关部门采取了综合治理措施后，市区地面沉降已基本上得到控制。从1966～1987年22年间，累计沉降量36.7mm，年平均沉降量为1.7mm；

（2）天津市从1959～1982年间最大累计沉降量为2.15m，1982年测得市区的平均沉降速率为94mm。目前，最大累计沉降量已达2.5m，沉降量100mm以上的范围已达900km^2；

（3）北京市自从上世纪70年代以来，北京的地下水位平均每年下降1～2m，最严重的地区水位下降可达 3 ～ 5m。地下水位的持续下降导致了地面沉降，有的地区（如东北部）沉降量 590mm，沉降总面积超过 600km^2。而北京城区面积仅 440km^2，所以，沉降范围已波及到郊区；

(4) 西安市地面沉降发现于 1959 年，1971 年后随着过量开采地下水，在 1972 ～ 1983 年，最大累计沉降量 777mm，年平均沉降量 30 ～ 70mm 的沉降中心有 5 处。1983 年后，西安市地面沉降趋于稳定发展，部分地区还有减缓的趋势。到 1988 年最大累计沉降量已达 1.34m，沉降量 100mm 的范围达 200km^2；

(5) 太原市经 1979 年、1980 年和 1982 年三次在市区 600km^2 范围的测量，发现沉降量大于 200mm 的面积有 254km^2，大于 1000mm 的沉降区面积达 7.1km^2。最严重的是吴家堡，其次是小店。吴家堡水准点的累计沉降量：1980 年是 819mm，1982 年是 1232mm，到 1987 年累计沉降量达 1380mm。

此外，还有宁波市、常州市、苏州市、无锡市、嘉兴市、杭州市、台湾的屏东、彰化、云林、嘉义、台中和台北等 6 个县(市)，均发生了不同程度的地面沉降。地面沉降会引起严重的环境问题。例如，沿海的海面相对上升，沿海低洼地区潮水倒灌，沿湖低地泛滥，防洪系统效益降低，城市地下管道被破坏，建筑物的安全受到威胁等等。因此，需要在沉降区进行经常性的监测工作，提供精密数据以建立环境资料档案，让有关部门随时掌握地面动态，及时采取措施，防患于未然。

(三) 工程和局部变形监测研究

工程建(构) 筑物的兴建，从施工开始到竣工，以及建成后整个运营期间都需要不断监测。以便掌握变形的情况，及时发现问题，保证工程的安全。人类开发自然资源的活动(抽取地下水、采油和采矿等) 会引起局部地表变形，如在人口密集地区大量抽取地下水，造成地面沉降，地面不均匀沉降会引起建筑物和工业设施的破坏。地下采矿引起矿体上方岩层的移动，严重的会造成地面滑坡和塌方危及人民生命财产。

1. 工程建(构) 筑物的三维变形监测

通过对工程建(构) 筑物的沉陷、倾斜及挠度等的监测，可以为改善建(构) 筑物物理参数和地基强度参数提供科学合理的依据，防止工程破坏事故，提高抗灾的能力。对于机械设备，则保证设备安全、可靠和高效地运行，为改善产品质量和新产品的设计提供技术数据。对大型特种精密工程，如大坝、桥梁、核电站、粒子加速器以及隧道、地铁等也有重要的工程意义。

2. 滑坡体滑动监测

滑坡的孕育和发生过程是一个复杂的物理过程，受多方面因素的影响，内在的因素主要有岩石介质的各向异性、岩体结构的高度非均匀性、地形地貌以及地应力的复杂性。外在的因素主要有地下水、降雨、温度等因素的变化以及人类活动的影响等等。这些内在、外在因素的相互耦合又相互竞争，导致滑坡位移随时间变化表现出很强的非线性特征。因此，对于滑坡体通过监测其随时间的变化过程，可以进一步研究滑坡的成因，预报大的滑坡灾害。

3. 地下开采引起地表沉陷监测

在开采影响波及到地表以后，受采动影响的地形从原有标高向下沉降，从而在采空区上方地表形成一个比采空区面积大的多的沉陷区域，这种地表沉陷区域称为地表移动盆地或称沉陷盆地。在地表沉陷过程中，改变了地表原有的形态，引起了高低、坡度及水平位置的变化。因此，对于影响范围内的道路、管线、建筑物和生态环境等，都带来不同程度的影响。地表下沉

1m左右，沉陷盆地内便可积水，严重影响土地的使用，造成矿区耕地大量减少。通过对矿山由于矿藏的开挖所引起的实际变形的观测，可以采用控制开挖量和加固等方法，避免危险性变化的发生，同时可以改进变形预报模型。

二、变形监测的意义

由于不同的变形体变形可能导致不同的灾害发生，因此灾害的监测和防止已经受到全社会普遍的关注，各级政府及主管部门对此问题十分重视。诸多国际学术组织，如国际大地测量协会(IAG)、国际测量师联合会(FIG)、国际岩石力学会(ISRM)、国际大坝委员会(ICOLD)、国际矿山测量协会(ISM)等，经常定期召开专业会议进行学术交流和研究对策。经过广大测量科技工作者和工程技术人员的共同努力，在变形监测领域取得丰硕的理论研究成果。为采取紧急安全措施提供有关数据。

(一)对地观测和防灾减灾

地球是个结构复杂、动态变化和各种因素，相互影响的不确定性巨系统。人类在持续得到地球恩惠的同时，也不断受到大自然的惩罚，如地震(如图1-1(a)所示)、火山喷发(如图1-1(b)所示)和海啸(如图1-1(c)所示)等地质灾害，危及人们生命和生产的安全。通过对火山活动的监测，如发现火山附近在近期有地表发生形变，可以揭示其喷发的前兆。目前，变形监测技术是火山喷发预测的主要手段。利用现代大地测量方法进行对地观测可以获取地球几何与物理信息，通过进行关联分析可以对灾害进行预测并预警，进而减少因自然或人类活动引起灾害所造成的损失。减灾是人类面临的重大问题之一。

(a)地震的影响

(b)火山喷发的影响

(c)海啸的影响

图1-1 地质灾害的影响

(二)工程建(构)筑物破坏及影响

对工程建(构)筑物进行定期、系统的监测，发现异常及时采取工程补救，不论是施工期间还是运营期间都非常重要。如我国的丰满发电厂混凝土重力坝，坝内蜂窝、渗漏严重，经监测坝基水平位移很大，采取灌浆等加固技术后，大坝的整体性和稳定性大大提高。1985年6月12日长江三峡新滩大滑坡的成功预报和隔河岩大坝GPS自动化变形监测系统在1998年长江流域抗洪错峰中发挥的作用，都说明变形监测的重要意义。而在国外20世纪下半叶发生了三次震惊水利水电工程界的重大工程事故：法国马尔巴塞(Malpasset)双曲拱坝溃坝、意大利凡依昂(Vajout)双曲拱坝近坝库区左岸发生2.5亿m^3的大滑坡和美国提堂(Teton)土坝在基岩坝段溃决。这些灾害的发生除了岩石水力学的一些问题外，还和大坝缺乏必要的观测检查而酿成。马尔巴塞拱坝建于1952年至1954年，破坏于1959年12月，拱坝溃决后，库内洪水汹涌奔腾，下游水位瞬即上涨。水深7～15m，宽度1km后以每小时70km速度向下飞驰，历时45min，坝下游10km处的费雷茄斯城变成废墟，坝前8km处一兵营500名士兵全部死亡。事后调查认为：由于拱坝岸坡局部岩石脆弱，使拱座产生不均匀变形和滑坡而导致全坝崩溃。该坝运行期间没有设置观测仪器，对建筑物缺乏定期检查观测，大坝破坏前的变形情况未能充分及时了解，没有作出相应的加固补救措施，也是垮坝重要原因之一。

§1-2　变形监测技术

变形体的变形过程一般都是动态过程，有的变形速度快，有的则很慢。通常是通过被研究对象的不同离散时刻点进行观测，把对象看作静态系统，然后由多个时刻的观测结果，再来研究其运动的动态过程。变形监测技术选择取决于变形体变形特征、变形的大小和变形的速度等因素。

一、全球性变形监测技术

在全球性的变形监测中，空间大地测量是最基本且最适用的技术。它主要包括甚长基线干涉测量(VLBI)、卫星激光测距(SLR)、全球定位系统(GPS、GLONASS、GALILEO)以及卫星重力探测技术(卫星测高、卫星跟踪卫星和卫星重力梯度测量)等。

(一) 甚长基线干涉测量

甚长基线干涉测量(very long baseline interferometry，VLBI)是射电天文学的观测技术，它利用地面上相距很远(几千公里，甚至超过1万公里)的两台射电天线构成甚长基线。来自宇宙射电源的信号，同时记录在基线的两端，然后传送到处理中心作互相关处理，以得出信号到达基线两端的时延，换算为基线长度和方向，或基线两端的三维坐标差，如图1-2所示。该技术是随着干涉测量法和射电天文学的发展以及现代电子技术和高稳定度频率标准的诞生而形成的，于1967年春由美国和加拿大试验成功，1972年开始用于大地测量学和地球物理学。目前全球有40多个VLBI站。

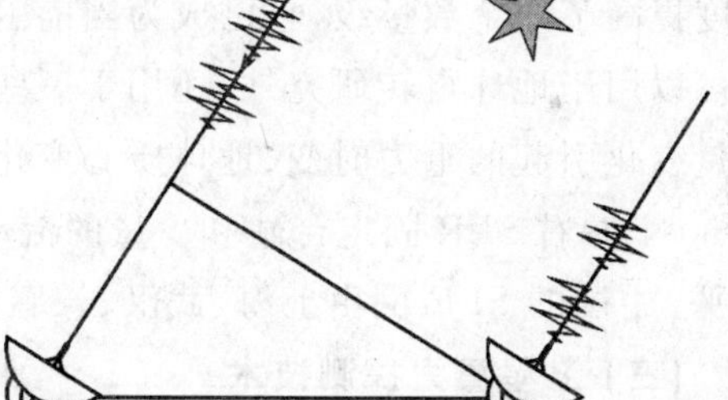

图1-2　VLBI监测原理

中国有上海VLBI站，它是中国VLBI网中最早建的站，位于上海佘山观测基地，1987年建成，射电望远镜口径25m，1988年用S、X两个波段进行大地测量工作。第二个VLBI站设在乌鲁木齐天文台，1993年底建成，射电望远镜口径25m。1999年10月，我国自行研制的流动型VLBI固置于昆明，直径32m接收天线。VLBI是测定长基线最精密技术，精度为10^{-8}～10^{-9}，极移测定精度0.001rad，日长变化的测定精度达0.05毫时秒。它能监测地球自转变化和极移，以1mm/a的速度分辨率精确测定板块相对运动，能以前所未有的空间分辨率和时间分辨率测定全球的地壳运动，为解释板块内断裂作用、地震活动以及其他构造过程提供依据。

(二) 卫星激光测距

卫星激光测距(satellite laser ranging,SLR) 或称激光测卫(见图 1-3),即利用激光测距仪在地面上跟踪观测装有激光反射棱镜的卫星,测定测站到卫星距离的技术和方法。SLR 是目前精度最高的绝对定位技术,在定义全球地心参考系中起决定性作用,又是卫星重力技术确定全球重力场模型的主要工具。同 VLBI 一样,它能以高精度测定两站间相对位置,站间距离同样可以很远。激光测卫开始是使用 BE-C 卫星,1976 年美国宇航局发射了激光地球动力卫星 LAGEOS-I,1992 年美国和意大利合作发射了 LAGEOS-II,扩大了地球上 SLR 的观测范围。同时,法国、前苏联、日本和德国等先后都发射了 SLR 卫星。

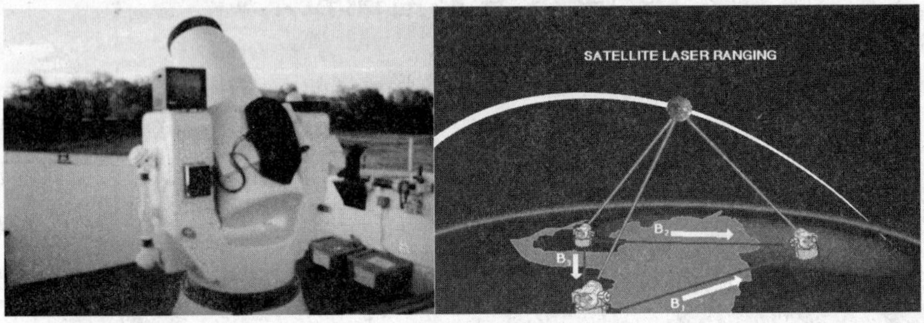

图 1-3 SLR 及其测量原理

从 20 世纪 70 年代第一代 SLR 系统 1m 测距精度,发展为 80 年代第三代 SLR 系统 5 ~ 10cm 的测距精度,如今已经达到 1 ~ 2cm 的测距精度。因此,在短短 30 年内,SLR 系统的测距精度提高了两个数量级,它已成为当前卫星精密定轨、定位中观测精度最高的观测技术。它除了可以用于地球自转研究外,还用于一些缓慢变化的地球动力学现象,如板块运动、地球惯性张量变化引起的重力时变、地球质心变化以及地球动力扁率 J_2 的长期变化研究。目前,全球约有 50 个左右 SLR 固定台站和少量的流动站。测距精度已经达到厘米级,少数台站达到毫米级水平。中国的 SLR 网由上海、武汉、长春、北京、广州和西安固定站以及两台流动式 SLR 组成。

(三) 卫星重力探测技术

水准与重力测量是地壳形变监测的两种重要手段。水准测量是几何大地测量,重力测量是物理大地测量,以往二者资料的获取和处理都是相互独立、自成体系的,但实际上它们是相互关联的。地下物质的运动不仅会造成地表的几何变形,而且会引起水准面的变形。同样,不仅地下物质密度的变化会引起重力值的变化,地壳的几何升降也会引起地表重力值的变化。因此,两类观测是密不可分的,它们不仅含有自身的主要信息,而且含有互补的信息。测定地球的形状可以用重力测量方法(物理方法),也可以用几何测量方法。前者可以在地面上任何地点(包括大陆和海洋) 实施,而且重力点之间不需要向几何测量方法那样考虑各点之间的相互联系,点位选定和观测数据处理都很简单。因此,重力测量方法,比较容易在全球表面布设相当多的重力点,由此求定比较可靠的地球扁率,研究全球性的地球形状和建立全球地球参考框架。由于地球自然表面的形状及其内部的质量分布极不规则,地球重力场是很复杂的,地球上观测的重力值的逐点变化,是这种复杂性的反映。重力逐点变化的原因有三:第一,各点的高程不同,重力值随着高程的增加而减小;第二,地球的扁率,它引起重力变化是全球性的,是纬度的函数；第三，地形及地球内部质量分布不规则，所引起的重力变化是区域性和局部性的。地球重力场变化更是地球内部密度和结构变化的直接反映，高精度的重力场数据结合地震波数据可以反演地球的内部结构和地球内部动力学机制。

地球重力场的研究始终是大地测量学科发展最活跃的领域之一。人类对地球重力场的认识取决于全球范围内重力场探测技术和确定地球重力场的理论发展，由于地面重力测量、航空重力测量以及空间重力测量的发展，对地球重力场的研究已取得突破性进展。进入 20 世纪 90 年代，GPS、INS 及高灵敏度、高稳定度梯度仪的应用，导致航空重力测量的研究取得突破性进展，航空重力测量系统精度可达到 $1\times10^{-3}\,cm/s^2\sim1\times10^{-4}\,cm/s^2$，分辨率为 5km ～ 10km。空间技术应用于海洋重力场的测定，如卫星测高（satellite altimetry，SA）技术已在 20 世纪 90 年代进入生产实用阶段。从 2000 年开始，空间技术应用于包括大陆范围的全球重力场测定的卫星追踪（SST）技术（即高轨卫星追踪低轨卫星，低轨卫星追踪低轨卫星）和卫星重力梯度测定技术（SGG）。目前，具有求定地球重力场能力的卫星有德国的 CHAMP（challenging mini-satellite payload for geophysical research and application）、美国和德国联合研制的 GRACE（gravity recovery and climate experiment）和欧空局的 GOCE（gravity and ocean circular exploration）三颗星，它们提供的地球重力场信息使空间重力测量在精度和分辨率方面有一个重大的进展，而且它还能实时提供重力场长波部分随时间变化的信息。

二、区域性变形监测技术

在区域变形监测方面，GPS 成为主要的技术手段，它在板块运动、地震和大城市地面沉降监测等发挥重要作用。但是作为雷达遥感的一个分支，合成孔径雷达干涉测量（Interferometric synthetic Aperture Radar，InSAR）技术在过去一二十年取得重大的突破，运用差分干涉手段（D-InSAR）量测高程的变化（地表形变）可达到厘米级甚至毫米级。在监测地震变形、火山地表移动、冰川漂移、地面沉降和山体滑坡等方面，表现出很强的优势。

（一）高精度 GPS 形变测量

GPS 系统的建立给定位技术带来了革命性的巨大变化。应用 GPS 静态定位技术在多个测站上长时间观测，再经过事后处理，可以在数百公里甚至上千公里的距离上达到厘米级甚至毫米级的观测精度。高精度的 GPS 测量不同于一般的 GPS 测量，基线处理时采用了经事后处理的精密星历。在 GPS 技术发展中，由不同组织和机构计算并发布了多种精密星历，目前使用的精度最高、最具权威性的星历当属由 IGS（International GPS Service for Geodynamics，国际 GPS 地球动力学服务）发布的 IGS 综合精密星历。IGS 全球跟踪站全球 100 多个，中国有上海、武汉、拉萨、西安、乌鲁木齐和北京等站。IGS 将全球 GPS 跟踪站的数据进行处理和分析，最终获得 IGS 综合精密星历。高精度的外业观测，需要高精度 GPS 平差与分析软件，国际著名的有瑞士 Bernese 大学的 Bernese 软件，美国 MIT 的 GAMIT/GLOBK 软件，德国 GFZ 的 EPOS. P. V3，美国 JPL 的 GIPSY 软件等，国内著名的有武汉大学的 GPSADJ 和同济大学的 TGPPS 静态后处理软件。

自 20 世纪 80 年代后期，一些国家和地区通过高精度 GPS 测量建立区域性的与 ITRF（international terrestrial reference frame）框架一致的 3 维地心坐标参考基准，为区域变形监测提供可靠基础。1992 年，英国建立了包含 700 个测站的国家 GPS 网 SciNet92。澳大利亚也利用高精度的GPS测量，建立了澳大利亚3维地心坐标参考基准GDA94（geocentric datum of Australia 1994），该基准与ITRF92框架、1994.0历元的基准一致。美国国家大地测量局计划通过高精度的GPS测量，计算ITRF框架下的国内测站坐标，这类测站数目最终达到7000个点。欧洲通过一次大规模的GPS会战，建立了欧洲89参考框架EUREF89，近100个测站点。

我国已经建立的高精度GPS网主要有全国一、二级网，国家GPS A、B级网，中国地壳运动观测网：① 全国GPS一、二级网于1991年～1997年由总参测绘局布设，全网534个点，在全国陆地（除台湾外）、海域均匀分布，还包括南沙重要岛屿。一级网有44个点，平均边长800km，相对精度3×10^{-8}，于1991年5月至1992年4月观测。二级网分6个测区，即南海岛屿，东北、华北，西北，华东，华南以及青藏云贵川测区，是在一级网基础上布设的，平均边长200km，相对精度1×10^{-7}，先后于1992年到1997年施测。② 国家GPS A级网第一次于1992年结合国际IGS92会战，由国家测绘局、中国地震局等单位布设，全网共有27个点，平均边长650km，1996年国家测绘局进行了A级网的复测，全网整体平差后在ITRF1993参考架中地心坐标精度优于0.1m，点间水平方向的相对精度优于2×10^{-8}，垂直方向的相对精度优于7×10^{-8}。由国家测绘局于1991～1997年建立了覆盖全国的国家高精度GPS B级网。由818个点组成，其中大部分重合了原天文大地网的天文点、三角点或重力点，新埋设89个点，沿海经济发达地区平均边长50～70km，中部地区100km，西部地区150km。平均点位中误差水平方向0.013m，垂直方向0.026m，基线分量重复性水平方向优于4×10^{-7}，垂直方向优于8×10^{-7}，绝对地心坐标精度不低于±1m。③ 中国地壳运动观测网络（crustal movement observation network of china，CMONOC）是我国“九五”期间国家投资建设的一项重大科学工程。由中国地震局、总参测绘局、国家测绘局和中国科学院等四单位于1998年开始布测，由25个测站的基准网、56个测站的基本网及1000个站的区域监测网组成。这些测站覆盖了我国各主要的地学块体，其精度达到10^{-9}量级。

现在2000国家GPS控制网已投入使用，该网由国家测绘局布设的GPS A、B级网，总参测绘局布设的GPS一、二级网，以及中国地壳运动观测网络组成（见图1-4），全网共2609个点，通过联合处理归于一个坐标参考框架，形成紧密的联系体系，可满足现代测量技术对地心坐标的需求。为了满足地球动力学研究、地震监测和预报的需要，还建立了一些区域性的高精度GPS地壳形变监测网，如青藏高原地球动力学监测网（1993，1995，1997），华北地区地壳运动监测网（1995，1996），新疆地区地壳运动监测网（1995，1996，1997，1998）等。

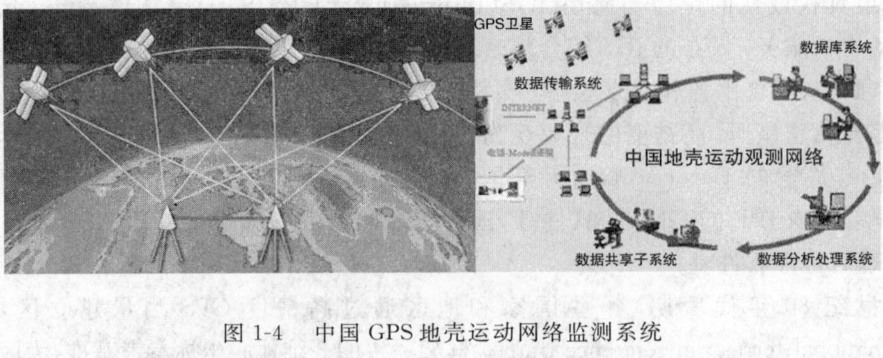

图1-4　中国GPS地壳运动网络监测系统

以上介绍的大规模高精度的GPS网，在建立和维持全球和地区的地心坐标框架、地震预报、精密形变测量、地球动力学研究及精化大地水准面等方面都发挥重要的作用。

(二) 合成孔径雷达干涉测量

如图 1-5 所示，合成孔径雷达干涉测量(interferometry synthetic aperture radar，InSAR)是继 GPS 之后，在测绘领域又发生的一次革命性变化，是正在发展中的极具有潜力的微波遥感新技术。起初，它主要应用于生成数字高程模型(DEM) 和制图，后来很快被扩展为差分干涉技术(differential InSAR，D-InSAR) 并应用于测量微小的地表形变，它已在研究地震形变、火山运动、冰川漂移、城市沉降以及山体滑坡等方面表现出极好的前景。目前，欧美国家对这一技术正竞相研究，我国对雷达干涉的研究仍处于起步阶段，但已引起国内测绘界与地学界极大兴趣和广泛关注。该技术从诞生之日起就受到青睐，不但是因为 InSAR 技术提取高程精度可达到数米，运用差分干涉手段(D-InSAR) 量测高程的变化可达到厘米甚至毫米级，而且是通过遥感影像处理的方式量测地表形变。GPS 技术可以在地表上以点的形式测定地表形变，而 InSAR 可以在地面上以面的形式测定地表形变。此外，InSAR 可以在较短的时间间隔内对所考虑的地区重复进行大面积测量，因而在时间测度上也具有较高的分辨率。

图 1-5　雷达干涉测量卫星

InSAR 是基于时间测距的成像机理，充分利用了雷达回波信号所携带的相位信息，来提取地面高程信息。其原理是通过两副天线同时观测或两次平行的观测，获得同一地区的重复观测数据(复数影像对)，提取同一目标对应的两个回波信号之间的相位差，结合观测平台的轨道参数等提取高程信息，利用差分干涉技术可以精密测定地表微小变形。InSAR 影像像对的基线要求比较短，对数据获取的时间间隔和系统参数却十分严格。目前，用于 InSAR 的卫星有欧空局的 ERS-1/2、Envisat、日本宇航局的 JERS-1 和加拿大的 RADARSAT 等。

三、工程和局部性变形监测

工程和局部的变形监测分为外部监测和内部监测，外部监测以大地测量为主，其主要手段包括重复精密水准测量、精密三角、三边或边角测量和高精度自动化的全站仪监测系统。对于局部大型工程的变形监测，GPS 技术有好的应用前景。用大地测量方法进行变形监测，其特点是所测的量为绝对位移，监测范围广，监测精度高，但只能反应变形体的外观变形。内部监测主要采用岩土工程监测仪，如钻孔倾斜仪和多点位移计等，其特点是能监测到岩体内部的变形分布，但测量范围小，代表性差。对于大型工程建(构) 筑物、重要的滑坡，采用内部和外部监测手段相结合，可以得到好的监测结果。

(一) 常规地面测量方法

常规地面测量方法指用常规或现代的测量仪器测量方向(或角度)、边长和高差等观测量对变形体测量的总称。是一般的工程建(构) 筑物、深基坑工程和城市地下工程等变形监测的主要手段。随着全站仪的普及和测量机器人的出现，为局部工程变形的监测提供一种很好的技术手段，它可以实现自动监测或室内监测，并且可达到亚毫米级测量精度。由于变形监测相对于常规测量的精度高，因此，在作业中应选择高精度测量仪器。目前，测角精度最高达到

0.5″,如徕卡的马达驱动自动跟踪型全站仪 TCA2003 和马达驱动、自动跟踪、工业测量型全站仪 TDA5005。利用光的干涉原理研制的双频激光干涉仪是目前距离测量仪器中精度最高的一种,它能测到几百米,甚至几千米,测量精度可达到 10^{-7} 以上,真空中达到 4×10^{-10}。电磁波测距精度最好为 0.1×10^{-6}(10km 误差为 1mm),精密高程测量仪器精度达到每公里往返测高差平均值的标准差 0.4mm。

(二) 摄影测量方法

摄影测量方法包括单张相片摄影测量、地面立体摄影测量和航空摄影测量等。单张相片摄影测量只能测定平行于摄影机承片框平面上的变形,地面立体摄影测量则可测定物体空间位置的移动和变形,这两种方法适用于近距离大型工程建筑物(如混凝土大坝、挡土墙、高层建筑物等)、高塔、烟囱、古建筑、船闸和边坡体的变形监测。航空摄影测量用于大范围的地面变形测量,如由于地下采矿而引起的地表移动。

摄影测量的精度主要取决于像点的量测精度和摄影测量的几何强度,前者与摄影机和量测仪的质量、摄影材料有关,后者与摄影站和变形体之间的关系以及变形体上控制点的数量和分布有关。目前,像片坐标精度可达到 $2\sim4\mu m$,目标点精度可达到摄影距离的十万分之一。摄影测量的方法具有很多优点,在同一时刻对变形体的很大范围进行观测,并可测定任意数量的点,其中包括不能直接测量的点,外业工作量小,效率高。近年来,数字摄影 CCD 技术已逐渐取代传统的胶片摄影模式,使得相片数据处理更方便,精度更高。

(三) 特殊监测方法

作为对常规方法的补充或部分的代替,某些特殊的测量方法更适合于一些变形体的监测。

1. 短距离测量

对于小于 50m 的距离,由于电磁波的固定误差所限,根据实际条件可采用机械法。如 GERICK 研制的金属丝测长仪,是将很细的金属丝在固定拉力下绕铟测鼓上,其优点是受温度影响小,在上述测程下可达到优于 1mm 的精度。

2. 准直测量

一点到一平面(或一条直线)的垂直距离(偏距)在许多变形体的监测中遇到,这种监测的特点是垂直距离一般较小,如在几米的距离上,要求绝对精度几十个微米。它适合于水平基线通常平行于被监测物体,如大坝、机器设备的轴线。基准线可用光学法、光电法和机械法产生。

(1) 光学法是用一般的光学经纬仪或电子经纬仪的视准线构成基准线,也采用测微准直望远镜的视准线构成基准线。若在望远镜目镜端加一个激光发生器,则基准线是一条可见的激光束。光线法准直测量有测小角法、活动觇牌法和测微准直望远镜法。

(2) 光电法是通过光电转换原理测量偏距的,最典型的是三点法波带板激光准直。激光器点光源中心、光电探测器中心和波带板中心三点在一条直线上,根据光电探测器上的读数可计算出波带板中心偏离基准线的偏距。

(3) 机械法是在已知基准点上吊挂钢丝或尼龙丝(亦称引张线)构成基准线,用测尺游标、投影仪或传感器测量中间的目标点相对于基准线的偏距。

3. 铅直测量

以过基准点的铅垂线为垂直基准线,沿铅垂基准线的目标点相对于铅垂线的水平距离(称偏距)可通过垂线坐标仪、测尺或传感器得到。与水平基准线一样,可以用光学法、光电法或机械法产生。例如，两台经纬仪过同一基准点的两个垂直平面的交线即为铅垂线。用精密光学垂准仪可产生过底部基准点(底向垂准仪)或顶部基准点(顶向垂准仪)的铅垂线。光学法仪器中加上激光目镜，则可产生可见铅垂线。机械法主要是克服风和摆动的影响，最常用的机械法是正、倒垂线法。

(1) 正垂线法　主要包括悬线装置、固定与活动夹线装置、观测墩、垂线、重锤和油箱等。固定夹线装置是悬挂垂线的支点，应安装在人能到达之处，以便调节垂线的长度或更换垂线，支点在使用期间应保持不变；活动夹线装置为多点夹线法观测时的支点；垂线是一种直径为1～2.5mm的高强度且不生锈的金属丝；重锤是用金属制成砝码形式的使垂线保持铅垂状态的重物；油箱的作用是保持重锤稳定。

(2) 倒垂线法　它是利用钻孔将垂线一端的连接锚块深埋到基岩之中，从而提供了在基岩下一定深度的基准点，垂线另一端与一浮体箱连接，垂线在浮力的作用下拉紧，始终静止于铅直的位置，形成一条铅直基准线。倒垂线的位置与工作基点相对应，利用安置在工作基点上的垂线坐标仪可测定工作基点相对于倒垂线的坐标，比较其不同观测周期的值，可求得工作基点的位移。

4. 液体静力水准测量

该方法基于伯努利方程，即对于连通管中处于静止状态的液体压力满足伯努利方程。按该原理制成的液体静力水准测量仪或系统可以测两点或多点之间的高差，其中的一个观测头可安置在基准点上，其他观测头安置在目标点上，进行多期观测，可得各目标点的垂直位移。这种方法特别适合建筑物内部(如大坝)的沉降观测，尤其是适用于常规的光学水准仪观测较困难且高差又不太大的情况。目前，液体静力水准测量系统采用自动读数装置，可实现持续监测，监测的目标点可达上百个，同时也发展了移动式系统，测量的高差可达到数米。

5. 倾斜测量

挠度曲线为相对于水平线或铅垂线(称基准线)的弯曲线，曲线上某点到基准线的距离称为挠度。例如，在建筑物的垂直面内各不同点相对于底点的水平位移就称为挠度。大坝在水压作用下产生弯曲，塔柱、梁的弯曲以及钻孔的倾斜等，都可以通过正、倒垂线法或倾斜测量方法获得挠度曲线。高层建筑物在较小的面积上有很大的集中荷载，从而导致基础与建筑物的沉陷，其中不均匀的沉陷将导致建筑物倾斜，局部构件发生弯曲而引起裂缝。这种倾斜和弯曲将导致建筑物的挠曲。建筑物的挠度可由观测不同高度处的倾斜来换算求得，大坝的挠度可采用正垂线法测得。两点之间的倾斜也可用测量高差或水平位移，通过两点间距离进行计算间接获得。用测斜仪可直接测出倾角，侧斜仪包括摆式测斜仪、伺服加速度计式测斜仪以及电子水准器等。采用电子测斜仪可进行动态观测。不同的侧斜仪，测量精度差别很大。一般“短基线”精度范围是0.5″～1.0″。而“长基线”精度很高，用水作为液体，每10m距离测量精度可达到0.01m。用水银作液体，测量精度可达到0.001″，实际工作中根据需要选用。

6. 振动(摆动)测量

对于塔式建筑物，在温度和风力荷载作用下，其挠曲会来回摆动，从而需要对建筑物进行动态观测——振动(摆动)观测。对于特高的房屋建筑，也存在振动现象。例如美国的帝国大厦，高102层，观测结果表明，在风荷载下，最大摆动达7.6cm。为了观测建筑物的振动，可采用专门的光电观测系统，该法的原理与激光准直相似。

7. 应变测量

应变是变形体内部的一种变形，可以直接测量距离来计算应变，也可通过用传感器测量应变。应变传感器实质上是一个导体(金属条或很窄的箔条)，埋设在变形体中，由于变形体中的应变使得导体伸长或缩短，从而改变了导体的电阻。导体电阻的变化是用电桥测量的，通过测量电阻值的变化就可以计算应变。

(四)GPS 监测方法

大坝由于水负荷的重压可能产生变形，危及坝体的安全，需要对大坝的变形进行连续而精密的监测。高层建筑物由于受日照和风振的变形监测，大型桥梁以及海上钻井平台，也同样会在风浪冲击与负荷作用产生形变，影响桥梁与钻井平台的安全。GPS 定位技术同样可以满足这类工程安全监测的精度($1\times10^{-6}\sim1\times10^{-7}$)，而且比常规方法更容易实现监测工作的自动化。

在大坝形变监测中，可远离坝体的适当位置，选择一个 GPS 连续运行参考基准站，并在形变区内选择若干个监测点。在基准站和监测点上，分别安置 GPS 接收机，进行连续的自动观测。大坝 GPS 监测网一般只有数百米长，而观测精度要求达到亚毫米级，因此，大坝监测实际是应用 GPS 技术在短基线上进行亚毫米级定位。按照国家《混凝土大坝安全监测技术规范》规定，要求拱坝位移量的切向精度优于 ±0.7mm，径向点位精度优于 ±1.4mm，所以在短基线情况下要达到亚毫米级精度，就应当采取一些措施。如采用性能优良的接收机和天线、减少天线的安置误差和进行严格的数据处理。湖北省清江隔河岩大坝 GPS 自动观测系统，6 小时观测数据解算的水平位置精度达到 ±0.5mm，垂直精度达到 ±1mm。

在动态监测方面，传统的方法一般采用加速度计、激光干涉仪等测量设备测定建筑结构的振动特性。但是，随着建筑物高度的增加，以及连续性、实时性和自动化监测程度要求的提高，常规测量技术已越来越受到限制。GPS 作为一种新方法，利用 GPS 动态差分载波相位法可以监测高层建筑物受强风作用所产生的顶部水平位移。将一台 GPS 接收机安置在距离待测建筑物一段距离且相对稳定的基准站上，另一台接收机的天线安装在待测建筑物楼顶。接收机周围 5° 以上应无建筑物遮挡或反射物。每台接收机应至少同时接收 6 颗以上卫星信号，数据采集频率不低于 10Hz，两台接收机同步记录 15 ～ 20 分钟数据作为一测段。具体测段数视要求确定。通过专门软件对接收的数据进行动态差分后处理，根据获得的 WGS-84 大地坐标即可以求得相应的位移值。

§1-3 变形监测数据分析

狭义的变形分析，一是指用合适的方法尽可能排除或减少测量误差的干扰，计算不同时间变形监测点的变形量，与平差方法有关；二是分析这些差异量是属于误差干扰还是变形信息，用数理统计的方法完成。广义的变形分析研究内容涉及到变形监测数据处理、分析、变形物理解释和变形预报等多方面，通常可将其分为变形的几何分析和变形的物理解释两部分。变形的几何分析是对变形体的形状和大小的变形作几何描述，其任务在于描述变形体变形的空间状态和时间特性。变形物理解释的任务是确定变形体的变形和变形原因之间的关系，解释变形的原因。

一、粗差检测和剔除

粗差是指离群的误差(测量上指大于 3σ),统计学家根据大量的实践指出在生产实践和科学实验中,粗差的出现约占观测总数的 $1\% \sim 10\%$。观测值中含有粗差,在估计变形模型参数之前要进行粗差检测和剔除,以保证结果的正确性。粗差的处理有两种不同方法,对于多次重复观测序列中的粗差检验,可采用格拉布斯准则或狄克逊准则。对于高精度监测网粗差的检验,可采用巴尔达数据探测或抗差估计法(稳健估计法)。

(一)粗差探测方法

如果能在平差中检测出粗差,并对其进行定位、删除,然后按常规的平差方法进行参数估计,这就达到了消除粗差对观测值影响的目的。粗差探测,即是辨别、定位和调节改正的过程,实质是将粗差归于函数模型来处理。设观测值来源于正态分布母体,数学期望为 μ,方差为 σ^2,表示为 $l_i \sim N(\mu,\sigma^2)$。如果某观测值中含有粗差,考虑观测值的数学期望发生改变,即 $l_j \sim N(\mu+\lambda,\sigma^2)$,这种模型称为“期望平移模型”。它是将含有粗差的观测值 l_j 看作为与正常观测值有 l_i 相同的方差,不同的期望,在平差时先对粗差探测和定位,然后删除含粗差的观测值,得到一组较净化的观测值,最后,再用这组净化的观测值进行正式的最小二乘平差。粗差探测基本思想是利用统计假设检验原理来发现粗差,依靠经典最小二乘的余差检测来定位粗差。这一工作首先由巴尔达(Baarda)于 1968 年提出的,此后许多学者作了大量的研究,在这一领域有丰富的研究成果。

(二)抗差估计法

最小二乘估计具有良好的均衡误差的特性,但不具备抗粗差干扰的能力。在存在粗差的情况下,最小二乘估计对观测数据的粗差非常敏感,使最小二乘估计的最优性受到严重冲击,而且估计失实。抗差估计就是针对最小二乘法抗干扰性差这一缺点提出的,其目的在于构造某种估计方法,使未知量估值尽可能减免粗差的影响,使其对于模型误差,特别是粗差具有一定的抵抗能力。具有这种性质的估计方法称为抗差估计,亦叫稳健估计。它是将粗差归于随机模型,即将含有粗差的观测值 $l_j \sim N(\mu,a^2\sigma^2)$,$a^2>1$,看作与正常的观测值 $l_i \sim N(\mu,\sigma^2)$ 有相同的期望和不同的方差,这种模型称为“方差膨胀模型”。目前,抗差估计方法大约有 70 多种,总的来说可分为三大类:M 估计、L 估计和 R 估计。

二、变形监测数据处理

对变形监测数据处理,除采用统计方法中的假设检验和参数估计外,还应用相关分析和回归分析,用来分析 2 维和多维变量之间的关联性质,以探求它们之间的数量关系。变形观测数据处理包括监测网周期观测数据处理和各监测点上某一种特定监测数据的处理。主要有监测网平差、质量评定及监测点变形过程曲线绘制等。

(一)平差模型的选择

变形监测的目的是确定变形体的几何变形,因而变形观测数据处理主要是计算监测点的 3 维变化,然后画出位移场或位移过程线。但是我们知道,变形观测数据处理结果的有效性直接影响位移计算的正确性,因为点的位移与参考系有关,参考点有移动,则变形点的位移将受到影响。参考系不同,则平差方法也不同,采用一种平差方法实质上是选用一种数学模型去模拟实际变形情况，以此为基础对变形观测成果进行处理。从数理统计角度看，选择平差方法相当于我们在处理成果时所作的某种假设，这一假设是否与实际情况相符则是假设检验问题。变形体在空间和时间中的变形特性一般预先是不知道的。通过分析选择一个最好的变形模型去模拟真实的变形情况是变形分析主要任务。一般情况，变形监测网通常按照其所具有的起算数据状况分为独立网(只有必要的起算数据)、非独立网(含有多余起算数据)和秩亏网自由网(缺乏必要起算数据)。秩亏网包括数亏自由网和形亏自由网，前者是缺乏必要起算数据使监测网点难以确定位置，后者缺乏必要观测数据以至无法构成一个完整图形。

根据监测网的特点通常有固定基准的经典平差、以重心为基准的自由网平差和拟稳点为基准的拟稳平差。选择合适的平差方法，既不歪曲观测，又可以较好得到监测点变化的情况。

(二)观测值质量的评定

观测值质量的好坏直接关系到变形值的精度和可靠性。在一个变形监测网中可能有不同种类的观测量，例如边角网，网中的角度和边长都是观测量。测量同一种几何量时可能使用不同的仪器，所得的结果精度也不相同。用同一台仪器所得观测量可能包含不同性质的误差，例如，测距仪所测量的边长，其误差包含了与距离无关的“固定误差”分量和与距离成比例的“比例误差”分量。在进行观测数据处理时，需要用到观测量的观测精度以及它们之间的相关性。然而这些信息并不是预先都知道的，需要通过分析观测资料来获得，正确地估计观测值的方差和协方差是保证最后成果精度的前提。

三、变形观测分析与预报

由于变形体变形的错综复杂，可以将其视为一个复杂系统。这个复杂系统含有许多非线性、不确定等复杂因素以及它们之间相互作用所形成的复杂动力学现象。因此，变形分析与预报具有一定的难度。变形观测分析包括静态分析和动态分析，预报是对将来变形体的行为和状态作出主观的判断，正确的预报建立在对变形体的历史监测资料进行深入研究和科学分析的基础之上。科学的预测途径有：因果分析方法，即研究变形体变形原因来预测变形体未来发展变化的必然结果；类比方法，即类似体系结构和变化具有一定的模式；统计分析方法，即以回归模型为主。该法是通过分析所预测的变形和外因之间的相关性，来建立荷载和变形之间的关系数学模型，它是利用过去的观测数据，因此具有“后验”性质。

(一)静态变形分析

用于监测变形体变形的监测网，要查明其点位在两个观测周期之间的稳定性，要进行不同时间的重复观测，对成果进行变形分析。自20世纪70年代到90年代初，对几何变形分析研究较为完善的是用常规地面测量技术进行周期性监测的静态模型。通常用散点图、表格、曲线和数学表达式来表示各期形变量之间的关系。

1. 作图法

人善于作形象思维，因此把变形观测数据用图的形式表示往往会收到良好的效果。通常有变形曲线图和变形等值线图来表示不同周期变形情况。

2. 统计分析法

变形观测数据的统计分析在于把一大批貌似杂乱的变形观测数据，结合某种具体模型进行归纳，最后得到一些简明的参数。作图有助于定性分析，而统计数据可进行定量分析。如对所有沉降点的沉降量算出它的平均沉降量，根据建筑物顶部和底部的观测值，计算倾斜变形等。

3. 多元线性回归分析

多元线性回归分析是经典的，但仍然广泛应用于变形观测数据处理中的数理统计方法。它是研究一个变量（因变量）与多个因子（自变量）之间非确定关系（相关关系）的最基本方法，是变形观测数据分析的一种静态模型。

4. 趋势分析方法

趋势分析方法也称为趋势曲线分析、曲线拟合分析或曲线回归，人们常用各种光滑曲线来近似描述事物发展的基本趋势，即

$$Y_t = f(t,\theta) + \varepsilon_t$$

其中Y_t为预测对象；ε_t为预测误差；$f(t,\theta)$根据不同的情况和假设，可取不同的形式，而其中的θ代表某些特定的参数。下面给出几种典型的趋势模型。

（1）多项式趋势模型

$$Y_t = a_0 + a_1 t + a_2 t^2 \cdots + a_n t^n$$

（2）对数趋势模型

$$Y_t = a + b\ln t$$

（3）幂函数趋势模型

$$Y_t = a t^b$$

（4）指数趋势模型

$$Y_t = a e^{bt}$$

（5）双曲线趋势模型

$$Y_t = a + b/t$$

（6）修正指数模型

$$Y_t = L - a e^{bt}$$

（7）逻辑斯蒂（Logistic）模型

$$Y_t = \frac{L}{1 + \mu e^{-bt}}$$

（8）龚伯茨（Gompertz）模型

$$Y_t = L \cdot \exp(-\beta e^{-\theta t}), \quad \beta > 0, \theta > 0$$

经验表明，事物的发展完全由随机动因所驱使，并且与过去的状况毫无联系，不遵循任何可以认识的规律，这是很少见的。因此，趋势分析通常是预测的首要一步，以发现主要的变化趋势。

（二）动态变形分析

静态变形分析只考虑变形体在不同时刻的空间状态，并没有很好的建立各个状态间的联系。事实上，变形体不同状态之间具有时间的关联性，监测这类变形一般采用连续的、自动记录装置，得到的是以时间为单位的观测数据，称“时间序列”。例如桥梁在动荷载作用下的振动，高层建筑物在风力、温度作用下的摆动，地壳在引潮力、温度、气压作用下的变形等等，这类变形的特点是周期性的。动态变形分析既可在时域进行也可以在频域进行 ，所谓时域和频域

简单的理解是这样两个笛卡儿平面坐标系:以时间为横坐标轴,以位移为纵坐标的坐标系中描述时域函数,这个坐标系称为时域;以频率为横坐标,位移(振幅)为纵坐标来描述频域函数,这个坐标系称为频域。

1. 时域分析

时域分析是把变形体在现在时刻的观测值,在时间上同以前的观测值联系起来,呈现周期性变形,并且周期呈现很长的时间。如大坝的变形呈现年周期现象,研究时更多注意是变形的具体数值(很少顾及频率和幅度),这类变形值在除去其周期性(季节性)的影响后,观测数据呈现密切的相关性,它们是一组具有随机性的时间序列,对这类序列的处理更多的应用是时域分析方法。常用有时间序列分析、灰色系统和卡尔曼滤波等。

2. 频域(谱)分析

变换法是人们在科学计算和日常生活中解决问题普遍使用的方法。如在数值计算中,计算工具不是发达的时候,采用取对数的方法来完成大数的乘除法运算,日常生活中,如果要把一个厚的铁板变成一把锋利的刀,可以先进行加热到一定的温度后,再进行打制。上面的两个例子可以说明在一个空间(系统或域)内不容易完成的事情,把它转换到另一个空间后就很容易得到解决。变形监测数据分析时,也存在同样的问题。因为变形体变形很小,有的甚至与观测误差有相同的数量级,在时域内很难分离出观测数据的干扰因素,获得真正的变形信息。利用频谱分析方法将时域内的观测数据序列通过离散傅立叶变换转换到频率域内进行分析,就可以确定时间序列的准确周期并判别隐蔽性和复杂的周期数据。因为在现实世界中,变量之间的关系通常是以时间的函数形式表示出来的,所以从时域到频域的转换要利用转换工具来完成,比如傅立叶变换、小波变换等。

傅立叶变换是从时域到频域转换的主要工具,它的基本思想是,时域内一般的函数或信号可以看作是一种复杂的波动,而任一复杂的波动现象都是由不同幅度、不同频率正弦波叠加而成的。傅立叶变换在信号处理领域有突出贡献,把时间域和频率域联系起来,用信号的频谱特性去分析时域内难以看清的问题,但它的缺陷在于无法分析时域信号的局部频率特性,不具备时频局部化的能力。傅立叶变化能提供信号在整个频率轴上的信息,却不能反映信号在局部时间范围内的特征。然而对变频信号(如音乐、地震信号、雷达信号回波等),此时关心的恰恰是信号的局部时间范围(特别是突变时刻)内的信号特征(一般是频率成分)。对非平稳信号(复杂变形数据)用傅立叶分析,不能提供完全信息,也即通过傅立叶变换可以知道信号所含频率信息,但无法知道这些频率信息究竟出现在那些时间段上。可见,若提取局部时间段(或瞬间)的频率特征信息,傅立叶变化已不再适用了。小波分析是一种新的时频局部化分析方法,被认为是自傅立叶分析方法之后的突破性进展。应用小波分析方法进行时频分析,可以有效地求解非线性变形系统,高精度提取变形特征,可实现其他方法无法解决的难题。小波分析对非平稳信号消噪有其他方法无法比拟的优点,小波理论在变形监测(尤其是动态变形检测)的数据分析方面将发挥巨大的作用。

频域(谱)分析方法用于确定动态变形特征是一种常用方法,尤其在建筑物结构振动方面被广泛的采用。但是频谱分析方法要求数据序列是等时间间隔的,这为一些工程变形监测分析的实用性增加了难度,因为对于非等间隔的时间序列进行插补和平滑处理必然会带入人为因素的影响。

(三) 变形预测

人类认识世界的过程总是“实践，认识，再实践，再认识”直至掌握客观世界的变化规律，从而更好地应用这些变化规律为人类服务。“凡事预则立，不预则废”和“人无远虑，必有近忧”等成语都说明预测的重要性。从大量的客观事物观察中，可以归纳出许多规律现象，如对称性和周期性等，它们是对物体预测的基础。变形预测通常是在数据序列里面找出信息来。一个预测模型的建立要尽可能符合实际体系，这个原则称为拟合原则，符合程度可以有多种标准，如最小二乘法，最大似然法，最小绝对偏差等。面对地震、滑坡以及地面沉降等地质灾害，人们认识到变形监测只是手段，而科学预报才是目的。除了根据变形体的地质条件、力学条件以及应用变形几何分析法获得的变形量作定性的解释与预报以外，越来越多的测量学者开始致力于定量的解释和描述。定量预报有两种途径：一是先通过变形观测的物理解释，建立起变形与变形原因之间的正确函数关系，再进行预报；二是直接对变形观测获得的时间序列，采用有关的数学理论与方法进行预报。

从数学观点来说，拟合、插值、预报在本质上没有什么区别，对已有观测值用一数学函数来拟合，由拟合曲线来推求观测值在时域或空域内的数值称内插，当所求值在观测值之时域或空域之外则称预报。根据变形体的特点可以选择数学上的插值（拉格朗日插值、牛顿插值和样条函数插值等）和拟合（如最小二乘拟合）方法，建立预测模型。由于上述曲线拟合只反映实测值的趋势项变化，为了提高预报精度，应对拟合后所得之残差序列作进一步分析。考虑残差序列通常是一个平稳序列，对它可以作进一步拟合，直至残差项全部接近零。对于线性变形系统，在时域还可以用多元回归分析、时间序列分析等。对于变化复杂的变形体，监测结果是非线性的时间序列预测，可以采用灰色系统和神经网络（短期预测）方法进行预测。

四、变形的物理解释

引起变形体变形的原因很多，且变形过程复杂。变形观测的几何分析仅对变形体的形状和大小的变化作几何描述，还不能对变形的原因作出解释。确定变形体的变形和变形原因之间的关系，是变形观测物理解释的主要任务，常用方法有统计分析方法和确定函数法。

(一) 统计分析法

变形体在荷载的作用下发生变形，如果只测量了变形的结果，那么只能进行定性的物理解释。一般来讲，对变形观测的结果要先进行几何分析，目的是把变形的几何信息从含有误差的观测值中分离出来，然后再作定性解释。要进行定量的物理解释，必须同时测量产生变形的各种荷载以及变形结果。用回归分析方法建立它们之间的函数关系（是相关关系非确定性关系，是处理变量之间相关关系的一种数理统计方法），可预报变形。当预报的变形值和实际观测的结果相差较小时，一方面说明所建立的函数关系是正确的，另一方面也说明了变形体的变形规律和过去一样。这是因为在建立荷载—变形之间的函数关系时，所用到的是过去观测的数据，所建立的模型反映了变形体过去的变形规律。如果差值较大，就需要寻找原因，修改模型。

(二) 确定函数法

利用变形体的力学性质和物理性质，通过应力与应变关系建立荷载与变形的函数模型，然后利用确定函数模型，预报在荷载作用下可能的变形。但由于组成变形体的岩土介质不均匀、非连续，使得变形体不可能是完全的弹性体。所以，在应用确定函数法中，可能存在一系列的误差;另一方面,变形体的变形是复杂多变的,有时很难用确定性的理论公式表达,这在某种程度上限制了确定函数法的广泛应用。

统计回归分析法和确定函数法都有优缺点。回归分析法不需要知道变形的物理特性,而且当有大量的观测数据时,所建立的数学模型一般都比较符合实际。但是它需要大量的观测值。在变形观测初期,由于观测资料少,不可能作这项工作。同时,从研究变形体的行为上考虑,其意义不够显著,因为这种方法把变形体作为一个"黑盒子",我们对它内部的变化情况不够了解,也难于把具有相关的变形原因所产生的影响分开。确定函数法需要知道变形体的物理性质和力学性质,但不需要大量的变形观测数据,在变形观测初期能进行变形的预报。它的主要优点是能够使人们更深入地了解变形的状态和机理。但是有的变形体,其变形原因很复杂,或者变形过程中存在有塑性的分量,这些都难于用确定函数法模拟。因此综合两种方法进行变形观测的物理解释是一种较为理想的方法。

(三)物理解释的重要性

对由测量获得的变形的解释需要多学科专业知识,因此,在变形监测的整个过程中,观测人员与设计人员、工程地质人员以及其他有关专业人员的合作非常重要的。对变形的解释与变形体的性质和监测目的有关,需要解决以下问题。

(1)变形体及其环境的状态安全监测还是交通安全监测或运行安全监测;

(2)需在不同的荷载情况下,对变形体的变形模型做检验验证;

(3)根据岩土力学性质建立物理力学模型;

(4)工程整治的效果怎样;

(5)对地球物理或物理假设进行验证;

(6)对工程建筑物进行监测和检验;

(7)采取建筑措施后做建筑物安全证明。

若监测目的是为了安全证明,需要快速得到结果,通过计算获取变形量,来说明采取加固措施后的效果。一般要选取一些监测点,将测量得到的变形值与事先给出一个界限值进行比较,用统计检验的方法检验变形是否显著。如果出现不安全现象,如超出设计预估的趋势性变形,则需要做详细的变形分析。例如,对所能得到的全部资料进行处理,以便找出变形产生的原因并提出整治方案。这时,对成果仅做概括性地表达或一般的整理就不能达到目的了。

如果变形分析的目的是为了检验所建立的变形模型,则要将按模型预测的变形量与测量获得的量进行比较,若结果相差很大,一般要对模型做修改,即改变模型参数或对模型进行扩展,这种修改要在证实有附加的影响因子情况下进行。对于物理力学模型也是类似的,往往偏差更大,这是因为材料的物理力学参数选取近似性很大。对于地球物理或物理假说,更难给出先验值,因此,测量所获得的变形量是各种建模的基础。然而,若能找到确定性的数学公式,它既能进行有意义的解释,又能支持某种假说或能导出新的认识,这无疑是最好的解答。

第二章　变形监测方案设计

变形监测方案的设计是变形监测中非常重要的一项工作，它影响到观测的成本、成果的精度和可靠性。监测的方案随变形体而异，不可能有统一的模式。在方案制订时，要对变形体作详细调查和了解，根据变形的类型、监测的目的、任务要求以及测区条件进行监测方案设计，方案的设计除了变形观测方法的选择外，还要考虑观测精度和观测周期的确定。重大工程或具有科研价值的项目，还要进行监测网的优化设计。

§2-1　变形监测网的布设

根据监测工程的性质和要求，在收集和阅读工程地质勘察报告、施工组织计划等资料的基础上，根据施工周围的环境，经实地踏勘选择布设方案。经方案精度估算和技术经济分析比较后确定变形监测的内容，包括基准点、工作基点和变形监测点的布设、监测网的设计和监测方法的选择。

一、监测点的布设

监测点是变形量的载体，监测点的布设在变形监测中起着相当重要的作用，监测点布设的科学与否，直接影响到观测数据能否正确的放映变形体的实际状态及变形量的大小。通常根据变形体的特点和观测精度的要求，参考相应《规范》和工程要求来设计监测点的型式和布设位置。变形监测网根据变形监测范围一般分两级布网：首级网和次级网；由3种类型点组成：基准点、工作基点和变形监测点。

（一）基准点

基准点是用来定期检校工作基点的参考点，通常埋设在比较稳固的基岩上或变形影响之外，尽可能长期保存。使用时，应作稳定性检查或检验，并应以稳定或相对稳定的点作为测定变形的参考点。

（二）工作基点

工作基点是直接用来测定各监测点的参考点，应选在靠近观测目标且便于观测监测点位置。工作基点与基准点构成变形监测的首级网，用来测量工作基点相对于基准点的变形量，由于这种变形量小，所以要求监测精度高，复测间隔时间长。

（三）变形监测点

变形监测点是在变形体上布设的，能充分反映变形状态的点，与变形体构成一个整体，一起移动。变形监测点与工作基点组成次级网，次级网用来测量监测点相对于工作基点的变形量，由于这种变形量相对于首级网变形量较大，所以次级网复测间隔时间宜短些。

二、监测网的设计

一般将监测网按照变形体的范围大小布设成参考网（也叫绝对网）和相对网。参考网是指所有参考点(或部分点)被设置在变形体外,用于测量变形体上目标的“绝对”变形,适合变形体的范围很小情况,多数用于工程建筑物的变形监测。图 2-1 是用于某大坝变形观测的参考网。相对网是指网的全部点位于变形体上的监测网,通常适用于变形区域很大或变形范围难以确定时的情况,通过测量网点之间的相对移动来确定变形体的几何变形状态。图 2-2 是一个监测某地壳变形的相对网。

有时,参考网和相对网混合在一起。图 2-3 是一个用于监测油田地面沉降的一等水准网略图,参考点在油田的周围,尽可能设置在沉降区范围外。虽然参考点没有单独构成网络,但是参考点的稳定性仍可由复测资料分析。

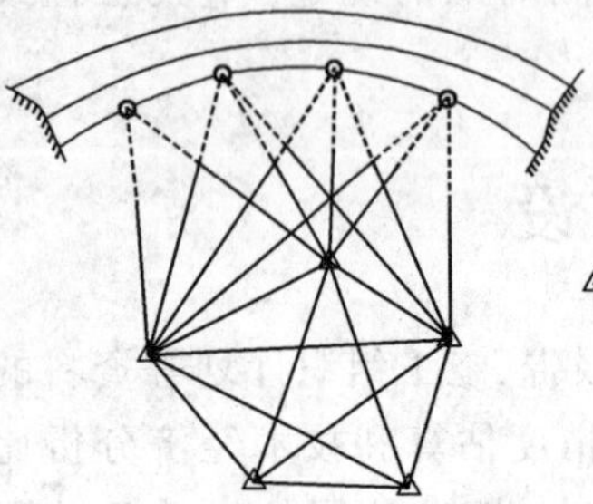

图2–1　大坝变形监测参考网

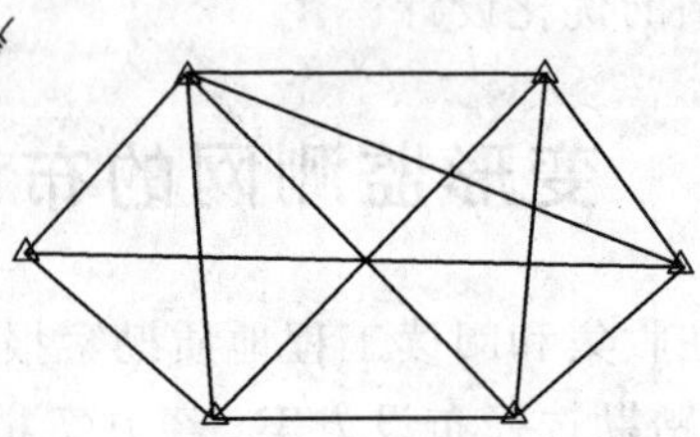

图2–2　监测地壳相对网

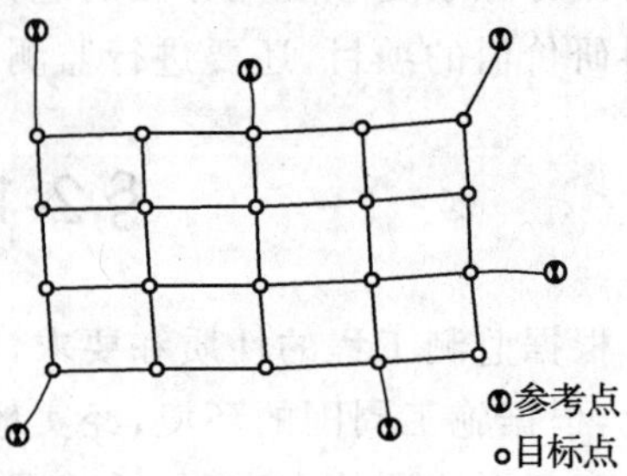

图2–3　某油田地壳变形混合网

变形监测控制网布设时,经典大地测量手段是平面网和高程网分开布设的。即垂直变形监测采用几何水准测量完成,一般采用多结点闭合水准网,并按精密水准测量的方法进行。具体作法是在变形体外围布设一条闭合水准环形路线,再由水准环中的固定点测定各监测点。平面位移根据变形体的特点、现有的仪器和设备等条件,可采用导线网、测角网、测边网或边角网等。利用现代大地测量手段可获得 3 维变形数据,根据监测对象特点,可选择分级布设。如 GPS 技术在滑坡变形监测时,两级布设:一是 GPS 基准网,二是各滑坡体的监测单体网。

(一) 导线法

导线控制法是一种灵活的变形监测网。无论是工矿区、城镇区的建筑变形观测和滑坡区的滑坡观测,还是水利水电工程的大坝、电厂变形观测都可以采用导线法。采用导线法的好处是点位分布均匀,重要的变形部位便于加密控制,施测方法简单。图 2-4 为某滑坡区变形监测采用的分级导线网,首级是三等闭合导线,共 A、B、C 和 D 点,把滑坡变形包围起来,AD 方向为变形移动的重要方向,令其为 x 轴,坐标原点选 A 点。A、B、C 和 D 尽量布设在稳定的基岩上。次级是四等符合导线,有 D-Ⅳ3-Ⅳ7-Ⅳ11-Ⅳ15-C、D-Ⅳ15-C、D-Ⅳ6-Ⅳ2-A、A-Ⅳ1-Ⅳ5-Ⅳ9-Ⅳ13-B 和 C-Ⅳ4-Ⅳ3-B 共 4 条。四等点控制下的测线有 6 条,南北方向的有 Ⅳ1～Ⅳ3,Ⅳ5～Ⅳ5,Ⅳ9～Ⅳ11 和 Ⅳ13～Ⅳ15 共 4 条,东西向的有 Ⅳ2～Ⅳ4 和 Ⅳ8 共 2 条。

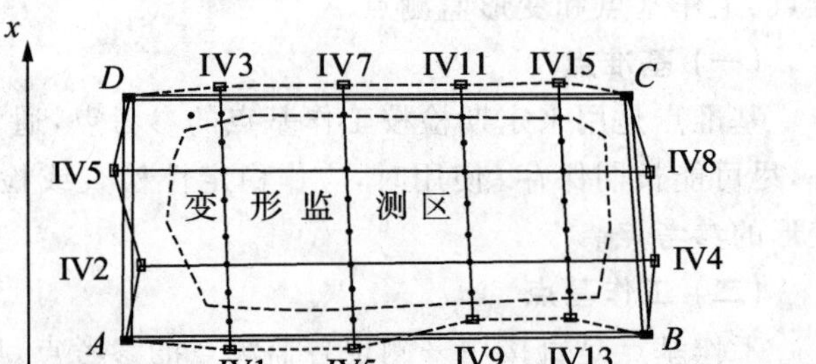

图 2-4　某滑坡平面位移监测网

(二) 视准线法

视准线法变形监测网一般在规整的建筑区和直线短坝变形观测时使用,该方法的优点是布网工程量和外业观测工作量小。监测时,通常建立远方照准觇标,这样可加强对测站及后视点稳定性的检验。图 2-5 为某土石坝直线型视准线监测网的布设情况。坝顶全长 105m,在左右两岸均布设了控制点,在右岸的远方布设了远方后视照准点。在大坝坝体的下游方向共布设了 3 条直线型视准线作为监测网。视准线上监测点的间隔可根据实际需要确定,一般 10 ~ 20m 之间。布设监测点时,应使各排视准线上的点位互相错开,以便进行全面监测。

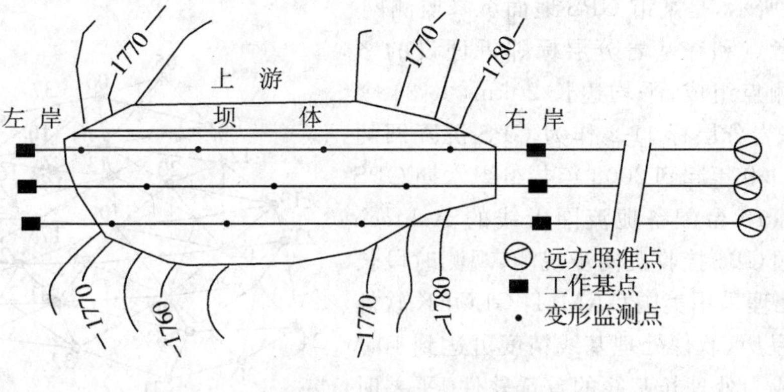

图 2-5　大坝视准线监测网

(三) 交会法或单三角形法

对于分散、单独的小型变形体,宜采用交会法进行监测,交会法分测角交会、测边交会和边角交会。为了提高交会测量的精度,测站距离观测点不能太远,并能构成良好的图形结构,一般交会角度为 60° ~ 120°。当受地形条件限制时,交会或单三角形法则是较为简单又能达到精度要求的有效方法,实践中交会法往往是经常与三角网或视准线法联合使用。

(四) 测角网、测边网和边角网法

对于大型工程建(构) 筑物及滑坡区域等对象,监测网多布设为三角网、测边网和边角网。由于变形监测的特殊要求,图形结构应力求简单,一般说来,以大地四边形或中点多边形最常用。如图 2-6 是某油田地区变形监测网,由 4 个大地四边形和 3 个中点多边形构成。分别以 C 点为中心,B、L、K、D 和 O 为结点的中点五边形;以 D 点为中心,C、K、J、E 和 O 为结点的中点五

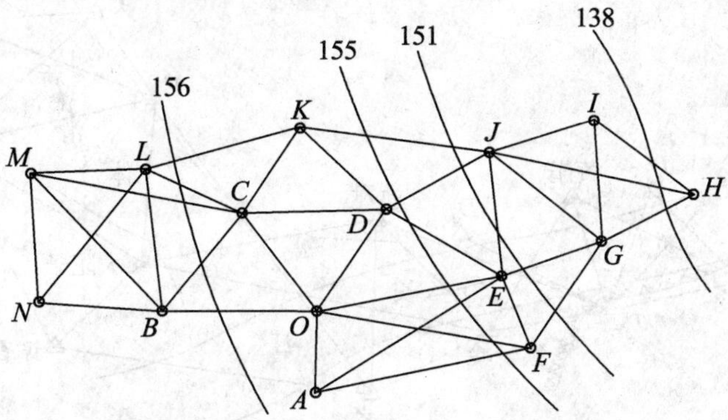

图 2-6　监测某油田地壳变形监测网

边形；以 E 点为中心，D、J、G、F 和 O 为结点的中点五边形；以 M、N、B、L 点，J、I、H、G 点，O、A、F、E 点和 C、B、M、L 点组成的 4 个大地四边形。

(五)GPS 网

变形监测是以毫米级或亚毫米级的精度对变形体进行测量，从目前大量的 GPS 定位应用结果来看，采用一定的技术和数据处理方式，定位精度达到 1 ～ 2mm 是不困难的。GPS 静态观测精度与观测时间成正比，如观测 1 ～ 2 小时，其水平精度优于 1mm，垂直精度优于 1.5mm；观测 6 小时，其水平精度优于 0.5mm，垂直精度优于 1mm。在长基线测量中可达到 10^{-8} ～ 10^{-9} 数量级。如图 2-7 所示，是某市 GPS 地面沉降监测网。

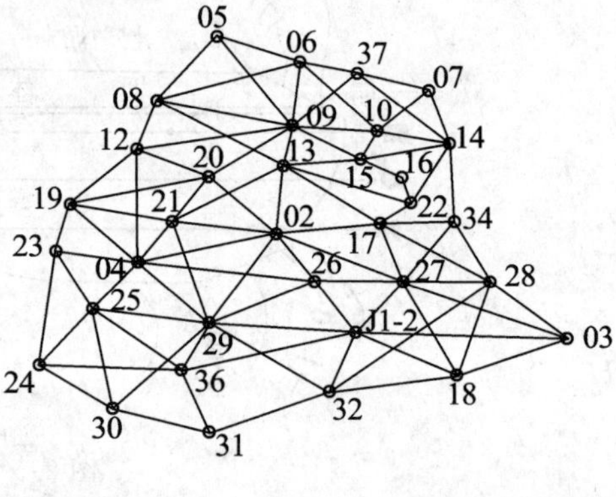

图 2-7 某市 GPS 地面沉降监测网

该网由参考点和在基岩分层标邻近埋设的坚固的永久性监测点组成，平均边长 20km，共 34 个点。选定小闸基岩分层标 J1-2 作为 GPS 沉降网的参考基准。自 1999 年起到 2003 年共组织六期 GPS 监测试验，采用 10 台配备扼流圈天线的 Ashtech Z-Surveyor 双频 GPS 接收机同步观测，观测时段长 12 小时。数据处理采用美国 GAMIT/GLOBK 软件包与 IGS 精密星历，软件处理基线精度可达到 10^{-8} ～ 10^{-9}，因此，成为处理长基线的首选软件。平差时固定小闸基岩分层标 J1-2 的大地高不变，平差结果直接获得监测点的地面沉降量。计算结果表明，在基线边长达到 30 ～ 40km 时，GPS 在大地高方向上的中误差仍可控制在2mm 左右，由此推算 GPS 监测地面沉降的分辨率在 3mm 左右。

(六) 综合监测系统

变形监测方法设计中必须对各种测量方法原理、使用范围以及变形监测要求、所能提供的经费等进行综合了解，使设计的监测方案既先进可靠，又切实可行。位于湖北省秭归县新滩镇长江南岸的链子崖，与北岸新滩滑坡隔江对峙，紧扼西陵峡兵书宝剑峡出口。其下游距三峡水利枢纽工程 26.5km，上游距秭归县城 15.5km。历史上这里曾发生过规模巨大、危害严重的岩崩，致使新滩江段河床暗礁林立，水流湍急，形成川江航道上著名的急险滩，如图 2-8 所示。

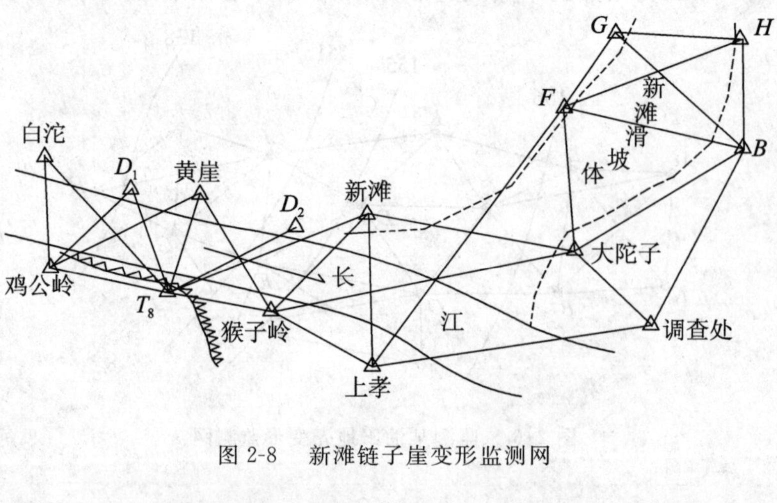

图 2-8 新滩链子崖变形监测网

链子崖危岩体变形监测研究已进行30余年，自1986年起，危岩体变形长期监测系统是在地质勘察的基础上，根据岩体变形特征，逐步增加监测手段，不断补充、调整和完善危岩区的变形监测系统，使其形成包括常规形变监测、裂缝相对位移观测、深部岩体内位移观测、平洞内岩体变形观测、岩石声发射监测和地面倾斜观测等九大手段。具有位移、应变、雨量、温度、化学场等多参数相结合的立体式交叉的监测系统。大地形变测量是监测危岩(滑坡)块体3维绝对位移量和速率变化、掌握危岩体活动态势的行之有效的重要手段之一。

§2-2　变形监测精度和频率的确定

一、监测精度的确定

和其他测量工作相比，变形监测的精度要求高，典型精度是1mm或相对精度为10^{-6}。确定合理的测量精度是很重要的，过高的精度要求使测量工作复杂，增加费用和时间，而精度定得太低又会增加变形分析的困难，使所估计的变形参数误差大，甚至会得出不正确的结论。制定变形观测的精度取决于变形的大小、速率、仪器和方法所能达到的实际精度，以及观测的目的等。1971年国际测量师联合会(FIG)第13届会议上工程测量组提出了变形观测的精度要求，如果变形观测是为了使变形值不超过某一允许的数值，以确保建筑物的安全，则其观测的误差应小于允许值的1/10～1/20；如果是为了研究变形的过程，则其误差应比上面这个数值小得多。1981年FIG第16届会议认为，为实用的目的，观测的中误差应不超过允许变形值的1/10～1/20，或1～2mm；为科研目的，观测的中误差应不超过允许变形值的1/20～1/100，或0.02mm。我国建筑设计部门在参考国际上的提法后，提出了研究高层建筑物倾斜时，把允许倾斜值的1/20作为观测精度指标。

不同类型的工程建筑物，变形观测的精度要求差别较大。对于同类工程建筑物，根据其结构、形状不同，要求的精度也有差异。即使同一建筑物，不同部位的精度要求也不同。普通的工业与民用建筑，变形观测的主要内容是基础沉陷和建筑物本身的倾斜。一般来讲，对于有连续生产线的大型车间(钢结构、钢筋混凝土结构的建筑物)，通常要求观测工作能反映出2mm的沉陷量，因此，对于观测点高程的精度，应在1mm以内；地铁穿越隧道要控制地面沉降，可允许范围根据不同情况为5～20mm；悬索桥的基础和锚碇的沉降变形只有几毫米，主梁的中跨、塔顶的位移则几厘米至几十厘米；楼体最大沉降一般应小于16mm；高速磁悬浮列车架空轨道挠度应小于1mm；滑坡变形监测的精度一般在10～50mm；特种工程设备(例如高能加速器，大型天线)，要求变形观测的精度高达0.1mm。拦河大坝是一类典型的工程建筑物，变形观测的精度见表2-1。

表2-1　大坝变形观测典型精度

观测内容	沉降量/mm	水平位移/mm
基岩上的混凝土坝	1	1
压缩土上的混凝土坝	2	2
土坝的施工期间	10	5～10
土坝的运营期间	5	3～5

有关建(构)筑物变形的允许值不得超过表 2-2 中的规定，根据允许变形值，可按 1/10 ～ 1/20 的要求来确定变形观测的精度。

表 2-2 建(构)筑物变形的允许值

序号	变形特征或结构形式		允许变形值	
1	塔架挠度		任意两点间的倾斜应小于两点间高差 1/100	
2	桅杆的自振周期		$T \leqslant 0.01L$，T 为周期，L 为桅杆的高度 /m	
3	微波塔在风荷载作用下的变形		在垂直面内的倾斜度不应大于 1/100 在水平面内的扭转角不应大于 $1^\circ \sim 1.5^\circ$	
4	框架结构高层建筑物：σ(层间位移)/ H(层高)		风荷载 1/400；地震荷载 1/250	
5	框架－剪力强结构高层建筑物：σ/H		风荷载 1/600；地震荷载 1/300 ～ 1/350	
6	剪力强结构高层建筑物：σ/H		风荷载 1/800；地震荷载 1/500	
7	桅杆顶部位移		不应大于桅杆高度的 1/100	
8	砖石承重结构基础的局部倾斜 /m(l 为相邻柱基之间的距离)		砂土和中低压缩性黏土 $0.002l$	高压缩性黏土 $0.003l$
9	工业与民用相邻	框架结构	$0.002l$	$0.003l$
10	柱基的差异沉降(l 为相邻柱基之间的距离)	当基础不均匀沉降时不产生附加应力结构 /m	$0.005l$	$0.005l$
11	桥式吊车轨面倾斜		纵向 4‰；横向 3‰	
12	高耸结构基础倾斜 /m	$h < 20$	8‰	
		$20 \leqslant h \leqslant 50$	6‰	
		$100 \leqslant h \leqslant 150$	5‰	

例如某建筑物为框架结构，基础土层为高压缩性土，相邻两沉降观测点(埋设在柱基上)的距离为 $l = 8\text{m}$，求任意观测点的高程中误差。

解：由于建筑物地基上两点差异沉降量允许值为

$$\delta = 0.003l = 0.003 \times 8000 = 24\text{mm}$$

而一般观测误差为变形量的 1/10，故

$$m_\Delta = 2.4\text{mm}$$

因差异量为两次高差之差，即 $\Delta = h_1 - h_2$，而 h_i 为两点高程之差，所以有

$$m_\Delta = \sqrt{2} \times m_h, m_h = \sqrt{2} \times m_H$$

即

$$m_H = m_\triangle / 2 = 1.2\text{mm}$$

二、监测频率的确定

变形监测的频率取决于变形的大小、速度以及观测目的。监测频率的大小应能反映出变形体的变形规律，可根据单位时间内变形量的大小而定。如高层建筑在施工过程中，通常楼层加高 1 ～ 2 层即应观测一次；大坝随着水位的高低而确定观测频率。变形量大时，应增大监测

频率;变形量减小或变形体趋于稳定时,可减小监测频率。

通常工程建筑物建成初期,变形的速度比较快,因此,观测频率要大些。经过一段时间后,建筑物趋于稳定,可以减少观测次数,但要坚持定期观测。如瑞士的 Zeuzier 拱坝在正常运营 20 多年后才出现异常,如果没有坚持定期观测,就无法发现,就会发生灾害。对于地壳变形测量,根据目的不同,观测频率也不同。用于监测长期应变积累,一般每年观测一次,用于中、短期地震预报,观测频率从几星期一次到近于连续的观测。

(一) 沉降观测频率

从分析变形过程出发,变形速度值比绝对值具有更重要的意义。基于这一点,沉降观测周期可以用以下经验公式确定。

$$T \geqslant \sqrt{2} m_h K / \nu$$

式中,m_h 表示两沉降观测点之间的高差误差;ν 表示沉降速度,一般取平均沉降量与间隔日的比值;K 表示变形值与其误差之比,可根据建筑物变形情况在 5 ～ 10 之间选择。

在实际工程中,应视具体情况选择观测次数与间隔时间。在建筑物施工期间,观测次数与间隔时间应视地基与加荷载情况而定。特别当建筑物平均沉降速度较大或不均匀沉降量较大时,一方面及时通知设计、施工部门采取措施,另一方面应立即进行每天或几天一次的连续监测,以保证建筑物的安全。通常在使用阶段,沉降观测周期可参照表 2-3。

表 2-3　沉降观测周期

沉降速度 /(mm/d)	观测周期 / 月	沉降速度 /(mm/d)	观测周期 / 月
＞0.3	0.5	0.02 ～ 0.05	6
0.1 ～ 0.3	1	0.01 ～ 0.02	12
0.05 ～ 0.1	3	＜0.01	停止

(二) 水平位移观测周期

水平位移观测的周期,对于不良地基区域的观测,亦可与沉降观测协调考虑确定。对于受基础施工影响的有关观测,应按施工进度的需要确定,可逐日或隔数日观测一次,直到施工结束。对于土体内部横向位移的观测,应视变形情况和工程进展而定。下面以大坝作为典型例子,将变形观测的频率列在表 2-4 中(包括沉降观测周期)。

表 2-4　大坝变形观测周期

变形种类		水库蓄水前	水库蓄水	水库蓄水后(2 ～ 3 年)	正常运营
混凝土坝	沉陷	1 个月	1 个月	3 ～ 6 个月	半年
	相对水平位移	半个月	1 周	半个月	1 个月
	绝对水平位移	0.5 ～ 1 个月	1 季度	1 季度	6 ～ 12 个月
土石坝	沉陷、水平位移	1 季度	1 个月	1 季度	半年

§2-3　变形监测网的优化设计质量标准

我们做任何一项工作，总是希望在所有可行的方案中选择一种在某种意义下最优的方案，这就是最优化设计。在测绘领域，测量控制网（测图控制网、施工控制网和变形监测网）的优化设计有两方面含义：一是在布设控制网时，希望在现有的人力、物力和财产的条件下，使控制网具备最高的精度、灵敏度和可靠性；二是控制网在满足精度、灵敏度和可靠性要求的前提下，使成本最低。

一、测量控制网质量指标

在进行控制网优化时，首先必须解决这样一个问题，即何谓最优网的问题。用什么标准来衡量控制网的质量好坏，解决这一问题的关键是制定一个合理的标准。因此，标准的制定对控制网的设计是非常重要的，这个标准就是评定控制网的质量标准。通常是用一些数值指标来描述控制网的质量好坏。根据对控制网的要求不同，一般有四类质量指标：精度、可靠性、灵敏度和经济性。

（一）精度指标

精度是指误差分布离散程度的一种度量，常用方差或均方根差来描述。对于一般控制网，均可以用高斯 — 马尔柯夫模型

$$\left.\begin{aligned} E(\boldsymbol{L}) &= \boldsymbol{AX} \\ D(\boldsymbol{L}) &= \sigma_0^2\boldsymbol{Q} = \sigma_0^2\boldsymbol{P}^{-1} \end{aligned}\right\} \tag{2-1}$$

来描述。式中 $\boldsymbol{L}$ 是 n 维观测向量，$\boldsymbol{X}$ 为 t 维未知参数向量（通常选择控制网中待定点的高程或坐标作为未知参数）。$\boldsymbol{A}$ 为系数矩阵或设计矩阵，$\boldsymbol{Q}^{-1}=\boldsymbol{P}$ 为权阵，σ_0^2 为单位权方差，$E(\boldsymbol{L})$ 和 $D(\boldsymbol{L})$ 分别为的数学期望和方差。

根据最小二乘原理，式(2-1)的平差结果为

$$\left.\begin{aligned} \hat{\boldsymbol{X}} &= (\boldsymbol{A}^{\mathrm{T}}\boldsymbol{PA})^{-1}\boldsymbol{A}^{\mathrm{T}}\boldsymbol{PL} \\ \boldsymbol{D}_{XX} &= \sigma_0^2\boldsymbol{Q}_{XX} = \sigma_0^2(\boldsymbol{A}^{\mathrm{T}}\boldsymbol{PA})^{-1} \end{aligned}\right\} \tag{2-2}$$

未知参数的方差阵 $\boldsymbol{D}_{XX}$ 或 $\boldsymbol{Q}_{XX}$ 在控制网的精度评定中起着非常重要的作用，所需的各种精度指标都可以由它导出来。因此，可以认为 $\boldsymbol{D}_{XX}$ 或 $\boldsymbol{Q}_{XX}$ 包含了控制网的全部精度信息，我们称它为控制网的精度矩阵。

显然，用精度矩阵就可以完整地描述控制网的精度情况。但是，就实际应用来说，这样做会带来一些不方便。因为我们很难直接地将两个不同的精度矩阵之间进行比较，判别出哪一个精度高，哪一个精度低。所以，我们总是抽取精度矩阵之间某个特征进行比较，定义一些数值指标，以此来作为比较精度高低的标准。

1. 整体精度

整体精度用于评价网的总体质量。最常用的一些指标是用精度矩阵的某些特征（如行列式、迹、特征值、奇异值和范数等）来定义，它们具有一定的实际意义，反映了控制网的整体精度特征，也称为整体精度。因为精度矩阵 $\boldsymbol{D}_{XX}$ 或 $\boldsymbol{Q}_{XX}$ 是一非负定阵，其特征值 $\lambda_i\,(i=1,2,\cdots,t)$ 也必非负，设按大小排列为

$$\lambda_1 \geqslant \lambda_2 \geqslant \cdots \geqslant \lambda_t \geqslant 0$$

评定整体精度常用的标准如下。

(1)A 标准

A 标准为协方差矩阵 $\boldsymbol{D}_{XX}$ 的迹,其大小从整体上反映了网点点位误差的大小,当达到最小时,称为 A 最优。即 $\mathrm{tr}(\boldsymbol{D}_{XX}) = \lambda_1 + \lambda_2 + \cdots + \lambda_t = \min$

(2)D 标准

D 标准为矩阵 $\boldsymbol{D}_{XX}$ 行列式取最小值,称 D 最优,它是网点点位误差大小的一种整体反映。即 $\det(\boldsymbol{D}_{XX}) = \lambda_1\lambda_2\cdots\lambda_t = \min$

(3)E 标准

E 标准为 $\boldsymbol{D}_{XX}$ 的最大特征值 $\lambda_{\max}$ 为最小,称为 E 最优,该特征根主要是反映网中最大点位误差的大小。即 $\lambda_{\max}(\boldsymbol{D}_{XX}) = \min$

(4)S 标准

S 标准为 $\boldsymbol{D}_{XX}$ 矩阵的最大和最小特征值之差(方差宽)为极小,称 S 最优,即 $\lambda_{\max}(\boldsymbol{D}_{XX}) - \lambda_{\min}(\boldsymbol{D}_{XX}) = \min$。该值反映网点点位精度的均匀性,当为零时,所有未知参数的精度是绝对均匀的,该值越大,未知参数精度越不均匀。

(5)C 标准

C 标准为 $\boldsymbol{D}_{XX}$ 矩阵的最大和最小特征值比值为最小,称为 C 最优,即 $\lambda_{\max}(\boldsymbol{D}_{XX})/\lambda_{\min}(\boldsymbol{D}_{XX}) = \min$。当该值为 1 时,网中所有未知参数的精度是绝对均匀的,该值越大,未知参数精度越不均匀。

在以上介绍的标准中,A 标准优化采用的最广泛,它的特点是具有直观和易于计算的优点,它的缺陷是仅利用了的对角线元素,而忽略了未知参数之间的相关信息。其他标准由于计算复杂,多用于理论研究,但对于点数较少的小网,当要进行精密设计时,可以考虑采用这些标准。对于较大的网,由于计算高阶矩阵的行列式和特征值比较困难,从而限制它们的应用。在实际应用中,有时还考虑精度矩阵 $\boldsymbol{D}_{XX}$ 范数方差最小的 N 优化,网中某一个元素的方差为极小的 F 优化和上述若干标准加权和最小的 I 优化。

对于一个对称交会测量,如按 A 优化标准,交会角取 109°28′;按 D 优化标准,交会角取 120°;按 E 和 S 优化标准时,交会角取 90°。

2. *局部精度*

实际的工程背景可能对测量控制网的某些局部有特殊要求,如建筑施工控制网要求垂直轴线方向精度较高,大坝监测网要求径向精度高。因此,对精度矩阵 $\boldsymbol{D}_{XX}$ 中的部分元素提出特殊的要求,这种对部分元素进行局部精度的评价,称局部精度标准。局部精度标准主要有点位精度、相对精度和函数精度。局部精度均可看成是未知参数的某个线性函数(即权函数式)

$$\boldsymbol{\varphi} = \boldsymbol{f}^{\mathrm{T}} \hat{\boldsymbol{X}} \tag{2-3}$$

的精度,即 $\boldsymbol{\varphi}$ 的方差

$$\sigma_{\varphi}^2 = \boldsymbol{f}^{\mathrm{T}} \boldsymbol{D}_{XX} \boldsymbol{f} \tag{2-4}$$

(1) 点位精度

点位误差虽然可以用来评定待定点点位精度,但它不能评定在任意方向的精度,特别在工程控制网的设计和应用中,需要研究待定点在任意方向上的误差大小,通常用待定点的点位误

差椭圆来实现。

由协方差矩阵 Q_{XX} 中抽取与某一点的坐标相应的子矩阵，如平面网的第 i 点子块矩阵

$$\begin{bmatrix} q_{x_ix_i} & q_{x_iy_i} \\ q_{y_ix_i} & q_{y_iy_i} \end{bmatrix}$$

计算其特征值得

$$\lambda_1 = \frac{1}{2}(q_{x_ix_i} + q_{y_iy_i} + K_i) \tag{2-5}$$

$$\lambda_2 = \frac{1}{2}(q_{x_ix_i} + q_{y_iy_i} - K_i) \tag{2-6}$$

式中

$$K_1 = \sqrt{(q_{x_ix_i} - q_{y_iy_i})^2 + 4q_{x_iy_i}^2} \tag{2-7}$$

特征值所对应的特征向量（误差椭圆长半轴）的方向由下式确定

$$\tan 2\varphi_0 = \frac{2q_{x_iy_i}}{q_{x_ix_i} - q_{y_iy_i}} \tag{2-8}$$

由特征值 λ_1 和 λ_2 可得到一些描述点位精度的指标

① 单个坐标未知数的精度 $\begin{cases} m_{x_i} = \sigma_0 \sqrt{q_{x_ix_i}} \\ m_{y_i} = \sigma_0 \sqrt{q_{y_iy_i}} \end{cases}$

② 点位精度 $m_i = \sigma_0 \sqrt{q_{x_ix_i} + q_{y_iy_i}}$

③ 点位误差椭圆元素 $\begin{cases} e = \sigma_0^2 \sqrt{\lambda_1} \\ f = \sigma_0^2 \sqrt{\lambda_2} \end{cases}$

3. 准则矩阵

总体精度标准和局部精度标准，也称为纯量精度标准。对于大地控制网和测图控制网，总希望平差后全网具有较好的均匀的点位精度，而对于某些特殊目的的控制网，则要求网中某些指定的点位、方向或边长具有较高的精度。用一个纯量精度数据进行优化设计有时还难以描述整体控制网的精度特征。为了使设计的控制网能同时顾及控制网的各种质量标准，现代控制网设计理论中提出了准则矩阵的概念，用来描述网的整体质量和细部结构。所谓准则矩阵是指人工事先构造的、用上述各种标准来衡量都有“较好”效果的、理想化的协因数矩阵。准则矩阵不是控制网质量度量的数字标准，而是衡量控制网设计方案好坏的一个准则。

准则矩阵的构造方法常用的有 T-K 结构（Taylor-Karman 在研究流体力学中提出，由 Grafarend 引入测量领域）和 SVD 结构（Singular Value Decomposition，矩阵奇异值分解）。

（二）可靠性指标

测量控制网的可靠性是指控制网抵抗粗差的能力，它有两种标准，即内可靠性和外可靠性。所谓内可靠性是指控制网通过平差和统计检验发现粗差的能力，外可靠性是指未发现的粗差对平差结果的影响，可靠性从与精度不同的另一个侧面反映控制网的质量。一个控制网有好的精度不意味有好的可靠性，如对前方测角交会来说，按照某种优化标准，交会角取 109°28′、120° 或 90° 时，交会精度必然很高，然而却不可靠。因为观测中出现粗差，则无法发现，此时可靠性为零，所以在控制网的设计中必须将精度和可靠性同时考虑。事实上我国经典的

测量规范中要求前方交会应有 3 个以上交会方向，这实质上就是对方案的可靠性所提出的要求。

1. 多余观测分量

为了引入可靠性指标，先介绍多余观测分量的概念及其性质。由间接平差出发，误差方程为

$$\boldsymbol{V} = \boldsymbol{A}\hat{\boldsymbol{X}} - \boldsymbol{L} \tag{2-9}$$

未知参数的最小二乘解为

$$\hat{\boldsymbol{X}} = (\boldsymbol{A}^{\mathrm{T}}\boldsymbol{P}\boldsymbol{A})^{-1}\boldsymbol{A}^{\mathrm{T}}\boldsymbol{P}\boldsymbol{L} = \boldsymbol{Q}_{XX}\boldsymbol{A}^{\mathrm{T}}\boldsymbol{P}\boldsymbol{L} \tag{2-10}$$

代入式(2-9)求得改正数

$$\boldsymbol{V} = (\boldsymbol{A}\boldsymbol{Q}_{XX}\boldsymbol{A}^{\mathrm{T}}\boldsymbol{P} - \boldsymbol{I})\boldsymbol{L} \tag{2-11}$$

按误差传播律得改正数的协因数阵

$$\begin{aligned}\boldsymbol{Q}_{VV} &= (\boldsymbol{A}\boldsymbol{Q}_{XX}\boldsymbol{A}^{\mathrm{T}}\boldsymbol{P} - \boldsymbol{I})\boldsymbol{Q}_{LL}(\boldsymbol{A}\boldsymbol{Q}_{XX}\boldsymbol{A}^{\mathrm{T}}\boldsymbol{P} - \boldsymbol{I})^{\mathrm{T}} = (\boldsymbol{A}\boldsymbol{Q}_{XX}\boldsymbol{A}^{\mathrm{T}} - \boldsymbol{Q}_{LL})(\boldsymbol{P}\boldsymbol{A}\boldsymbol{Q}_{XX}\boldsymbol{A}^{\mathrm{T}} - \boldsymbol{I}) \\ &= \boldsymbol{A}\boldsymbol{Q}_{XX}\boldsymbol{A}^{\mathrm{T}}\boldsymbol{P}\boldsymbol{A}\boldsymbol{Q}_{XX}\boldsymbol{A}^{\mathrm{T}} - \boldsymbol{A}\boldsymbol{Q}_{XX}\boldsymbol{A}^{\mathrm{T}} - \boldsymbol{A}\boldsymbol{Q}_{XX}\boldsymbol{A}^{\mathrm{T}} + \boldsymbol{Q}_{LL} = \boldsymbol{A}\boldsymbol{Q}_{XX}\boldsymbol{A}^{\mathrm{T}} - 2\boldsymbol{A}\boldsymbol{Q}_{XX}\boldsymbol{A}^{\mathrm{T}} + \boldsymbol{Q} \\ &= \boldsymbol{Q} - \boldsymbol{A}\boldsymbol{Q}_{XX}\boldsymbol{A}^{\mathrm{T}} = \boldsymbol{P}^{-1} - \boldsymbol{A}\boldsymbol{Q}_{XX}\boldsymbol{A}^{\mathrm{T}}\end{aligned} \tag{2-12}$$

所以有

$$\boldsymbol{V} = -\boldsymbol{Q}_{VV}\boldsymbol{P}\boldsymbol{L} = -\boldsymbol{R}\boldsymbol{L} \tag{2-13}$$

$$\boldsymbol{R} = \boldsymbol{Q}_{VV}\boldsymbol{P} = \begin{bmatrix} r_{11} & r_{12} & \cdots & r_{1n} \\ r_{21} & r_{22} & \cdots & r_{2n} \\ \vdots & \vdots & \vdots & \vdots \\ r_{n1} & r_{n2} & \cdots & r_{nn} \end{bmatrix} \tag{2-14}$$

若观测值中有粗差

$$\boldsymbol{\varepsilon} = (\varepsilon_1, \varepsilon_2, \cdots, \varepsilon_n)^{\mathrm{T}} \tag{2-15}$$

则 $\boldsymbol{\varepsilon}$ 对改正数的影响为

$$\boldsymbol{V}_{\varepsilon} = -\boldsymbol{R}\boldsymbol{\varepsilon} \tag{2-16}$$

这就是说任何一个粗差一般对每个改正数均有影响，其影响系数为矩阵 $\boldsymbol{R}$ 的元素。$\boldsymbol{R}$ 对角线上元素 r_{ii} 为 l_i 粗差 ε_i 对本身改正数 v_i 的影响系数，非对角线元素 r_{ij} 表示 l_j 的粗差对 l_i 的改正数 v_i 影响系数。因此，矩阵 $\boldsymbol{R}$ 包含了控制网的可靠性信息，故称之为可靠性矩阵。

可以证明，矩阵的迹等于多余观测数，即 $\mathrm{tr}(\boldsymbol{R}) = r$。所以我们说多余观测数被分解 n 个分量，每个分量反映了每个观测值所具有的多余观测成分，故称量 r_{ii} 为观测值 l_i 的多余观测分量，简记为 $r_i = r_{ii}$。

在一般情况下，$r_i \in (0,1)$，并且每个观测值的多余观测分量不一定相同。由于多余观测分量的总和为控制网的多余观测数 r，当 r 一定时，欲增加某个观测值的多余观测分量，则必以另一些观测值的多余观测分量减少为代价，其增加的量等于减少的量，总和保持不变。多余观测分量反映了观测值的可靠性，数值 $\bar{r} = r/n$ 从平均意义上反映了全部观测值的可靠性，通常称平均可靠性。不同类型的控制网平均可靠性计算如下。

(1) 三角网

布设在一等锁环中的二等三角网，约有 250 个二等点，构成 500 个三角形。这时，$n = 1500, t = 500, r = 1000$。所以平均可靠性 $\bar{r} = 1000/1500 \approx 0.67$，结构较强。

(2) 符合导线

对于符合导线来说，如果有个待定导线点，必要观测数显然为 $2(n-1)$，该导线的观测数为 $n+1$ 个角和 n 条边，即总观测个数为 $2n+1$，多余观测个数为 3，则 $\bar{r}=3/(2n+1)$。当符合导线有 13 个待定点时，$r/n\approx 0.1$，判断粗差存在一定的困难。

(3) 水准闭合环

全网只有一个条件(自由度)，平均可靠性 $\bar{r}=1/n$。平均可靠性与网内测段数成反比。

(4) 导线网

全网有边闭合和角闭合两个条件，有个观测值，平均可靠性 $\bar{r}=1/n$。

(5)GPS 网

网的多余独立基线数与总的基线数的比值，即 $\bar{r}=l_r/l_t$。其中，多余独立基线数 $l_r=l_t-l_n$，必要独立基线数 $l_n=n-1$。l_t 为总的独立基线数，$l_t=s(m-1)$，s 为观测期数，m 为同步观测接收机台数。

测量工作多年实践表明，在控制网设计阶段，根据网的类型，能够对观测值起良好控制的网其多余观测分量应该满足 $r_i\geqslant(0.2\sim0.5)$。若平均可靠性达到 0.4 以上，则该系统便具有足够的多余观测，以致粗差得到较好的监控。

2. 内部可靠性

当控制网中有个别观测值的多余观测分量很小时，这些观测值如果含有粗差，就很难进行检测，这也说明该网的可靠性方面存在薄弱的环节。由于多余观测少，平均可靠性小于 0.4，因此判断粗差是否存在有一定的困难。内部可靠性是指某控制网发现某一粗差的能力，即可发现的最小粗差大小。一个控制网能发现的粗差越小或某一固定大小的粗差被发现的可能性越大，则控制网的可靠性越好。由于含有粗差的观测值的大小及其出现的位置事先并不知道，所以通常采用假设检验的方法对粗差进行估计和定位(即粗差探测)，粗差探测的目的是要具体指明在那一个观测值中存在粗差。因为粗差仅部分地反映在残差中，故不能简单地用残差判断粗差，巴尔达(Baarda) 方法用构建统计量来探测粗差。

设单个观测的粗差估计为

$$\hat{\varepsilon}=\frac{v_i}{r_i} \tag{2-17}$$

相应的方差为

$$\sigma_{\delta}^2=\frac{\sigma_i^2}{r_i} \tag{2-18}$$

式中，v_i 为第 i 个观测值改正数，$\hat{\varepsilon}_i$ 表示粗差估计，σ_δ^2 表示粗差估计的方差，σ_i^2 表示观测值观测方差，r_i 为矩阵 $\boldsymbol{R}$ 的对角元素第 i 个元素。

由 $\hat{\varepsilon}_i$ 和 σ_δ 构成粗差统计量

$$T_i=\frac{\hat{\varepsilon}_i}{\sigma_\delta}=\frac{v_i}{\sqrt{r_i}\sigma_i} \tag{2-19}$$

对统计量 T_i 进行假设检验，原假设为 l_i 中不含粗差，即统计量 $T_i\sim N(0,1)$，若包含粗差，其对残差 v_i 的影响为

$$v_i^*=-r_i\varepsilon_i \tag{2-20}$$

对统计量的影响为

$$T_i^* = \frac{v_i^*}{\sqrt{r_i}\sigma_i} = \frac{\varepsilon_i}{\sigma_I}\sqrt{r_i} \tag{2-21}$$

此时，真实分布 $T_i \sim N(T_i^*, 1)$，T_i 称非中心化参数。

对假设检验问题，若备选假设 H_1 成立，此时接受原假设 H_0（认为误差不存在），就犯第二类错误，是纳伪错误，其概率为 β；若原假设 H_0 成立，而接受备选假设（认为存在误差）就犯第一类错误，是弃真错误，其概率为 α。对实际问题，总希望弃真概率 α 和纳伪概率 β 均尽可能的小，但这是做不到的，因为减小 α，β 就跟着增大。通常认为弃真的错误较之纳伪的错误更严重，因此，总是将 α 加以控制，例如根据问题的 $1-\beta$ 性质，选用 α 为 0.05，0.01 或 0.001 等。然后在不改变 α 的条件下尽量使 β 减小，即尽量使检验功效增大。

为了使获得的可能发现的粗差最小值能够可信，Baarda 建议取 $\alpha = 0.001$ 和 $1-\beta = 0.80$，这些值已被国际上许多学者所认同。当多余观测不是很多时，可取 $\alpha = 0.05$ 和 $1-\beta = 0.80$。相对于最小粗差 $\varepsilon_{\min}$，显著水平和检验功效记为 α 和 $1-\beta$，非中心化参数记为 δ_0。于是可将式(2-21)改写为

$$\delta_0 = \frac{\varepsilon_{\min}}{\sigma_i}\sqrt{r_i} \tag{2-22}$$

或

$$\varepsilon_{\min} = \sigma_i \frac{\delta_0}{\sqrt{r_i}} \tag{2-23}$$

上式表明，可能察觉粗差 ε_i 的最小值或称下限值 ε_{min} 与 σ_i 成正比，与 r_i 成反比。即观测精度越高，则可能发现的粗差越小；r_i 越小则可能发现的粗差就越大。我们总是希望探测粗差的能力越强越好，即在一定显著水平 α 和检验功效 $(1-\beta)$ 下可能发现的粗差越小越好，这就要提高观测精度和加强控制网的图形强度（增大 $\boldsymbol{Q}_{VV}$ 阵的对角线元素，即增大 $\boldsymbol{Q}_{VV}$ 多余观测分量 r_i）。

为了比较不同精度的观测值之间发现粗差能力的差别，需将式(2-23)中的观测值精度抽掉，由此得到一个单纯反映观测值发现粗差能力的无量纲指标

$$R_i = \frac{\delta_0}{\sqrt{r_i}} \tag{2-24}$$

称 R_i 为观测值 l_i 的内部可靠性指标。

3. 外部可靠性

外部可靠性是指无法探测出（小于 $\varepsilon_{\min}$），而保留在观测数据中的残存粗差对平差结果的影响。我们知道参数的平差值为

$$\hat{\boldsymbol{X}} = (\boldsymbol{A}^{\mathrm{T}}\boldsymbol{P}\boldsymbol{A})^{-1}\boldsymbol{A}^{\mathrm{T}}\boldsymbol{P}\boldsymbol{L} = \boldsymbol{Q}_{XX}\boldsymbol{A}^{\mathrm{T}}\boldsymbol{P}\boldsymbol{L} \tag{2-25}$$

设 l_i 没能发现的最大粗差为 $\varepsilon_{\max}$，则 L 的粗差为

$$\boldsymbol{\varepsilon} = (0 \quad 0 \quad \cdots \quad \varepsilon_{\max} \quad 0 \quad \cdots \quad 0)^{\mathrm{T}} \tag{2-26}$$

最大残存粗差 $\varepsilon_{\max}$ 对平差参数的影响为

$$\boldsymbol{\nabla}_{X_i} = \boldsymbol{Q}_{XX}\boldsymbol{A}^{\mathrm{T}}\boldsymbol{P}\boldsymbol{\varepsilon} \tag{2-27}$$

从上式可以看出，$\boldsymbol{\nabla}_{X_i}$ 的大小与 $\boldsymbol{Q}_{XX}$ 有关，而 $\boldsymbol{Q}_{XX}$ 的主对角线元素的大小与起始点在控制

网中的位置有关，离起始点愈近的点对角元素愈小，愈远的点对角元素愈大。因此 ∇_{X_i} 是一个与坐标系统有关的变量，不适宜作可靠性指标，为此，Baarda 建议用所谓的经验影响函数，即 COOK 距离

$$D_i(\boldsymbol{M},C)=\nabla_{X_i}^{\mathrm{T}}\boldsymbol{M}\ \nabla_{X_i}/C \tag{2-28}$$

取 $\boldsymbol{M}=\boldsymbol{Q}_{XX}^{-1}$，$C=\sigma_0^2$，用$\bar{\delta}_{0i}^2$ 表示由于粗 $\varepsilon_{\max}$ 差影响所产生的参数向量大小的一个带权模

$$\bar{\delta}_{0i}^2=\frac{\nabla_{X_i}^{\mathrm{T}}\boldsymbol{Q}_{XX}^{-1}\nabla_{X_i}}{\sigma_0^2} \tag{2-29}$$

可见二次型 $\nabla_{X_i}^{\mathrm{T}}\boldsymbol{Q}_{XX}^{-1}\nabla_{X_i}$ 是一与坐标系统无关的变量。将式(2-27) 代入式(2-29) 得

$$\begin{aligned}\bar{\delta}_{0i}^2&=\frac{\nabla_{X_i}^{\mathrm{T}}\boldsymbol{Q}_{XX}^{-1}\nabla_{X_i}}{\sigma_0^2}=\frac{\delta_0\sigma_i/\sqrt{r_i}\boldsymbol{PAQ}_{XX}\boldsymbol{Q}_{XX}^{-1}\boldsymbol{Q}_{XX}\boldsymbol{A}^{\mathrm{T}}\boldsymbol{P}\boldsymbol{\delta}_0\sigma_i/\sqrt{r_i}}{\sigma_0^2}\\&=\frac{\delta_0^2\sigma_i^2\boldsymbol{P}^2\boldsymbol{AQ}_{XX}\boldsymbol{A}^{\mathrm{T}}}{\sigma_0^2 r_i}\end{aligned} \tag{2-30}$$

顾及 $\sigma_i^2=\sigma_0^2P^{-1}$，令 $h_i=\boldsymbol{PAQ}_{XX}\boldsymbol{A}^{\mathrm{T}}$，则 $h_i=1-r_i$，故

$$\bar{\delta}_{0i}^2=\frac{\delta_0^2}{r_i}h_i=\frac{\delta_0^2}{r_i}(1-r_i) \tag{2-31}$$

或写为

$$R'_i=\delta_0\sqrt{\frac{1-r_i}{r_i}} \tag{2-32}$$

称 R'_i 为观测值 l_i 的外部可靠性。

由于内外可靠性指标在计算上过于烦琐，因此实际工程控制网的设计采用计算较简单，能够反映网的可靠性指标的平均可靠性。

（三）灵敏度指标

灵敏度是用来衡量变形监测控制网质量的一个标准，它反映变形监测控制网发现变形、区分变形的能力，它不适用于其他类型的测量控制网。不同的变形监测网发现变形位移矢量的能力有强有弱，并且与变形位移矢量的方向有关，这种发现变形位移矢量能力的强弱就是变形监测网的灵敏度。它由网形结构、观测点与被监测点的相关位置以及观测方案所决定，每一个变形监测网都有一个不利于监测变形体位移的方向。分析该不利方向与变形体位移矢量之间的关系，以查明所设计的变形监测网是否适宜于对该变形体位移矢量进行监测，这对于变形监测网的优化设计具有重要意义。因此，在变形监测网优化设计时，除应考虑网的精度、可靠性和费用标准外，还应着重考虑所布设的网对需要监测的变形向量具有尽可能高的灵敏度。

在讨论灵敏度时，一般从两周期变形观测出发，并假设两期为不变设计，即网的布设和观测方案均相同，平差时所选取的基准也相同。则得到两周期坐标未知数的变化向量$\hat{\boldsymbol{d}}$ 及其协因数阵 $\boldsymbol{Q}_{dd}$，即

$$\hat{\boldsymbol{d}}=\hat{\boldsymbol{X}}_{\mathrm{II}}-\hat{\boldsymbol{X}}_{\mathrm{I}} \tag{2-33}$$

$$\boldsymbol{Q}_{dd}=\boldsymbol{Q}_{X_{\mathrm{I}}X_{\mathrm{I}}}+\boldsymbol{Q}_{X_{\mathrm{II}}X_{\mathrm{II}}} \tag{2-34}$$

式中，$\hat{\boldsymbol{X}}_{\mathrm{I}}$，$\hat{\boldsymbol{X}}_{\mathrm{II}}$ 分别为第一期和第二期观测网的未知参数；$\boldsymbol{Q}_{X_{\mathrm{I}}X_{\mathrm{I}}}$，$\boldsymbol{Q}_{X_{\mathrm{II}}X_{\mathrm{II}}}$ 为两期观测的精度矩阵。当两期方案完全相同时式(2-34) 可简化为

$$\boldsymbol{Q}_{dd}=2\boldsymbol{Q}_{X_{\mathrm{I}}X_{\mathrm{I}}} \tag{2-35}$$

为了检验网的变形是否存在，可作如下原假设和备选假设

$$\begin{cases} H_0 : E(\hat{\boldsymbol{d}}) = 0 \\ H_1 : E(\hat{\boldsymbol{d}}) = d \end{cases}$$

构造如下统计量

$$T = \frac{\hat{\boldsymbol{d}}^{\mathrm{T}} \boldsymbol{Q}_{dd}^{-1} \hat{\boldsymbol{d}}}{\sigma_0^2} \tag{2-36}$$

在 H_0 成立时，$T \sim \chi^2(t)$。否则，$\boldsymbol{H}_1$ 成立时有 $T \sim \chi^2(t,\delta^2)$。式中，自由度 $t = R(\boldsymbol{Q}_{dd})$，非中心参数由下式计算

$$\delta^2 = \frac{1}{\sigma_0^2} E(\hat{\boldsymbol{d}})^{\mathrm{T}} \boldsymbol{Q}_{dd}^{-1} E(\hat{\boldsymbol{d}}) = \frac{\boldsymbol{d}^{\mathrm{T}} \boldsymbol{Q}_{dd}^{-1} \boldsymbol{d}}{\sigma_0^2} \tag{2-37}$$

根据 $T \sim \chi^2(t)$ 或 $T \sim \chi^2(t,\delta^2)$ 就可以对变形模型作整体检验。但在监测网设计阶段，更有意义的是相反问题。即给定显著水平 α 和检验功效 β，问非中心参数 δ^2 应达到多大，才能导致拒绝 H_0 而接受 H_1，即能发现的最小变形是多少？

为了解决这个问题，将待检验的变形向量分解为表示其大小的模和表示其方向的单位向量，即

$$\boldsymbol{d} = \|\boldsymbol{d}\| \cdot \boldsymbol{g} \tag{2-38}$$

式中，$\|\boldsymbol{d}\|$为 $\boldsymbol{d}$ 在 $\boldsymbol{g}$ 方向上的长度，用标量 α_0 表示，$\|\boldsymbol{g}\| = 1$。由给定的显著水平 α、检验功效 β 和自由度 t，可查有关的诺谟图得非中心参数的临界值 δ^2。将(2-38) 代入(2-37)，可以得到能够发现的变形值的临界值，即

$$\alpha_0 = \sigma_0 \delta_0 \sqrt{\boldsymbol{g}^{\mathrm{T}} \boldsymbol{Q}_{gg}^{-1} \boldsymbol{g}} \tag{2-39}$$

数值 α_0 为以功效 β_0 所能发现的变形参数向量 d 在 g 方向上的最小长度。凡变形量大于 α_0 的变形，监测网可以监测出来；凡变形量小于 α_0 的变形，监测网将发现不了。因此，数值 α_0 反映了监测网发现变形的能力大小，我们称 α_0 为发现变形 $\boldsymbol{d}$ 的灵敏度。

(四) 经济性指标

为了使设计的监测方案，不仅在技术上满足要求，而且在经济上是合理的。在达到满足其他质量准则的前提下，所花的费用最少。费用与许多因素有关，难于用数学公式概括表达。目前，在优化设计中通常以观测值的数目多少来计算成本。如某监测网由 7 点组成，采用边角混合方式观测，方向观测精度 0.5″，距离测量标称精度 $0.2\text{mm} \pm 10^{-6} \cdot D$。在方案设计时，要求该网能发现某点在一固定方向上大于 3.5mm 的变形。设计如下四个方案：

(1) 观测 30 个角度，14 条边，计算灵敏度 1.56mm；

(2) 观测 30 个角度，4 条边，计算灵敏度为 1.63mm；

(3) 观测 30 个角度，2 条边，计算灵敏度 1.79mm；

(4) 观测 28 个角度，2 条边，计算灵敏度 1.81mm。

我们认为最后一个是既满足灵敏度的要求，经济上又比较合理的优化方案。

二、监测控制网质量指标算例

【例 2-1】 如图 2-9 所示的水准监测网，A，B，C 为已知点，P_1，P_2，P_3 为未知点，已知观测值

的权为 P，试计算各观测值的可靠性指标。

解：设 P_1, P_2, P_3 的高程未知参数 $\hat{X}_1, \hat{X}_2, \hat{X}_3$。则设计矩阵为

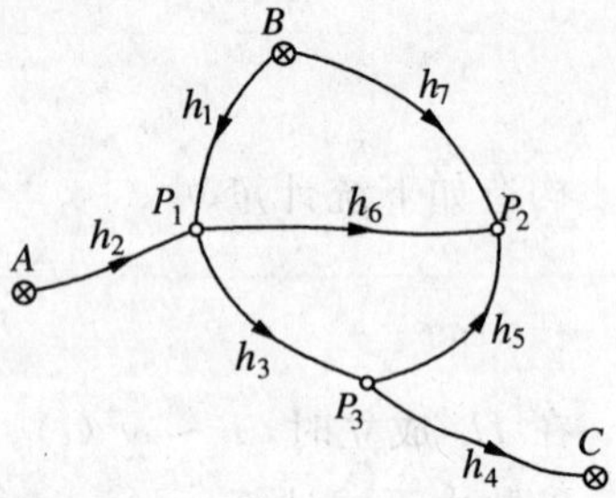

图 2-9　水准网略图

$$
\boldsymbol{A} = \begin{bmatrix} 1 & 0 & 0 \\ 1 & 0 & 0 \\ -1 & 0 & 1 \\ 0 & 0 & -1 \\ 0 & 1 & -1 \\ -1 & 1 & 0 \\ 0 & 1 & 0 \end{bmatrix} \quad \boldsymbol{P} = \begin{bmatrix} 2 & & & & & & \\ & 2 & & & & & \\ & & 1 & & & & \\ & & & 1 & & & \\ & & & & 1 & & \\ & & & & & 1 & \\ & & & & & & 2 \end{bmatrix}
$$

组成法方程系数矩阵

$$
\boldsymbol{N} = \boldsymbol{A}^{\mathrm{T}} \boldsymbol{P} \boldsymbol{A} = \begin{bmatrix} 6 & -1 & -1 \\ -1 & 4 & -1 \\ -1 & -1 & 3 \end{bmatrix}
$$

计算精度矩阵

$$
\boldsymbol{Q}_{XX} = \boldsymbol{N}^{-1} = \frac{1}{57} \begin{bmatrix} 1 & 4 & 5 \\ 4 & 17 & 7 \\ 5 & 7 & 3 \end{bmatrix}
$$

计算可靠性矩阵

$$
\boldsymbol{R} = \boldsymbol{Q}_{VV} \boldsymbol{P} = \boldsymbol{I} - \boldsymbol{A} \boldsymbol{Q}_{XX} \boldsymbol{A}^{\mathrm{T}} \boldsymbol{P} = \begin{bmatrix} 0.614 & & & & & & \\ & 0.614 & & & & & \\ & & 0.579 & & & & \\ & & & 0.596 & & & \\ & & & & 0.544 & & \\ & & & & & 0.649 & \\ & & & & & & 0.404 \end{bmatrix}
$$

这里仅计算出 $\boldsymbol{R}$ 的对角线元素，即各观测值的多余观测分量为

$$
r_1 = 0.614, r_2 = 0.614, r_3 = 0.579, r_4 = 0.596, r_5 = 0.544, r_6 = 0.649, r_7 = 0.404
$$

由 $\sum_{i=1}^{7} R_i = 4 = r$ 检核计算无误。若取 $\alpha = 0.001, \beta = 0.7$，可查表得。$\delta_0 = 4.13$。由内可靠性指标的定义 $R_i = \delta_0 / \sqrt{r_i}$ 求得各观测值的内可靠性为

$$
R_1 = 5.27, R_2 = 5.27, R_3 = 5.43, R_4 = 5.35, R_5 = 560, R_6 = 5.13, R_7 = 6.50
$$

由公式 $R'_i = \delta_0 / \sqrt{1 - r_i / r_i}$ 可求得各观测值的外可靠性指标为

$$
R'_1 = 3.27, R'_2 = 3.27, R'_3 = 3.52, R'_4 = 3.40, R'_5 = 3.78, R'_6 = 3.04, R'_7 = 5.02
$$

目前，国内外一般评价可靠性优劣见表 2-5 所示。

表 2-5　可靠性判断表

内部可靠性		外部可靠性	
$R_i < 5$	好	$R'_i < 3$	好
$5 \leqslant R_i \leqslant 10$	一般	$3 \leqslant R'_i \leqslant 8$	一般
$R_i > 10$	差	$R'_i > 8$	差

该网的平均可靠性 $\bar{r} = r/n = 4/7 = 0.57$

【例 2-2】如图 2-10 所示的测边网，A，B 为已知点，C，D 为未知点，已知点的坐标和近似点的坐标为

$$x_A = ,y_A = 0 \quad x_B = 0, y_B = 4\text{km}$$

$$x_C^0 = 3\text{km}, y_C^0 = 0 \quad x_D^0 = 3\text{km}, y_D^0 = 4\text{km}$$

试评定网的灵敏度($\sigma_0^2 = 1, \delta_0 = 4.13$)

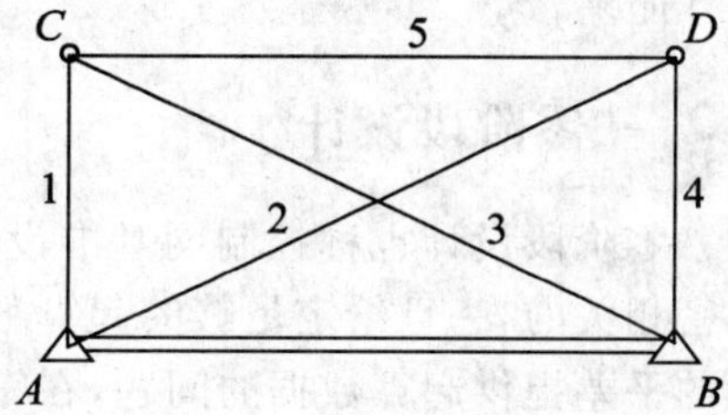

图 2-10　大地四边形

解：边长观测值的权为

$$\boldsymbol{P} = \begin{bmatrix} 1.67 & & & & \\ & 1 & & & \\ & & 1 & & \\ & & & 1.67 & \\ & & & & 1.25 \end{bmatrix}$$

列出误差方程和法方程的系数矩阵为

$$\boldsymbol{A} = \begin{bmatrix} 1 & 0 & 0 & 0 \\ 0 & 0 & 0.6 & 0.8 \\ 0.6 & -0.8 & 0 & 0 \\ 0 & 0 & 1 & 0 \\ 0 & -1 & 0 & 1 \end{bmatrix}, \boldsymbol{N} = \begin{bmatrix} 2.03 & -0.48 & 0 & 0 \\ -0.48 & 1.89 & 0 & -1.25 \\ 0 & 0 & 2.03 & 0.48 \\ 0 & -1.25 & 0.48 & 1.89 \end{bmatrix}$$

计算 Q_{dd} 和 Q_{dd}^{-1}。这里假定两期观测方案完全相同，因此可得

$$\boldsymbol{Q}_{dd} = 2\boldsymbol{Q}_{xx} = 2\boldsymbol{N}^{-1} = \begin{bmatrix} 1.110 & 0.528 & -0.088 & 0.370 \\ 0.528 & 2.230 & -0.370 & 1.568 \\ -0.088 & -0.370 & 1.110 & -0.053 \\ 0.370 & 1.568 & -0.053 & 2.230 \end{bmatrix}$$

$$\boldsymbol{Q}_{dd}^{-1} = \frac{1}{2}\boldsymbol{N} = \begin{bmatrix} 1.015 & -0.240 & 0 & 0 \\ -0.240 & 0.945 & 0 & -0.625 \\ 0 & 0 & 1.015 & 0.240 \\ 0 & -0.625 & 0.240 & 0.945 \end{bmatrix}$$

计算 D 点在方位角 45° 方向上的变形灵敏度，因为 $\boldsymbol{g} = (0,0,\cos45°,\sin45°)^{\mathrm{T}} = (0,0,0.707,0.707)^{\mathrm{T}}$，$\|g\| = 1$，所以 $\alpha_0 = \sigma_0\delta_0 \Big/ \sqrt{\boldsymbol{g}^{\mathrm{T}}\boldsymbol{Q}_{dd}^{-1}\boldsymbol{g}} = 3.74\text{mm}$，即 D 点在 45° 方向上超过 3.74mm 的变形能够发现。

§2-4　变形监测网优化设计分类

对于监测网的优化设计，就是在一定的人力、物力、财力的情况下，设计出精度高、可靠性强、灵敏度高和经费最省的方案。即根据变形体的特点，设计出最佳网形，满足质量要求的最佳观测方案。指导测量技术人员选择适当的仪器和方法，避免进行无意义的观测，从而提高工作效率。目前，国际上公认的优化设计分类有：零阶段设计、一阶段设计、二阶段设计和三阶段设计四类。

一、零阶段设计

零阶段设计也称控制网基准设计或参考系统设计。参考系统的选定与起算数据的给定是紧密相关的，一旦给定足够的起算数据就等于选定了坐标系统。基准还可以认为就是给监测网的平差提供起算数据的问题，在零阶段设计时，主要解决的是：是否给定起算数据？给定几个起算数据？起算数据配置在何处？解决这三个问题，未知数阵、协因数阵也就随之确定了，即完成了基准设计。已知数据对监测网的约束既有增强网的外部精度作用，也有可能扭曲网的模型而降低网的内部精度。而变形监测网因为仅重视其相对位置而采用无起算数据的秩亏自由网。

零阶段设计即对一个已知图形结构和观测计划的自由网，为监测网点的坐标及其方差阵选择一个最优的坐标系。这就是已知设计矩阵和观测值的权阵的条件下，确定网点坐标向量$\boldsymbol{X}$和其协因数阵Q_{XX}，使得某个目标函数达到极值，因此，零阶段设计就是一个平差问题。

二、一阶段设计

一阶段设计即结构图形设计问题。由于未知参数平差值及其精度除了与观测精度有关外，还与网的几何图形有关，在给定观测条件下，通过控制网点的最优配置和最优构网方案的选择来获得未知量的最大精度。从数学意义上讲，网形最优化的目的就是要确定网形矩阵$\boldsymbol{A}$，而网形矩阵$\boldsymbol{A}$主要受网点点位和观测值的配置所制约。从几何意义上讲，就是不仅要确定点位，还要确定点间的连线。

一类设计即在已知观测值的权阵$\boldsymbol{P}$的条件下，确定设计矩阵$\boldsymbol{A}$，使网中某些元素的精度达到预定值或最高精度，或者使坐标的协因数阵最佳逼近一个给定的矩阵Q'_{XX}（准则矩阵）。

三、二阶段设计

二阶段设计即观测值权的分配问题。它是在监测网网形已经选定的情况下，对各观测量的权进行最优分配，即选定最佳观测纲要。从数学意义上讲，此阶段设计就是在给定系数矩阵$\boldsymbol{A}$和未知数协因数阵Q_{XX}，而求最优的观测量权阵$\boldsymbol{P}$。观测纲要设计是控制网优化设计研究最多、最早的课题，随着对网设计要求不断提高、观测方法的改变和边角等不同类观测值的权的优化设计要从精度、可靠性、灵敏度等各方面综合考虑，这就使该阶段设计问题的内容更加丰富。

四、三阶段设计

在监测网优化设计过程中，首先要对监测网进行基准设计，以确定监测网的坐标系统和已知数据的配置。接着对监测网进行网形优化设计，以确定监测网的网点配置和选择必要观测和多余观测。进而应对监测网进行观测权的优化设计，以确定各观测值的最优观测权，即确定最优观测纲要。至此，已分阶段完成了监测网的基准、结构、观测纲要的初步设计。由于上述设计是分阶段且总是在某种假定下进行的，而实际上各阶段的设计是相互影响的。因此，对优化后的初步方案经过试算，如果发现不能满足监测网精度要求，或原给定的精度标准过低，或费用超过预算，或在实施上产生困难等，都必须对初步方案进行设计修正。

三阶段设计，也称网的改造或加密方案设计。通过增加新点和新的观测值，以改善原网的质量。在给定的改善质量的前提下，使改造测量工作量最小，或者在改造费用一定的条件下，使改造方案的效果最佳。

§2-5　监测方案编制

监测方案是指导监测实施的主要技术文件。主要包括监测目的和监测项目、监测仪器及安装、数据采集方法、数据分析及信息反馈。在工程施工前，应组织专业技术人员在认真研究工程项目的规模、工程的技术重点、难点及周边环境条件的基础上进行编制。

一、监测方案编制原则

监测方案的编写应符合国家、行业现行的有关规范、规定。监测方案应遵循的原则如下。

(1) 监测方案应以安全监测为目的，根据不同的工程项目和不同的施工方法确定监测对象(基坑、建筑物、管线和地下工程结构等)，针对监测对象安全稳定的主要指标进行方案设计；

(2) 根据监测对象的重要性确定监测规模和内容，监测项目和测点的布置应能够比较全面地反映监测对象的工作状态；

(3) 应尽量采用先进的监测技术，如自动化技术、遥测技术、积极选用效率高、可靠性强的先进仪器和设备，以确保监测效率与精度；

(4) 为确保提供可靠、连续的监测资料，各监测项目应能相互校验；

(5) 方案在满足监测性能和精度要求的前提下，力求减少监测仪器的数量和电缆长度，降低监测频率，以降低监测费用；

(6) 方案中临时监测项目和永久监测项目应对应衔接；

(7) 在满足工程安全的前提下，确定仪器的布设位置和测量时间，尽量减少与工程施工的交叉影响；

(8) 根据设计要求及周边环境条件，确定各监测项目的控制基准；

(9) 按照国家现行的有关规定、规范编制监测方案。

二、监测项目的确定

监测项目的选择应考虑的因素如下。

(1) 工程地质条件与水文地质条件；

(2) 工程规模与施工技术难点，包括设计结构形式、施工方法和埋深等；

(3) 工程的周边环境条件，主要是所处位置及周围建(构) 筑物的结构形式、形状尺寸及与地下工程之间的关系。

三、监测方案的编制

监测方案编制步骤如下。

(1) 收集编制监测方案所需的基础资料；

(2) 现场踏勘，了解周围环境；

(3) 编制监测方案初稿；

(4) 会同有关部门确定各类监测项目的控制基准值；

(5) 完善监测方案；

(6) 监测方案报批。

四、监测方案的主要内容

监测方案是指导监测工作的主要技术文件，主要内容如下。

(1) 工程概况；

(2) 监测目的与意义；

(3) 监测项目和测点的数量；

(4) 测点布置平面图；

(5) 测点布置剖面图；

(6) 各监测项目的监测周期和频率；

(7) 监测仪器设备及选型；

(8) 监测人员的配置；

(9) 监测项目控制基准；

(10) 监测资料的整理与分析；

(11) 监测报告送达的对象和时限；

(12) 监测注意事项。

五、编制监测方案的基础资料

基础资料是进行施工条件分析、编制监测方案的主要依据。为了选择最优的技术方案，采用科学的监测方法，必须对基础资料进行详细的综合分析和处理。在编制监测方案前，应熟悉的基础资料主要包括以下内容。

(1) 设计图；

(2) 地质勘查报告；

(3) 地表建筑物平面图；

(4) 管线平面图；

(5) 保护对象的建筑结构图；

(6) 地下主体结构图；

(7) 围护结构和主体结构的施工方案；

(8) 最新监测仪器信息；

(9) 类型相似或相近工程的经验资料；

(10) 国家现行的有关规定、规范和合同协议等。

第三章　监测网平差及参考点稳定性检验

在平面测图控制网和施工控制网中，外业观测完成后，进行内业平差计算时，必须保证至少有一个已知点坐标，一个已知方向和一条已知边长，而变形监测网则可以不要这些数据，按自由网平差。尽管工程上的控制网中，已知点和已知方向可以假定，但已知边是必不可少的，但变形网可以是纯测角网，不需要观测任何边或已知边。考虑变形监测网布设时的特点，在平差处理时可以选择有固定基准(固定参考系)的经典网平差方法；以重心基准(重心参考系)的秩亏自由网平差；以拟稳基准(拟稳参考系)的拟稳平差。

§3-1　预备知识

平差问题最终也可以看作是一个解算方程组问题。为了能更好地理解平差的原理，本节首先介绍一下解方程组的有关问题。测量平差中的观测方程一般是非线性的，需根据未知参数的近似值使其线性化，在泰勒级数展开式中舍去二次以上的项，得到近似的线性观测方程。因此，线性化的观测方程是否能正确表达观测值与参数改正数之间的线性关系与参数的近似值的选取密切相关，在数学上，表现为方程为相容或不相容。线性方程组 $\underset{m\times n}{\boldsymbol{A}}\underset{n\times 1}{\boldsymbol{X}}=\underset{m\times 1}{\boldsymbol{b}}$ 可能无解、只有一个解或有无穷多解三种情况。当 $m=n$ 时，且 $\boldsymbol{A}$ 为非奇异阵时，则存在 n 阶矩阵 $\boldsymbol{A}^{-1}$，使方程组有唯一解，可表示为 $\boldsymbol{X}=\boldsymbol{A}^{-1}\boldsymbol{b}$。我们看到，当 $m\times n$ 线性方程组相容且有无穷多解时，在实际中我们常需去求使得范数 $\|\boldsymbol{X}\|$ 为最小的极小范数解 $\boldsymbol{X}_0$。而在最优化问题、控制理论和测量领域所遇到的方程往往是不相容的方程组(矛盾方程组)，这时 $\underset{m\times n}{\boldsymbol{A}}\underset{n\times 1}{\boldsymbol{X}}=\underset{m\times 1}{\boldsymbol{b}}$ 无解。但我们要寻求使误差范数 $\|\boldsymbol{A}\boldsymbol{X}_0-\boldsymbol{b}\|$ 为最小的近似解 $\boldsymbol{X}_0$，此即最小二乘解。对于线性方程组 $\underset{m\times n}{\boldsymbol{A}}\underset{n\times 1}{\boldsymbol{X}}=\underset{m\times 1}{\boldsymbol{b}}$ 无解或有无穷多解的情形，是否存在一类矩阵 $\boldsymbol{G}$，使它们能表示 $\boldsymbol{X}=\boldsymbol{G}\boldsymbol{b}$ 成的紧凑形式？这个问题是肯定的，并且对它的研究正是监测网平差中常用的广义逆矩阵问题。

一、广义逆矩阵

广义逆矩阵与线性方程组的求解有着密切的关系。1920 年，E. H. Moore 利用正交投影算子首次引入广义逆矩阵，1955 年，R. Penrose 通过线性方程组的研究来定义广义逆矩阵。人们后来证明 Moore 与 Penrose 的两种广义逆矩阵是等价的，因此被称为 M-P 广义逆矩阵。为方便，我们采用 Penrose 的定义方法如下。

设 $m\times n$ 阶矩阵 $\boldsymbol{A}$，如果存在 $n\times m$ 阶矩阵 $\boldsymbol{G}$，满足如下矩阵方程条件 ①、① 和其余部分以及全部

$$①\boldsymbol{AGA}=\boldsymbol{A}$$

$$②\boldsymbol{GAG}=\boldsymbol{G}$$

$$③(\boldsymbol{AG})^{\mathrm{T}}=\boldsymbol{AG}$$

$$④(\boldsymbol{GA})^{\mathrm{T}}=\boldsymbol{GA}$$

则称 $\boldsymbol{G}$ 为 $\boldsymbol{A}$ 的一个广义逆矩阵。

下面将看到，满足部分条件的广义逆矩阵一般并不唯一，因此把满足条件 ① 的广义逆矩阵称为 $\boldsymbol{g}$ 逆，用 $\boldsymbol{A}^-$ 表示。满足条件 ①、② 的广义逆矩阵称为自反 $\boldsymbol{g}$ 逆，用 $\boldsymbol{A}_r^-$ 表示。满足条件 ①、④ 的广义逆矩阵称为最小范数 $\boldsymbol{g}$ 逆，用 $\boldsymbol{A}_m^-$ 表示。满足条件 ①、③ 的广义逆矩阵称为最小二乘逆，用 $\boldsymbol{A}_l^-$ 表示。满足条件 ①、②、③ 和 ④ 的广义逆称为最小二乘最小范数 $\boldsymbol{g}$ 逆，用 $\boldsymbol{A}^+$ 表示。当 $\boldsymbol{A}$ 为奇异阵时，广义逆虽然存在，但 $\boldsymbol{A}^-$，$\boldsymbol{A}_r^-$，$\boldsymbol{A}_l^-$ 和 $\boldsymbol{A}_m^-$ 不唯一，仅 $\boldsymbol{A}^+$ 唯一的。

二、相容线性方程组的解与广义逆 A^-

（一）广义逆 A^- 的计算

设 $m\times n$ 矩阵 $\boldsymbol{A}$，$R(\boldsymbol{A})=r>0$，且有可逆矩阵 $\underset{m\times m}{\boldsymbol{P}}$，$\underset{n\times n}{\boldsymbol{Q}}$，使 $\boldsymbol{PAQ}=\begin{bmatrix}\boldsymbol{I}_r & 0\\0 & 0\end{bmatrix}$，那么

（1）若 $\boldsymbol{A}$ 为行满秩矩阵，则有

$$\boldsymbol{A}^-=\boldsymbol{A}_R^{-1}=\boldsymbol{A}^{\mathrm{T}}(\boldsymbol{A}\boldsymbol{A}^{\mathrm{T}})^{-1}\text{，或 }\boldsymbol{A}^-=\boldsymbol{Q}^{-1}\begin{bmatrix}\boldsymbol{I}_m\\0\end{bmatrix}P^{-1}\text{，此时 }\boldsymbol{A}=\boldsymbol{P}[I_m\quad 0]\boldsymbol{Q}$$

（2）若 $\boldsymbol{A}$ 为列满秩矩阵，则有

$$\boldsymbol{A}^-=\boldsymbol{A}_L^{-1}=(\boldsymbol{A}^{\mathrm{T}}\boldsymbol{A})^{-1}A^{\mathrm{T}}\text{，或 }\boldsymbol{A}^-=\boldsymbol{Q}^{-1}[\boldsymbol{I}_n\quad 0]\boldsymbol{P}^{-1}\text{，此时 }\boldsymbol{A}=\boldsymbol{P}\begin{bmatrix}\boldsymbol{I}_n\\0\end{bmatrix}\boldsymbol{Q}$$

（3）若 $R(\boldsymbol{A})=r<\min\{m,n\}$，且有满秩分解 $\boldsymbol{A}=\boldsymbol{CD}$，则有

$$\boldsymbol{A}^-=\boldsymbol{D}^-\ \boldsymbol{C}^-\text{，或 }\boldsymbol{A}^-=\boldsymbol{Q}\begin{bmatrix}\boldsymbol{I}_r & 0\\0 & 0\end{bmatrix}\boldsymbol{P}$$

式中，$\boldsymbol{A}_R^{-1}$ 和 $\boldsymbol{A}_L^{-1}$ 分别是行满秩阵 $\boldsymbol{A}$ 和列满秩阵 $\boldsymbol{A}$ 的广义逆。

（二）相容方程组的解

考虑非齐次线性方程组 $\boldsymbol{AX}=\boldsymbol{b}$，如存在向量使方程组成立，则方程组相容，否则不相容或是矛盾方程。利用矩阵 $\boldsymbol{A}$ 的广义逆矩阵 $\boldsymbol{A}^-$ 可以给出相容方程组 $\boldsymbol{AX}=\boldsymbol{b}$ 的通解，即 $X=\boldsymbol{A}^-\boldsymbol{b}+(\boldsymbol{I}_n-\boldsymbol{A}^-\boldsymbol{A})\boldsymbol{y}$，其中 $\boldsymbol{y}$ 为任一向量。

（三）算例

【例 3-1】求线性方程组

$$\begin{cases}x_1 & & +3x_3 & =3\\2x_1 & +3x_2 & & =0\\x_1 & +x_2 & +x_3 & =1\end{cases}$$

的通解。

解：因为

$$\boldsymbol{A}=\begin{bmatrix}1 & 0 & 3\\2 & 3 & 0\\1 & 1 & 1\end{bmatrix},\boldsymbol{b}=\begin{bmatrix}3\\0\\1\end{bmatrix}$$

有 $R(\boldsymbol{A})=R(\boldsymbol{A},\boldsymbol{b})=2$，所以方程组相容。求得

$$\boldsymbol{A}^-=\begin{bmatrix}1 & 0 & 0\\-1 & 0 & 1\\0 & 0 & 0\end{bmatrix}$$

于是所给方程组的通解是

$$\boldsymbol{X}=\boldsymbol{A}^{-}\boldsymbol{b}+(\boldsymbol{I}_3-\boldsymbol{A}^{-}\boldsymbol{A})\boldsymbol{y}=\begin{bmatrix}3\\-2\\0\end{bmatrix}+\begin{bmatrix}0&0&-3\\0&0&2\\0&0&1\end{bmatrix}\begin{bmatrix}c_1\\c_2\\c_3\end{bmatrix}=\begin{bmatrix}3\\-2\\0\end{bmatrix}+\begin{bmatrix}-3\\2\\1\end{bmatrix}c_3$$

这里 c_3 为任意数，或写为

$$\begin{cases}x_1=3-3c\\x_2=-2+2c\\x_3=c\end{cases}$$

其中，c 为任意数。

三、相容线性方程组的极小范数解与广义逆矩阵 $\boldsymbol{A}_m^-$

（一）广义逆矩阵 $\boldsymbol{A}_m^-$ 计算

设 $m\times n$ 矩阵 $\boldsymbol{A}$，那么有

（1）若 $\boldsymbol{A}$ 为行满秩矩阵，则

$$\boldsymbol{A}_m^-=\boldsymbol{A}_R^{-1}=\boldsymbol{A}^{\mathrm{T}}(\boldsymbol{A}\boldsymbol{A}^{\mathrm{T}})^{-1}$$

（2）若 $\boldsymbol{A}$ 为列满秩矩阵，则

$$\boldsymbol{A}_m^-=\boldsymbol{A}_L^{-1}=(\boldsymbol{A}^{\mathrm{T}}\boldsymbol{A})^{-1}\boldsymbol{A}^{\mathrm{T}}$$

（3）若 $R(\boldsymbol{A})=r<\min\{m,n\}$，且有满秩分解 $\boldsymbol{A}=\boldsymbol{C}\boldsymbol{D}$，则

$$\boldsymbol{A}_m^-=\boldsymbol{D}_m^-\boldsymbol{C}^-，\text{或 }\boldsymbol{A}_m^-=\boldsymbol{A}^{\mathrm{T}}(\boldsymbol{A}\boldsymbol{A}^{\mathrm{T}})^-$$

式中，$\boldsymbol{A}_R^{-1}$ 和 $\boldsymbol{A}_L^{-1}$ 分别是行满秩阵 $\boldsymbol{A}$ 和列满秩阵 $\boldsymbol{A}$ 的广义逆。

（二）相容方程组的极小范数解

前面已经给出相容线性方程组 $\boldsymbol{AX}=\boldsymbol{b}$ 的解，可用广义逆矩阵 $\boldsymbol{A}^-$ 把它的通解表示成 $\boldsymbol{X}=\boldsymbol{A}^-\boldsymbol{b}+(\boldsymbol{I}_n-\boldsymbol{A}^-\boldsymbol{A})\boldsymbol{y}$，但在实际问题中常常需要在这些解中找出一个解使其范数最小，即找出 $\boldsymbol{AX}=\boldsymbol{b}$ 的解 $\boldsymbol{X}_0$，使得其余任何解 $\boldsymbol{X}$，都有 $\|\boldsymbol{X}_0\|\leqslant\|\boldsymbol{X}\|$，这样的解 $\boldsymbol{X}_0$ 称为相容线性方程组 $\boldsymbol{AX}=\boldsymbol{b}$ 的极小范数解，$\boldsymbol{X}_0=\boldsymbol{A}_m^-\boldsymbol{b}$。显然，极小范数解 $\boldsymbol{X}_0$ 一般与 $\boldsymbol{b}$ 有关，虽然 $\boldsymbol{A}_m^-$ 不唯一，但极小范数解唯一。

（三）算例

【例 3-2】求方程组

$$\begin{cases}x_1+2x_2+3x_3=1\\x_1+x_3=0\\2x_1+2x_3=0\\2x_1+4x_2+6x_3=2\end{cases}$$

的极小范数解与它的通解。

解：因为

$$\boldsymbol{A}=\begin{bmatrix}1&2&3\\1&0&1\\2&0&2\\2&4&6\end{bmatrix},\boldsymbol{b}=\begin{bmatrix}1\\0\\0\\2\end{bmatrix}$$

由于 $R(\boldsymbol{A})=R(\boldsymbol{A},\boldsymbol{b})=2$，可知方程组相容且 $r=2<\min$。经计算得

$$\boldsymbol{A}_m^- = \boldsymbol{A}^{\mathrm{T}}(\boldsymbol{A}\boldsymbol{A}^{\mathrm{T}})^- = \frac{1}{6}\begin{bmatrix} -1 & 5 & 0 & 0 \\ 2 & -4 & 0 & 0 \\ 1 & 1 & 0 & 0 \end{bmatrix}$$

故方程组的极小范数解为

$$\boldsymbol{X}_0 = \boldsymbol{A}_m^- \boldsymbol{b} = \frac{1}{\boldsymbol{b}}\begin{bmatrix} -1 \\ 2 \\ 1 \end{bmatrix}$$

而方程组的通解为

$$\boldsymbol{X} = \boldsymbol{A}_m^- \boldsymbol{b} + (\boldsymbol{I}_3 - \boldsymbol{A}_m^- \boldsymbol{A})\boldsymbol{y} = \frac{1}{6}\begin{bmatrix} -1 \\ 2 \\ 1 \end{bmatrix} + \frac{1}{3}\begin{bmatrix} 1 & 1 & -1 \\ 1 & 1 & -1 \\ -1 & -1 & 1 \end{bmatrix}\begin{bmatrix} c_1 \\ c_2 \\ c_3 \end{bmatrix}$$

或写成

$$\begin{cases} x_1 = \dfrac{1}{3}(-\dfrac{1}{2} + c_1 + c_2 - c_3) \\ x_2 = \dfrac{1}{3}(1 + c_1 + c_2 - c_3) \\ x_3 = \dfrac{1}{3}(\dfrac{1}{2} - c_1 - c_2 + c_3) \end{cases}$$

其中 c_1、c_2 和 c_3 为任意数。

四、不相容线性方程组的最小二乘解与广义逆矩阵 $\boldsymbol{A}_l^-$

(一) 广义逆矩阵 A_l^- 计算

设 $m \times n$ 矩阵 $\boldsymbol{A}$，那么有

(1) 若 $\boldsymbol{A}$ 为行满秩矩阵，则

$$\boldsymbol{A}_l^- = \boldsymbol{A}^-$$

(2) 若 $\boldsymbol{A}$ 为列满秩矩阵，则

$$\boldsymbol{A}_l^- = \boldsymbol{A}_L^{-1} = (\boldsymbol{A}^{\mathrm{T}}\boldsymbol{A})^{-1}\boldsymbol{A}^{\mathrm{T}}$$

(3) 若 $R(\boldsymbol{A}) = r < \min\{m,n\}$，且有满秩分解 $\boldsymbol{A} = \boldsymbol{C}\boldsymbol{D}$，则

$$\boldsymbol{A}_m^- = \boldsymbol{D}^- \ \boldsymbol{C}_l^-, \text{或} \boldsymbol{A}_l^- = (\boldsymbol{A}^{\mathrm{T}}\boldsymbol{A})^- \ \boldsymbol{A}^{\mathrm{T}}$$

(二) 不相容方程组的最小二乘解

设 $\boldsymbol{AX} = \boldsymbol{b}$ 是不相容线性方程组，即 $\boldsymbol{b} \notin R(\boldsymbol{A})$ 或 $R(\boldsymbol{A}) \neq R(\boldsymbol{A}, \boldsymbol{b})$，亦即矛盾方程组。虽然一般意义下它无解，但许多实际问题中遇到的线性方程组往往是不相容的，测量中由观测值与未知参数构成的观测方程就是不相容方程。在这种情况下，实际要求我们找出这样的近似解 $\boldsymbol{X}_0$，使它的误差范数最小，即

$$\|\boldsymbol{AX}_0 - \boldsymbol{b}\| = \min\{\|\boldsymbol{AX} - \boldsymbol{b}\|\}$$

把这样的近似解称为不相容方程组的最小二乘解。

显然，若方程组 $\boldsymbol{AX} = \boldsymbol{b}$ 相容，则方程组在通常意义下的解与方程组的最小二乘解完全一致，即相容方程组的每个解都是最小二乘解。可以利用广义逆矩阵 $\boldsymbol{A}_l^-$ 把最小二乘解用显示表示，但是其值不唯一。它的通解如下：

$$\boldsymbol{X}=\boldsymbol{A}_l^-\boldsymbol{b}+(\boldsymbol{I}_n-\boldsymbol{A}_l^-\boldsymbol{A})\boldsymbol{y},\boldsymbol{y}\text{ 为任意向量}$$

我们可以看到广义逆矩阵的理论使矛盾方程组的最小二乘解的方法规范化了，整个求解过程归结为求广义逆 $\boldsymbol{A}_l^-$，而避免了过去求误差平方和的极值等烦琐的步骤。只有当 $\boldsymbol{A}$ 列满秩时，不相容线性方程组 $\boldsymbol{AX}=\boldsymbol{b}$ 的最小二乘解才是唯一的(经典平差)，否则，有无穷多最小二乘解(秩亏网平差)。

(三) 算例

【例 3-3】求方程组

$$\begin{cases}x_1+x_2=1\\2x_1\qquad=0\\-x_1+3x_2=2\end{cases}$$

的最小二乘解。

解：由于

$$\boldsymbol{A}=\begin{bmatrix}1&1\\2&0\\-1&3\end{bmatrix},\boldsymbol{b}=\begin{bmatrix}1\\0\\2\end{bmatrix}$$

可知 $R(\boldsymbol{A})=2,R(\boldsymbol{A},\boldsymbol{b})=3$，故这是不相容方程组。因为 $\boldsymbol{A}$ 为 3×2 列满秩矩阵，所以

$$\boldsymbol{A}_l^-=\boldsymbol{A}_L^{-1}=(\boldsymbol{A}^{\mathrm T}\boldsymbol{A})^{-1}\boldsymbol{A}^{\mathrm T}=\begin{bmatrix}6&-2\\-2&10\end{bmatrix}^{-1}\begin{bmatrix}1&2&-1\\1&0&3\end{bmatrix}=\frac{1}{14}\begin{bmatrix}3&5&-1\\2&1&4\end{bmatrix}$$

因此，得最小二乘解为

$$\boldsymbol{X}=\boldsymbol{A}_l^-\boldsymbol{b}=\frac{1}{14}\begin{bmatrix}1\\10\end{bmatrix}$$

经计算，其最小误差平方和为 $\|\boldsymbol{AX}-\boldsymbol{b}\|^2=\dfrac{2}{5}$

五、不相容线性方程组的极小最小二乘解与广义逆矩阵 A^+

(一) 广义逆矩阵 A^+ 的计算

设 $m\times n$ 矩阵 A，那么有

(1) 若 $\boldsymbol{A}$ 为非奇异矩阵，则

$$\boldsymbol{A}^+=\boldsymbol{A}^{-1}$$

(2) 若 $\boldsymbol{A}$ 为行满秩矩阵，则

$$\boldsymbol{A}^+=\boldsymbol{A}_m^-=\boldsymbol{A}^{\mathrm T}(\boldsymbol{A}\boldsymbol{A}^{\mathrm T})^{-1}$$

(3) 若 $\boldsymbol{A}$ 为列满秩矩阵，则

$$\boldsymbol{A}^+=\boldsymbol{A}_l^-=(\boldsymbol{A}^{\mathrm T}\boldsymbol{A})^{-1}\boldsymbol{A}^{\mathrm T}$$

(4) 若 $R(\boldsymbol{A})=r<\min\{m,n\}$，且有满秩分解 $\boldsymbol{A}=\boldsymbol{CD}$，其中 $\boldsymbol{C}$ 为 $m\times r$ 列满秩矩阵，$\boldsymbol{D}$ 为 $r\times n$ 行满秩矩阵，则

$$\boldsymbol{A}^+=\boldsymbol{D}^+\boldsymbol{C}^+=\boldsymbol{D}_m^-\boldsymbol{C}_l^-=\boldsymbol{D}_R^{-1}\boldsymbol{C}_L^{-1}=\boldsymbol{D}^{\mathrm T}(\boldsymbol{D}\boldsymbol{D}^{\mathrm T})^{-1}(\boldsymbol{C}^{\mathrm T}\boldsymbol{C})^{-1}\boldsymbol{C}^{\mathrm T}$$

(5) 计算通式为 $\boldsymbol{A}^+=\boldsymbol{A}_A^-\boldsymbol{A}_l^-$

(二) 不相容方程组的极小最小二乘解

一般的，不相容方程组的最小二乘解不是唯一的。通常我们把其中范数最小者称为极小

最小二乘解，它是唯一的，并且与 M-P 广义逆有关 。在变形监测网中，由于形亏（缺少必要的观测值）和数亏（缺少必要起算数据）而导致 $\boldsymbol{A}$ 和 $\boldsymbol{N}$ 秩亏。在数学上的含义就是法方程有无穷多组解，在几何上的含义就是网的位置不能固定。

（三）算例

【例 3-4】不相容方程组

$$\begin{cases} x_1 + 2x_2 + 3x_3 = 1 \\ x_1 + x_3 = 0 \\ 2x_1 + 2x_3 = 1 \\ 2x_1 + 4x_2 + 6x_3 = 3 \end{cases}$$

的极小最小二乘解。

解：这里

$$\boldsymbol{A} = \begin{bmatrix} 1 & 2 & 3 \\ 1 & 0 & 1 \\ 2 & 0 & 2 \\ 2 & 4 & 6 \end{bmatrix}, \quad \boldsymbol{b} = \begin{bmatrix} 1 \\ 0 \\ 1 \\ 3 \end{bmatrix}$$

由于 $R(\boldsymbol{A}) = 2, R(\boldsymbol{A}, \boldsymbol{b}) = 3$，所以方程组是不相容方程组。计算得

$$\boldsymbol{A}_m^- = \frac{1}{6}\begin{bmatrix} -1 & 5 & 0 & 0 \\ 2 & -4 & 0 & 0 \\ 1 & 1 & 0 & 0 \end{bmatrix}, \quad \boldsymbol{A}_l^- = \frac{1}{10}\begin{bmatrix} 0 & 2 & 4 & 0 \\ 1 & -1 & -2 & 2 \\ 0 & 0 & 0 & 0 \end{bmatrix}$$

$$\boldsymbol{A}^+ = \boldsymbol{A}_m^- \boldsymbol{A} \boldsymbol{A}_l^- = \frac{1}{30}\begin{bmatrix} -1 & 5 & 10 & -2 \\ 2 & -4 & -8 & 4 \\ 1 & 1 & 2 & 2 \end{bmatrix}$$

故极小最小二乘解为

$$\boldsymbol{x}_0 = \boldsymbol{A}^+ \boldsymbol{b} = \frac{1}{30}\begin{bmatrix} -1 & 5 & 10 & -2 \\ 2 & -4 & -8 & 4 \\ 1 & 1 & 2 & 2 \end{bmatrix} \cdot \begin{bmatrix} 1 \\ 0 \\ 1 \\ 3 \end{bmatrix} = \frac{1}{10}\begin{bmatrix} 1 \\ 2 \\ 3 \end{bmatrix}$$

解最小误差平方和解的范数平方分别为

$$\|\boldsymbol{A}\boldsymbol{x}_0 - \boldsymbol{b}\|^2 = \frac{2}{5}, \|\boldsymbol{x}_0\|^2 = \frac{14}{100}$$

因为 $\boldsymbol{x} = \boldsymbol{A}_l^- \boldsymbol{b}$ 最小误差平方是 2/5，但解范数平方 41/100，即 $\boldsymbol{x} = \boldsymbol{A}_l^- \boldsymbol{b}$ 是此方程最小二乘解之一，但范数不是其中最小的。

§3-2 监测网经典平差

测量控制网通常按其所具有的起算数据（也称基准数据）状况分为独立网、非独立网（又称符合网）和秩亏自由网。当控制网中只有一套起算数据时，就称为独立网，含有多余起算数据的控制网称为非独立网。所谓秩亏自由网，就是缺乏必要起算数据，使控制点绝对位置难以确定或缺乏必要观测数据以至无法构成一个完整图形的控制网。在变形监测网中，如果网中

有足够多的稳定点在平差时作为起算点，则就拥有必要起算数据，以这些数据为基准，确定其他网点的坐标。在函数模型中，$\boldsymbol{A}$ 必为列满秩阵，即 $R(\boldsymbol{A}) = t$，t 为未知参数的个数。随机模型中的权阵 $\boldsymbol{P}$ 是满秩阵，即 $R(\boldsymbol{P}) = n$，表示观测值之间不存在函数相关，所以这是一个满秩平差问题，和上节介绍的不相容方程组的最小二乘解相同。

一、间接平差原理

在变形监测网平差时，由于图形复杂和多余观测多的特点，通常用间接平差法。每一个观测值都可表达成所选参数的函数，则这样的函数式为误差方程，并以此为基础进行平差，最终求得参数的估计值

误差方程为

$$\boldsymbol{V} = \boldsymbol{AX} - \boldsymbol{l} \tag{3-1}$$

根据最小二乘原理

$$\boldsymbol{V}^{\mathrm{T}}\boldsymbol{PV} = \min \tag{3-2}$$

求极值有

$$\frac{\mathrm{d}(\boldsymbol{V}^{\mathrm{T}}\boldsymbol{PV})}{\mathrm{d}\boldsymbol{X}} = 2\boldsymbol{V}^{\mathrm{T}}\boldsymbol{P}\frac{\mathrm{d}\boldsymbol{V}}{\mathrm{d}\boldsymbol{X}} = 2\boldsymbol{V}^{\mathrm{T}}\boldsymbol{PA} = 0 \tag{3-3}$$

转置后得

$$\boldsymbol{A}^{\mathrm{T}}\boldsymbol{PV} = 0 \tag{3-4}$$

代入式(3-1)得

$$\boldsymbol{A}^{\mathrm{T}}\boldsymbol{P}(\boldsymbol{AX} - \boldsymbol{l}) = 0 \tag{3-5}$$

故得法方程为

$$\boldsymbol{A}^{\mathrm{T}}\boldsymbol{PAX} = \boldsymbol{A}^{\mathrm{T}}\boldsymbol{Pl} \tag{3-6}$$

令 $\boldsymbol{N} = \boldsymbol{A}^{\mathrm{T}}\boldsymbol{PA}$，则有

$$\boldsymbol{NX} = \boldsymbol{A}^{\mathrm{T}}\boldsymbol{Pl} \tag{3-7}$$

式中，N 为法方程系数矩阵。因为经典网有必要的起算数据，所以 N 是满秩的，因而可以采用经典的测量平差求解法方程的任何方法求解。按矩阵求逆的方法，可求得未知数

$$\boldsymbol{X} = \boldsymbol{N}^{-1}\boldsymbol{A}^{\mathrm{T}}\boldsymbol{Pl} \tag{3-8}$$

其他平差值

$$\boldsymbol{V} = \boldsymbol{AX} - \boldsymbol{l} = (\boldsymbol{AN}^{-1}\boldsymbol{A}^{\mathrm{T}}\boldsymbol{P} - \boldsymbol{I})\boldsymbol{l} \tag{3-9}$$

$$\hat{\boldsymbol{l}} = \boldsymbol{l} + \boldsymbol{V} = \boldsymbol{AX} = \boldsymbol{AN}^{-1}\boldsymbol{A}^{\mathrm{T}}\boldsymbol{Pl} \tag{3-10}$$

单位权方差的估值为

$$\sigma_0^2 = \frac{\boldsymbol{V}^{\mathrm{T}}\boldsymbol{PV}}{n - t} \tag{3-11}$$

式中，n 为观测值个数，t 为未知数个数。

已知观测值权为 $\boldsymbol{P}$，则观测值协因数阵为 $Q_{ll} = \boldsymbol{P}^{-1}$，根据误差传播定律得未知参数、平差值和改正数的权逆阵

$$\boldsymbol{Q}_{XX} = \boldsymbol{N}^{-1}\boldsymbol{A}^{\mathrm{T}}\boldsymbol{PQ}_{ll}(\boldsymbol{N}^{-1}\boldsymbol{A}^{\mathrm{T}}\boldsymbol{P})^{\mathrm{T}} = \boldsymbol{N}^{-1}\boldsymbol{A}^{\mathrm{T}}\boldsymbol{PQ}_{ll}\boldsymbol{PAN}^{-1} = \boldsymbol{N}^{-1}\boldsymbol{NN}^{-1} = \boldsymbol{N}^{-1} = (\boldsymbol{A}^{\mathrm{T}}\boldsymbol{PA})^{-1} \tag{3-12}$$

$$Q_{\hat{l}\hat{l}} = AQ_{XX}A^{T} = AN^{-1}A^{T} \tag{3-13}$$

$$\begin{aligned} Q_{VV} &= (AN^{-1}A^{T}P - I)Q_{ll}(AN^{-1}A^{T}P - I)^{T} = (AN^{-1}A^{T} - Q_{ll})(PAN^{-1}A^{T} - I) \\ &= Q_{ll} - AN^{-1}A^{T} = Q_{ll} - Q_{\hat{l}\hat{l}} \end{aligned} \tag{3-14}$$

$$\begin{aligned} Q_{XV} &= (N^{-1}A^{T}P)Q_{ll}(AN^{-1}A^{T}P - I)^{T} = N^{-1}A^{T}(PAN^{-1}A^{T} - I) \\ &= N^{-1}A^{T}PAN^{-1} - N^{-1}A^{T} = 0 \end{aligned} \tag{3-15}$$

$$Q_{\hat{l}V} = (AN^{-1}A^{T}P)Q_{ll}(AN^{-1}A^{T}P - I)^{T} = AN^{-1}A^{T}(PAN^{-1}A^{T} - I) = 0 \tag{3-16}$$

从式(3-15)和式(3-16)可以看出，平差后观测值改正数与未知参数、观测值平差值是相互独立的，这一性质对变形分析与变形检验有着十分重要的意义。从式(3-14)得到 $Q_{ll} \geqslant Q_{VV}$，$Q_{ll} \geqslant Q_{\hat{l}\hat{l}}$（对角线元素），所以观测值平差值的精度要比平差前高，观测值改正数的精度也比观测值高。

二、间接平差误差方程的建立

根据变形监测网与工程控制网布网目的的不同，即使全站仪和 GPS 等现代测量仪器已经很普及，然而在监测网中为了提高网的可靠性，通常还是选择高精度测角和测距仪器直接测量边和角，以此来增加多余观测数，并提高网的精度。所以变形监测网现在还常布设成测角、测边和边角混合的形式。为了保证平差结果的正确性，不管是线性形式的水准网误差方程，还是非线性形式平面控制网，误差方程列立是关键的一步，后面就是解方程问题。如果这一步有误，即使后面的计算不发生错误，也会导致平差结果的不正确，而达不到平差的目的。

（一）边长观测误差方程

边长是测边网中的一条观测边，两端点 j 和 k 均为待定点，现选取待定点的坐标平差值 $\hat{x}_j$，$\hat{y}_j$ 和 $\hat{x}_k$，$\hat{y}_k$，作为参数，则

$$\hat{x}_j = x_j^0 + \delta x, \hat{y}_j = y_j^0 + \delta y_j, \hat{x}_k = x_k^0 + \delta x_k, \hat{y}_k = y_k^0 + \delta y_k \tag{3-17}$$

式中，x_j^0，y_j^0，x_k^0 和 y_k^0 分别为 j 和 k 的近似坐标，δx_j、δy_j、δy_k 和 δy_k 为近似坐标的改正数。

因此有

$$L + v = \sqrt{(\hat{x}_k - x_j)^2 + (\hat{y}_k - y_j)^2} \tag{3-18}$$

上式为非线性函数，按泰勒级数展开取至一次项得

$$L + \nu = s_{jk}^0 - \frac{\triangle x_{jk}^0}{s_{jk}^0}\delta x_j - \frac{\triangle y_{jk}^0}{s_{jk}^0}\delta y_j + \frac{\triangle x_{jk}^0}{s_{jk}^0}\delta x_k + \frac{\triangle y_{jk}^0}{s_{jk}^0}\delta y_k \tag{3-19}$$

式中，$s_{jk}^0 = \sqrt{(x_k^0 - x_j^0)^2 + (y_k^0 - y_j^0)^2}$ 整理得到观测边的误差方程为

$$\nu = -\frac{\triangle x_{jk}^0}{s_{jk}^0}\delta x_j - \frac{\triangle y_{jk}^0}{s_{jk}^0}\delta y_j + \frac{\triangle x_{jk}^0}{s_{jk}^0}\delta x_k + \frac{\triangle y_{jk}^0}{s_{jk}^0}\delta y_k - l \tag{3-20}$$

式中，$l = L - s_{jk}^0$。

（二）方向观测误差方程

设 j 为测站点，k 为照准点，L_{jk} 为方向的观测值，Z_j 为 j 站的定向角（j 站仪器度盘零线的方位角）。则有

$$L_{jk}+\nu_{jk}=\hat{\alpha}_{jk}-\hat{Z}_j \tag{3-21}$$

误差方程为

$$\nu_{jk}=-\hat{Z}_j+\hat{\alpha}_{jk}-L_{jk} \tag{3-22}$$

式中，$\hat{Z}_j$ 为 j 站定向角的平差值，$\hat{\alpha}_{jk}$ 为 jk 方向的方位角平差值。设 j,k 两点均为待定点，其坐标平差值为

$$\begin{cases}\hat{x}_j=x_j^0+\delta x_j\\ \hat{y}_j=y_j^0+\delta y_j\end{cases},\quad \begin{cases}\hat{x}_k=x_k^0+\delta x_k\\ \hat{y}_k=y_k^0+\delta y_k\end{cases} \tag{3-23}$$

由坐标平差值和近似坐标求得的方位角平差值和方位角近似值α_{jk}^0 有以下关系

$$\hat{\alpha}_{jk}=\alpha_{jk}^0+\delta_{\hat{\alpha}_{jk}} \tag{3-24}$$

式中，$\delta_{\hat{\alpha}_{jk}}$ 为坐标方位角改正数

$$\alpha_{jk}^0=\arctan\frac{y_k^0-y_j^0}{x_k^0-x_j^0} \tag{3-25}$$

$$\hat{\alpha}_{jk}=\arctan\frac{\hat{y}_k-\hat{y}_j}{\hat{x}_k-\hat{x}_j}=\arctan\frac{(y_k^0+\delta y_k)-(y_j^0+\delta y_j)}{(x_k^0+\delta x_k)-(x_j^0+\delta x_j)} \tag{3-26}$$

将式(3-26)线性化得

$$\delta''_{\hat{\alpha}_{jk}}=\frac{\rho''\sin\alpha_{jk}^0}{s_{jk}^0}\delta x_j-\frac{\rho''\cos\alpha_{jk}^0}{s_{jk}^0}\delta y_j-\frac{\rho''\sin\alpha_{jk}^0}{s_{jk}^0}\delta x_k+\frac{\rho''\cos\alpha_{jk}^0}{s_{jk}^0}\delta y_k \tag{3-27}$$

设

$$a_{jk}=\frac{\rho''\sin\alpha_{jk}^0}{s_{jk}^0},\quad b_{jk}=-\frac{\rho''\cos\alpha_{jk}^0}{s_{jk}^0} \tag{3-28}$$

则有坐标方位角改正数方程为

$$\delta_{\hat{\alpha}_{jk}}=a_{jk}\delta x_j+b_{jk}\delta y_j-a_{jk}\delta x_k-b_{jk}\delta y_k \tag{3-29}$$

将式(3-29)以及

$$\hat{Z}_j=Z_j^0+\delta Z_j \tag{3-30}$$

代入式(3-22)得 jk 方向的误差方程为

$$\nu_{jk}=-\delta Z_j+a_{jk}\delta x_j+b_{jk}\delta y_j-a_{jk}\delta x_k-b_{jk}\delta y_k-l_{jk} \tag{3-31}$$

式中常数项

$$-l_{jk}=\alpha_{jk}^0-L_{jk}-Z_j^0 \tag{3-32}$$

(三) 水准观测误差方程

设待定点的高程为$\hat{x}$、$\hat{x}_k$，其相应的近似值为 x_j^0、x_k^0。则有

$$\hat{x}_k=x_k^0+\delta x_k,\quad \hat{x}_j=x_j^0+\delta x_j \tag{3-33}$$

设观测高差为 L，得到

$$L+\nu=x_k^0+\delta x_k-x_j^0-\delta x_j \tag{3-34}$$

误差方程为

$$\nu=-\delta x_j+\delta x_k+l \tag{3-35}$$

式中

$$l=x_k^0-x_j^0-L \tag{3-36}$$

(四) GPS 观测误差方程

GPS 静态相对定位采用载波相位观测量为基本观测量，采用不同载波相位观测量的线性组合可以有效地削弱卫星星历误差、信号传播误差以及接收机钟不同步误差对定位结果的影响，天线长时间固定在基线两端点，可保证取得足够多的观测数据，从而可以准确确定整周未知数。

1. 载波相位观测方程

设卫星 S^j 在卫星钟面时间 t^j 发射载波信号相位 $\varphi^j(t^j)$，而接收机 M_i 在接收机钟面时间 t_i 收到卫星信号后产生的基准信号相位 $\varphi_i(t_i)$，这时相应于历元 t 的相位观测量 $\widetilde{\varphi}_i^j(t)$ 等于接收机基准信号相位与卫星发射信号相位之差减去相应于初始历元 t_0 的相位差整周数 $N_i^j(t_0)$，即

$$\widetilde{\varphi}_i^j(t) = \varphi_i(t_i) - \varphi^j(t_i) - N_i^j(t_0) \tag{3-37}$$

式中，$N_i^j(t_0)$ 未知，称之整周未知数或整周模糊度。顾及接收机和卫星钟差有

$$\begin{cases} \widetilde{\varphi}_i^j = f\Delta t - N_i^j(t_0) \\ \widetilde{\varphi}_i^j = f[t_i(\mathrm{GPS}) - t_j(\mathrm{GPS})] + f\,\delta t_i - f\,\delta t^j - N_i^j(t_0) \end{cases} \tag{3-38}$$

若考虑电离层和对流层对信号传播的影响，则有载波相位观测方程为

$$\widetilde{\varphi}_i^j = \frac{f}{c}[D_i^j(t) + \delta I_i^j(t) + \delta T_i^j(t)] + f\,\delta t_i - f\,\delta t^j - N_i^j(t_0) \tag{3-39}$$

式中，$D_i^j(t)$ 为 t 时刻星站距离；$\delta I_i^j(t)$ 为电离层改正；$\delta T_i^j(t)$ 为对流层改正。

2. 虚拟观测方程

为了消除或减弱卫星轨道误差、卫星钟差、接收机钟差以及电离层和对流层折射误差的影响，造成 GPS 测量精度的降低，对 GPS 同步观测量进行求差，构成虚拟观测方程。常用的求差方式有单差、双差和三差。

(1) 站间单差误差方程

同步观测量可以在卫星间求差，也可以在接收机(测站) 间求差，还可以在历元间求差。通过按测站间求差可以消除卫星钟差的影响、大大削弱卫星星历误差的影响(星历误差对测距影响只有原来千分之一) 和大大削弱对流层和电离层折射的影响(在短距离内几乎可以完全消除)。测站之间的单差相位定义为同一历元两台接收机 m,n 对同一卫星的相位观测之差。若在 t_1 时刻在测站 1,2 同时对卫星 p 进行了载波相位测量，求差得

$$\begin{aligned} \Delta\varphi_{1,2}^p(t_1) = \varphi_2^p(t_1) - \varphi_1^p(t_1) = \frac{f}{c}[D_2^p(t_1) - D_1^p(t_1)] + \frac{f}{c}[\delta I_2^p(t_1) - \delta I_1^p(t_1)] \\ + \frac{f}{c}[\delta T_2^p(t_1) - \delta T_1^p(t_1)] + f[\delta t_2 - \delta t_1] - f[\delta t^p - \delta t^p] - [N_2^p(t_0) - N_1^p(t_0)] \end{aligned} \tag{3-40}$$

整理得单差虚拟观测方程

$$\Delta\varphi_{1,2}^p(t_1) = \frac{f}{c}D_{1,2}^p + f\delta t_{1,2} - N_{1,2}^p(t_0) + \frac{f}{c}\delta I_{1,2}^p(t_1) + \frac{f}{c}\varphi T_{1,2}^p(t_1) \tag{3-41}$$

由于测站 i 和卫星 j 之间的距离是坐标的非线性函数，即

$$D_i^j(t) = \sqrt{(X^j(t) - X_i)^2 + (Y^j(t) - Y_i)^2 + (Z^j(t) - Z_i)^2} \tag{3-42}$$

取测站坐标近似值(X_i^0, Y_i^0, Z_i^0) 为泰勒级数展开中心，将其线性化后有

$$D_i^j(t)=(D_i^j(t))_0+\left(\frac{\partial D_i^j(t)}{\partial X_i}\right)_0\partial X_i+\left(\frac{\partial D_i^j(t)}{\partial Y_i}\right)_0\partial Y_i+\left(\frac{\partial D_i^j(t)}{\partial Z_i}\right)_0\partial Z_i \quad (3\text{-}43)$$

式中

$$\left(\frac{\partial D_i^j(t)}{\partial X_i}\right)_0=-\frac{1}{(D_i^j(t))_0}(X^j(t)-X_i^0)=-k_i^j(t)$$

$$\left(\frac{\partial D_i^j(t)}{\partial Y_I}\right)_0=-\frac{1}{(D_i^j(t))_0}(Y^j(t)-Y_i^0)=-l_i^j(t) \quad (3\text{-}44)$$

$$\left(\frac{\partial D_i^j(t)}{\partial Z_i}\right)_0=-\frac{1}{(D_i^j(t))_0}(Z^j(t)-Z_i^0)=-m_i^j(t)$$

于是站星几何距离线性化表达式为

$$D_i^j(t)=(D_i^j(t))_0-k_i^j(t)\delta X_i-l_i^j(t)\delta Y_i-m_i^j(t)\delta Z_i \quad (3\text{-}45)$$

考虑电离层和对流层折射影响已消除，得单差观测方程的线性化形式

$$\begin{aligned}\Delta\Phi_{1,2}^p(t_1)=&-\frac{f}{c}\left[k_2^p(t_1)\quad l_2^p(t_1)\quad m_2^p(t_1)\right]\begin{bmatrix}\delta X_2\\ \delta Y_2\\ \delta Z_2\end{bmatrix}\\&+f\delta t_{1,2}-N_{1,2}^p(t_0)+\frac{f}{c}\left[(D_2^p(t_1))_0-(D_1^P(t_1))_0\right]\end{aligned} \quad (3\text{-}46)$$

单差观测的误差方程为

$$\Delta V_{1,2}^p(t_1)=-\frac{f}{c}\left[k_2^p(t_1)\quad l_2^p(t_1)\quad m_2^p(t_1)\right]\begin{bmatrix}\delta X_2\\ \delta Y_2\\ \delta Z_2\end{bmatrix}+f\delta t_{1,2}-N_{1,2}^p(t_0)+\Delta L_{1,2}^p(t_1) \quad (3\text{-}47)$$

式中，$\Delta L_{1,2}^p(t_1)=\frac{f}{c}\left[(D_2^p(t_1))_0-(D_1^p(t_1))_0\right]-\Delta\varphi_{1,2}^p(t_1)$

(2) 站星间双差误差方程

对测站间、卫星间或历元间求过一次差后的虚拟观测方程，仍可再次求差，获得双差模型。由于求差与先后顺序无关，因此，GPS 观测量之间的双差模型仍有如下三种构成方法：① 在测站间求单差，卫星间求双差；② 在卫星间求单差，历元间求双差；③ 在历元间求单差，测站间求双差。下面给出按测站间求单差，卫星间求双差的模型。测站和卫星之间的双差相位定义为同一历元上两个测站观测两个卫星得到的测站间单差相位之差。与单差相比，双差进一步消除了接收机钟差的影响。如果忽略大气折射误差，可得卫星间求双差的虚拟观测方程

$$\begin{aligned}\Delta\varphi_{1,2}^{p,q}(t_1)=&\Delta\varphi_{1,2}^q(t_1)-\Delta\varphi_{1,2}^p(t_1)=\frac{f}{c}\left[D_{1,2}^q(t_1)-D_{1,2}^p(t_1)\right]+f(\delta t_{1,2}-\delta t_{1,2})\\&-\left[N_{1,2}^q(t_0)-N_{1,2}^p(t_0)\right]=\frac{f}{c}D_{1,2}^{p,q}(t_1)-N_{1,2}^{p,q}(t_0)\end{aligned} \quad (3\text{-}48)$$

线性化 $D_{1,2}^{p,q}(t_1)$ 代入式(3-41)得线性化后的双差模型

$$\begin{aligned}\Delta\varphi_{1,2}^{p,q}(t_1)=&-\frac{f}{c}\left[\Delta k_{1,2}^{p,q}(t_1)\ \Delta l_{1,2}^{p,q}(t_1)\ \Delta m_{1,2}^{p,q}(t_1)\right]\begin{bmatrix}\delta X_2\\ \delta Y_2\\ \delta Z_2\end{bmatrix}-N_{1,2}^{p,q}(t_0)\\&+\frac{f}{c}\left[(D_2^q(t_1))_0-(D_1^q(t_1))_0-(D_2^p(t_1))_0+(D_1^p(t_1))_0\right]\end{aligned} \quad (3\text{-}49)$$

设

$$\Delta L_{1,2}^{p,q}(t_1)=\frac{f}{c}[D_2^q(t_1))_0-(D_1^q(t_1))_0-(D_2^p(t_1))_0+(D_1^p(t_1))_0]-\Delta\varphi_{1,2}^{p,q}(t_1) \tag{3-50}$$

则有双差观测值的误差方程式

$$V_{1,2}^{p,q}(t_1)=-\frac{f}{c}[\Delta k_{1,2}^{p,q}(t_1)\ \Delta l_{1,2}^{p,q}(t_1)\ \Delta m_{1,2}^{p,q}(t_1)]\begin{bmatrix}\delta X_2\\ \delta Y_2\\ \delta Z_2\end{bmatrix}-N_{1,2}^{p,q}(t_0)+\Delta L_{1,2}^{p,q}(t_1) \tag{3-51}$$

(3) 站星和历元间三差误差方程

在建立 GPS 载波相位观测量之间的双差模型后，还可以进一步建立观测量之间的三差模型。由于求差与求差次序无关，所以建立三差模型只有一种方法，即在测站、卫星和观测历元之间求三次差。三差相位定义为相邻两历元上两个测站和两个卫星之间的双差相位之差，三差相位不仅消除了卫星和接收机钟差以及 SA 频率抖动影响，而且还消除了模糊度参数。另外，周跳仅对包含该周跳的三差观测有影响，对其他三差观测没有影响。

设测站 1,2 分别在 t_1,t_2 历元同时观测了 p,q 卫星，则根据双差观测方程

$$\begin{aligned}\Delta\varphi_{1,2}^{p,q}(t_1)&=\frac{f}{c}D_{1,2}^{p,q}(t_1)-N_{1,2}^{p,q}(t_0)\\ \Delta\varphi_{1,2}^{p,q}(t_2)&=\frac{f}{c}D_{1,2}^{p,q}-N_{1,2}^{p,q}(t_0)\end{aligned} \tag{3-52}$$

现对以上两双差观测方程再次求差，即得三次差观测方程

$$\Delta\varphi_{1,2}^{p,q}(t_1,t_2)=\frac{f}{c}[D_{1,2}^{p,q}(t_2)-D_{1,2}^{p,q}(t_1)]-[N_{1,2}^{p,q}(t_0)-N_{1,2}^{p,q}(t_0)]=\frac{f}{c}D_{1,2}^{p,q}(t_1,t_2) \tag{3-53}$$

对三差模型线性化后得误差方程为

$$V_{1,2}^{p,q}(t_1,t_2)=-\frac{f}{c}[\Delta k_{1,2}^{p,q}(t_1,t_2)\ \Delta l_{1,2}^{p,q}(t_1,t_2)\ \Delta m_{1,2}^{p,q}(t_1,t_2)]\begin{bmatrix}\delta X_2\\ \delta Y_2\\ \delta Z_2\end{bmatrix}+\Delta L_{1,2}^{p,q}(t_1,t_2) \tag{3-54}$$

三、间接平差未知参数的求解

根据不同的观测值列立误差方程 $V=AX-l$ 之后，还不能由它直接解出参数估值，因为其中 V 也是未知的，待求量有 n 个 ν 和 t 个 x，共 $n+t$，而误差方程的个数只有 n 个，故该方程组是不定方程组，其解不唯一。为了求唯一解，采用最小二乘准则，使所求 x 满 $V^{\mathrm{T}}PV=\min$。即

$$\frac{\mathrm{d}(\boldsymbol{V}^{\mathrm{T}}\boldsymbol{PV})}{\mathrm{d}\boldsymbol{X}}=2\boldsymbol{V}^{\mathrm{T}}\boldsymbol{PA}=0 \tag{3-55}$$

将上式转置有 $\boldsymbol{A}^{\mathrm{T}}\boldsymbol{PV}=0$，与方程组 $\boldsymbol{V}=\boldsymbol{AX}-\boldsymbol{l}$ 联立得方程的个数恰为 $(n+t)$，可得 $\boldsymbol{X}$ 和 $\boldsymbol{V}$ 的一组唯一解。具体的解法是把 $\boldsymbol{V}=\boldsymbol{AX}-\boldsymbol{l}$ 代入 $\boldsymbol{A}^{\mathrm{T}}\boldsymbol{PV}=0$ 得到间接平差法方程 $(\boldsymbol{A}^{\mathrm{T}}\boldsymbol{PA})\boldsymbol{X}=\boldsymbol{A}^{\mathrm{T}}\boldsymbol{Pl}$，在经典平差中，即监测网有足够起算数据时，$\boldsymbol{A}^{\mathrm{T}}\boldsymbol{PA}$ 为满秩方阵，有唯一的逆矩阵，故 $\boldsymbol{X}$ 的唯一解为

$$\boldsymbol{X}=(\boldsymbol{A}^{\mathrm{T}}\boldsymbol{PA})^{-1}\boldsymbol{A}^{\mathrm{T}}\boldsymbol{Pl} \tag{3-56}$$

四、监测网经典平差算例

【例 3-5】如图 3-1 所示变形监测网，两次观测数据及距离见表 3-1。其中 A,B,C 和 D 均为

稳定点，试求两期观测期间 P 点的变形值。

表 3-1　两期观测值

	第一期 /m	第二期 /m	距离
h_1	3.476	3.466	1
h_2	1.328	1.314	2
h_3	2.198	2.190	2
h_4	3.234	2.225	1

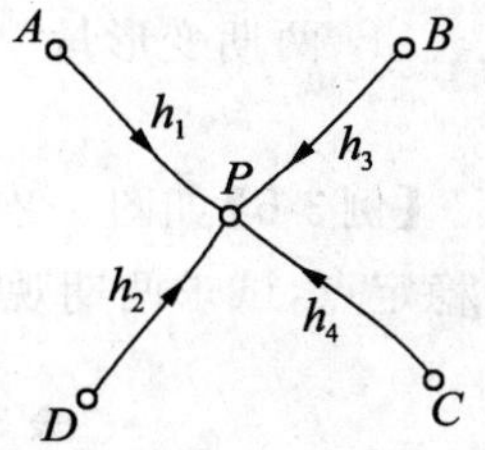

图 3-1　沉降监测网I

解：

(1) 任选一点作 A 为起算点，假定 $H_A = 100.000\text{m}$，B、C、D，未知，由于没有多余观测，可直接计算各点高程如下

$$H_p = H_A + h_1 = 103.476,\quad H_B = H_p - h_3 = 101.278$$
$$H_c = H_p - h_4 = 100.242,\quad H_C = H_p - h_2 = 102.148$$

(2) 将 A,B,C,D 作为固定点，对第一期重新平差，选 P 点近似高程为 $H_p^0 = 103.476$ 按间接平差(数学模型为 $\boldsymbol{V} = \boldsymbol{AX} - \boldsymbol{l}$)有

$$\begin{cases} \nu_1 = \delta H_p - l_1 \\ \nu_2 = \delta H_p - l_2 \\ \nu_3 = \delta H_p - l_3 \\ \nu_4 = \delta H_p - l_4 \end{cases},\quad \begin{cases} l_1 = h_1 - (H_p^0 - H_A) = 0 \\ l_2 = h_2 - (H_p^0 - H_D) = 0 \\ l_3 = h_3 - (H_p^0 - H_B) = 0 \\ l_4 = h_4 - (H_p^0 - H_C) = 0 \end{cases}$$

故有

$$\begin{bmatrix} \nu_1 \\ \nu_2 \\ \nu_3 \\ \nu_4 \end{bmatrix} = \begin{bmatrix} 1 \\ 1 \\ 1 \\ 1 \end{bmatrix} \delta H_p,\quad \boldsymbol{P} = \begin{bmatrix} 1 & 0 & 0 & 0 \\ 0 & \frac{1}{2} & 0 & 0 \\ 0 & 0 & \frac{1}{2} & 0 \\ 0 & 0 & 0 & 1 \end{bmatrix}$$

法方程系数阵 $\boldsymbol{N} = \boldsymbol{A}^{\mathrm{T}}\boldsymbol{PA} = 3$，$\delta H_p = \boldsymbol{N}^{-1}\boldsymbol{A}^{\mathrm{T}}\boldsymbol{Pl} = 0$

所以第一期平差得

$$H_p^1 = H_p^0 + \delta H_p = 103.476$$

(3) 第二期平差

$$\begin{cases} \nu_1 = \delta H_p - l_1 \\ \nu_2 = \delta H_p - l_2 \\ \nu_3 = \delta H_p - l_3 \\ \nu_4 = \delta H_p - l_4 \end{cases},\quad \begin{cases} l_1 = h_1 - (H_p^0 - H_A) = -10 \\ l_2 = h_2 - (H_p^p - H_D) = -14 \\ l_3 = h_3 - (H_p^0 - H_B) = -8 \\ l_4 = h_4 - (H_p^0 - H_C) = -9 \end{cases}$$

故有

$$\begin{bmatrix} \nu_1 \\ \nu_2 \\ \nu_3 \\ \nu_4 \end{bmatrix} = \begin{bmatrix} 1 \\ 1 \\ 1 \\ 1 \end{bmatrix} \delta H_p - \begin{bmatrix} -10 \\ -14 \\ -8 \\ -9 \end{bmatrix}$$

法方程系数阵 $\boldsymbol{N}=3$， $\boldsymbol{A}^{\mathrm{T}}\boldsymbol{Pl}=-30,\delta H_p=\boldsymbol{N}^{-1}\boldsymbol{A}^{\mathrm{T}}\boldsymbol{Pl}=-10$,所以第二期平差得

$$H_p^2=H_p^0+\delta H_p=103.476-10=103.466$$

(4) 两期变形量

$$d=H_p^2-H_p^1=103.466-103.476=-10\mathrm{mm}$$

【例 3-6】如图 3-2 所示的沉降监测网,各路线的高差观测值及距离如表 3-2。其中 P_1 和 P_3 为稳定点,试求两期观测之间 P_2 和 P_4 点的变形量。

表 3-2 两期观测值

	第一期 /m	第二期 /m	距离
h_1	0.505	0.499	4
h_2	4.010	4.021	1
h_3	−2.003	−2.017	2
h_4	−2.501	−2.499	4

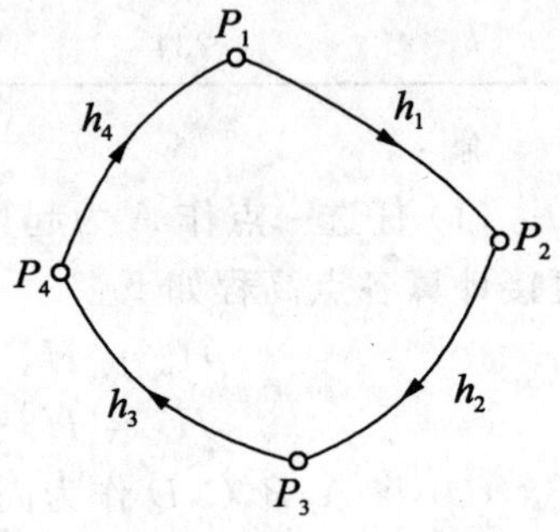

图 3-2 沉降监测网Ⅱ

解:

(1) 选择 P_1 为已知点,假定 $H_{P_1}=100.000\mathrm{m}$。计算第一期观测的环闭合差为 11mm,按与线路成正比分配,有

$$\nu_1=-4,\nu_2=-1,\nu_3=-2,\nu_4=-4。$$

各观测值的平差值为

$$\hat{h}_1=0.501,\hat{h}_2=4.009,\hat{h}_3=-2.005,\hat{h}_4=-2.505。$$

各点高程为

$$H_{P_1}=100.000,H_{P_2}=100.501,H_{P_3}=104.510,H_{P_4}=102.505$$

(2) 以 P_1 和 P_3 为已知点,已经计算出的 H_{P_1} 和 H_{P_3} 为已知高程,重新对第一期进行平差。此时原闭合环变成了 $P_1-P_2-P_3$ 和 $P_3-P_4-P_1$ 两条符合路线,分别平差有

1) 计算 $P_1-P_2-P_3$ 环得闭合差为 5mm,按比例分配 $\nu_1=-4,v_2=-1$

2) 计算 $P_3-P_4-P_1$ 环得闭合差为 6mm,按比例分配 $\nu_3=-2,\nu_4=-4$

求得

$$\hat{h}_1=0.491,\hat{h}_2=4.019,H_{P_1}=100.000,H_{P_2}=100.491$$

$$\hat{h}_3=-2.015,\hat{h}_4=-2.495,H_{P_3}=14.510,H_{P_4}=102.495$$

(3) 对第二期观测进行平差

1) 计算 $P_1-P_2-P_3$ 环得闭合差为 10mm,按比例分配 $\nu_1=-8,\nu_2=-2$

2) 计算 $P_3-P_4-P_1$ 环得闭合差为 −6mm,按比例分配 $\nu_3=2,\nu_4=4$

$$\hat{h}_1=4.491,\hat{h}_2=4.019,H_{P_1}=100.000,H_{P_2}=100.491$$

$$\hat{h}_3=-2.015,\hat{h}_4=-2.495,H_{P_3}=104.510,H_{P_4}=102.495$$

(4) 两期变形量

$$d_2=H_{P_2}^2-H_{P_2}^1=100.491-100.501=-10\mathrm{mm}$$

$$d_4=H_{P_4}^2-H_{P_4}^1=102.495-102.505=-10\mathrm{mm}$$

§3-3 秩亏自由网平差

当变形监测网作为经典平差时，起算点的位置必须稳定可靠。网中可能有多个稳定点，选择不同的稳定点作为起算点时，平差结果不同，这就可能歪曲实际情况。为此不设置固定点，把所有网点都作为待定点，也就是网中无起算数据，由此提出一种新的自由网平差方法——秩亏自由网平差(1962 年，P. Meissl 提出，1971、1972 年 E. Mittermayer 发表两篇论文后，引起人们注意)。在最小二乘最小范数原则下平差秩亏自由网，根据所用数学工具不同，可分为三类：一是利用广义逆矩阵理论，可直接由误差方程求参数的最小二乘最小范数解或先求最小二乘解应满足的方程(法方程)，再求其最小范数解。两法完全相同，统称为伪逆解法(详细见§3-1)；二是所用到数学工具是矩阵的特征值和特征向量。该法是一种最基本也是最主要的解法：包括 Pelzer 于 1974 年提出的在误差方程中加入伪观测值使这种奇异性得到避免的伪观测法和 1972 年 E. Mittermayer 提出的附加条件法；三是 1972 年 Wolf 提出的通过一定的手段转化为通常的间接平差方法处理，该法易被一般测量工作者接受，称为直接解法。

一、秩亏网平差概述

(一) 监测网秩亏的原因

误差方程系数阵和法方程系数阵产生秩亏的原因有形亏和数亏，前者是由于缺少必要的观测而引起的，后者是缺少必要的已知数据，对秩亏自由网的讨论主要针对数亏网的研究。网的秩亏在数学含义是方程有无穷多组解，几何含义就是网的位置不能固定。

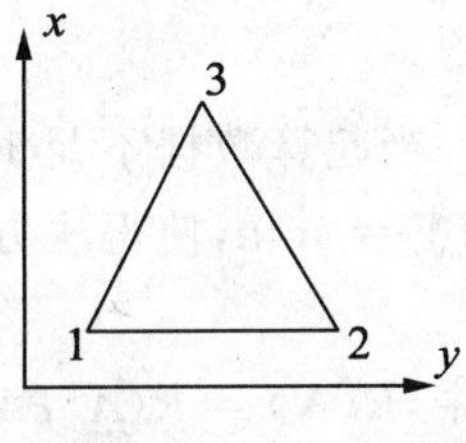

图 3-3 数亏网示意图

如图 3-3 所示，观测三角形的 3 个角度，如果给定点 1，点 2 在这个坐标系下的位置(坐标)，那么角度表示了点 3 与点 1，点 2 之间的位置关系。根据这些角度就可以确定点 3 在坐标系中的位置，这实际就是经典平差几何过程的描述。但是如果不给定点 1，点 2 坐标，则该网在坐标系中的位置是任意的，可以对三角形进行平移、旋转和缩放而不改变三角形的角度。平移、旋转、缩放构成 4 个自由度，给定一个坐标就少一个自由度，例如给定点 1x 的坐标，则点 1 只能在 y 方向平移，点 2，点 3 只能绕点 1 旋转和缩放。如果给定一个点的 x，y 坐标，则网不能平移，只能旋转和缩放，少了 2 个自由度。如果再给定一个方向，则网不能旋转只能缩放，少了 3 个自由度。如果再给定一个边长，就不能缩放，网中没有自由度，就变成经典网了。

(二) 秩亏数计算

对于平面网和高程网，秩亏数的计算取决于下列固定数据的个数：① 如果没有固定点(没有限制 x 和 y 方向的平移)，产生的秩亏数为 2；② 如果没有固定方向(没有限制网的旋转)，产生的秩亏数为 1；③ 如果没有固定边也没有边观测值(没有限制比例尺伸缩)，产生的秩亏数为 1；④ 如果没有起算高程(没有限制高程方向的平移)，产生秩亏数为 1。对于测角网，如果没有起算数据(一个待定点的坐标、一条边和一条边的方位角)，则秩亏数为 $2+1+1=4$；测边网或边角网，如果没有起算数据(一个待定点的坐标和一条边的方位角)，产生的秩亏数为 $2+1=3$；GPS 网如果没有起算数据(一个点的三维坐标)，则秩亏数为 3；高程网没有起算数据产生的秩亏为 1。一般来讲，对于纯粹的 n 维几何空间监测网，当以点的坐标作为参数平差的未知参

数，观测量为高差、边长和水平方向（或角度）时，必要的起算数据个数或平差基准类型的个数也可按下式计算

$$\begin{cases}\text{尺度基准}: d_1 = C_n^0 = 1 \\ \text{位置其准}: d_2 = C_n^1 = n \\ \text{方位基准}: d_3 = C_n^2 = n(n-1)/2\end{cases}$$

式中，n 表示空间的维数。

1. 一维网

水准网是一维网，它的高程基准即是位置基准。因此水准网的基准个数为 $d_2 = C_1^1 = 1$。

2. 二维网

测角网、测边网、边角网和导线网都是二维网，基准个数分别为：① 测角网 $d_1 + d_2 + d_3 = C_2^0 + C_2^1 + C_2^2 = 4$；② 测边网、边角网和导线网 $d_2 + d_3 = C_2^1 + C_2^2 = 3$。

3. 三维网

测角网：$d_1 + d_2 + d_3 = C_3^0 + C_3^1 + C_3^2 = 7$；

测边网、边角网、导线网：$d_2 + d_3 = C_3^1 + C_3^2 = 6$。

（三）秩亏自由网平差的解法

秩亏自由网平差的误差方程为

$$\underset{n\times 1}{\boldsymbol{V}} = \underset{n\times t}{\boldsymbol{A}}\ \underset{t\times 1}{\boldsymbol{X}} - \underset{n\times 1}{\boldsymbol{l}} \tag{3-57}$$

当起算数据不足时，使得误差方程系数阵 $\boldsymbol{A}$ 秩亏，秩亏数为 t-$R(\boldsymbol{A})$，按最小二乘原理 $\boldsymbol{V}^{\mathrm{T}}\boldsymbol{PV} = \min$，使得法方程系数

$$\boldsymbol{NX} = \boldsymbol{A}^{\mathrm{T}}\boldsymbol{Pl} \tag{3-58}$$

式中，$R(\boldsymbol{N}) = R(\boldsymbol{A}^{\mathrm{T}}\boldsymbol{PA}) = R(\boldsymbol{A}) = r < t$，因此，$\boldsymbol{N}$ 为奇异阵，其凯莱逆不存在。在这种情况下，法方程虽是有解方程（相容方程），但它有任意多组解，其解为

$$\boldsymbol{X} = \boldsymbol{N}^{-}\boldsymbol{A}^{\mathrm{T}}\boldsymbol{Pl} + (\boldsymbol{I} - \boldsymbol{N}^{-}\boldsymbol{N})\boldsymbol{M} \tag{3-59}$$

式中，$\boldsymbol{I}$ 为单位阵，$\boldsymbol{M}$ 为任意向量。换言之，仅仅根据最小二乘原理，仍然无法求得未知参数的唯一解，这一点正是秩亏自由网与经典间接平差的一个原则性的区别。因此，为了求得未知参数的唯一解，除了遵循最小二乘准则外，还必须增加新的约束条件，从而达到求得唯一解的目的。根据所增加的约束条件不同，秩亏网平差可分为

1. 普通秩亏自由网平差

普通秩亏自由网平差是在最小范数 $\boldsymbol{X}^{\mathrm{T}}\boldsymbol{X} = \min$ 的要求下选择基准，以求定未知参数的唯一估值，普通秩亏网平差通常又简称为秩亏网平差。

2. 拟稳平差

拟稳平差将网中的未知参数分为两类：$\boldsymbol{X}_1$ 表示非拟稳点的未知参数，$\boldsymbol{X}_2$ 表示拟稳点的未知参数。拟稳平差即在拟稳点范数 $\boldsymbol{X}_2^{\mathrm{T}}\boldsymbol{X}_2 = \min$ 的条件下选择基准，以求定未知参数的唯一估值。

3. 加权秩亏网平差

加权秩亏网平差是在加权最小范数 $\boldsymbol{X}^{\mathrm{T}}\boldsymbol{P}_X\boldsymbol{X} = \min$ 的要求下选择基准，以求定未知参数的唯一估值。

三种秩亏自由网平差遵循 $\boldsymbol{V}^{\mathrm{T}}\boldsymbol{PV} = \min$ 的原则，因此，对于同一平差问题，它们将有相同

的法方程。这表明，三种自由网平差的解均能满足法方程，它们都是这一相容法方程多组解中的某一个特解。它们中的不同只是由于各自对解向量 $\boldsymbol{X}$ 所加的限制条件不同而引起的，即由于各自所加的最小范数条件不同，因此得到不同的解向量。

二、秩亏网平差广义逆解法

在秩亏自由网平差中，最小范数逆通常可取 $N_m^- = N(NN)^-$，与广义逆的条件相比，最小范数逆的条件仅是其中的两个条件，由于只有满足 4 个条件的广义逆才是唯一存在，因此，最小范数逆不是唯一存在的。然而尽管最小范数逆不唯一，而最小范数解却是唯一存在的，下面通过一个算例给出广义逆求解两种方法。

（一）误差方程和法方程的伪逆解法

当 $\boldsymbol{N}$ 为非奇异方阵时，$\boldsymbol{N}^{-1}$ 是 N 的广义逆；当 N 列满秩或行满秩时，广义逆是 $\boldsymbol{N}_L^{-1}$ 和 $\boldsymbol{N}_R^{-1}$；当 $\boldsymbol{N}$ 的秩 $R(\boldsymbol{N}) = r < \min(m,n)$，可用降阶法或满秩分解法。

【例 3-7】 如图 3-4 所示，$h_1 = 12.345\text{m}$，$h_2 = 3.478\text{m}$，$h_3 = -15.817\text{m}$。各段线路距离相等，各点均是不稳定点，按秩亏自由网平差步骤如下。

取各点的近似高程为

$$\begin{cases} H_1^0 = 0 \\ H_2^0 = 12.345\text{m} \\ H_3^0 = 15.823\text{m} \end{cases}$$

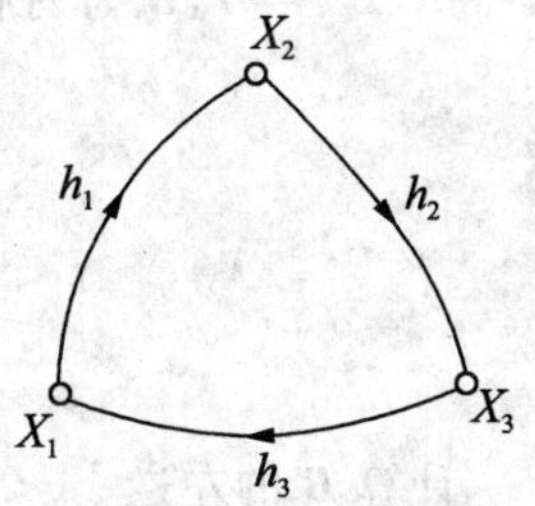

图 3-4　某沉降监测网

(1) 误差方程为($\boldsymbol{V} = \boldsymbol{AX} - \boldsymbol{l}$)

$$\begin{bmatrix} \nu_1 \\ \nu_2 \\ \nu_3 \end{bmatrix} = \begin{bmatrix} -1 & 1 & 0 \\ 0 & -1 & 1 \\ 1 & 0 & -1 \end{bmatrix} \begin{bmatrix} x_1 \\ x_2 \\ x_3 \end{bmatrix} - \begin{bmatrix} 0 \\ 0 \\ 6 \end{bmatrix}$$

显然，$R(\boldsymbol{A}) = 2$ 秩亏数 $d = t - R(\boldsymbol{A}) = 3 - 2 = 1$。

(2) 误差方程组成法方程求解($\boldsymbol{NX} = \boldsymbol{A}^{\mathrm{T}}\boldsymbol{Pl}$)

$$\boldsymbol{N} = \boldsymbol{A}^{\mathrm{T}}\boldsymbol{A} = \begin{bmatrix} 2 & -1 & -1 \\ -1 & 2 & -1 \\ -1 & -1 & 2 \end{bmatrix}, \quad \boldsymbol{A}^{\mathrm{T}}\boldsymbol{l} = \begin{bmatrix} 6 \\ 0 \\ -6 \end{bmatrix}$$

这里 $R(\boldsymbol{N}) = 2$，为了验证不同的最小范数逆具有相同的最小范数解这一结论，这里分别采用降阶法和满秩分解法计算最小范数逆。

1) 降阶法

将 $\boldsymbol{N}$ 分成 4 块，即

$$\boldsymbol{N} = \begin{bmatrix} \underset{r\times r}{\boldsymbol{N}_{11}} & \underset{r\times(n-r)}{\boldsymbol{N}_{12}} \\ \underset{(m-r)\times r}{\boldsymbol{N}_{21}} & \underset{(m-r)\times(n-r)}{\boldsymbol{N}_{22}} \end{bmatrix}$$

其中，$R(\boldsymbol{N}_{11}) = r$，$\boldsymbol{N}_{11}$ 为非奇异阵，则其广义逆为

$$\boldsymbol{N}^- = \begin{bmatrix} \boldsymbol{N}_{11}^{-1} & 0 \\ 0 & 0 \end{bmatrix}$$

计算$(\boldsymbol{NN})^-$ 和 $\boldsymbol{N}_m^- = \boldsymbol{N}(\boldsymbol{NN})^-$

$$NN = \begin{bmatrix} 6 & -3 & -3 \\ -3 & 6 & -3 \\ -3 & -3 & 6 \end{bmatrix}$$

因 $R(N) = 2, R(NN) = 2$，在 NN 中取左上角二阶行列式不为零的子阵并求凯莱逆得

$$M = \begin{bmatrix} 6 & -3 \\ -3 & 6 \end{bmatrix}, \quad M^{-1} = \frac{1}{27}\begin{bmatrix} 6 & 3 \\ 3 & 6 \end{bmatrix} = \frac{1}{9}\begin{bmatrix} 2 & 1 \\ 1 & 2 \end{bmatrix}$$

于是

$$(NN)^{-} = \begin{bmatrix} 2/9 & 1/9 & 0 \\ 1/9 & 2/9 & 0 \\ 0 & 0 & 0 \end{bmatrix}, \quad N_{m_1}^{-} = N(NN)^{-} = \frac{1}{3}\begin{bmatrix} 1 & 0 & 0 \\ 0 & 1 & 0 \\ -1 & -1 & 0 \end{bmatrix}$$

$$X_{m_1} = N_{m_1}^{-} A^{T} l = [2 \quad 0 \quad 2]^{T}$$

2) 满秩分解法

设 N 分解为

$$\underset{m\times n}{N} = \underset{m\times r}{B} \, \underset{r\times n}{C}$$

其中 $R(B) = r$，B 为列满秩，$R(N) = r$，C 为行满秩，则

$$N^{-} = C_{R}^{-1} B_{L}^{-1}$$

取

$$B = \begin{bmatrix} 1 & 0 \\ 0 & 1 \\ -1 & -1 \end{bmatrix}, C = \begin{bmatrix} 2 & -1 & -1 \\ -1 & 2 & -1 \end{bmatrix}$$

计算 B 的左逆

$$B_{L}^{-1} = (B^{T}B)^{-1}B^{T} = \frac{1}{3}\begin{bmatrix} 2 & -1 & -1 \\ -1 & 2 & -1 \end{bmatrix}$$

计算 C 的右逆

$$C_{R}^{-1} = C^{T}(CC^{T})^{-1} = \frac{1}{3}\begin{bmatrix} 1 & 0 \\ 0 & 1 \\ -1 & -1 \end{bmatrix}$$

$$N_{m_2}^{-} = N^{+} = C_{R}^{-1}B_{L}^{-1} = \frac{1}{9}\begin{bmatrix} 2 & -1 & -1 \\ -1 & 2 & -1 \\ -1 & -1 & 2 \end{bmatrix}$$

$$X_{m_2} = X_{m_2}^{-} A^{T} l = [2 \quad 0 \quad 2]^{T}$$

可见，尽管最小范数逆不同，但最小范数解却是相同。

(二) 误差方程的伪逆解法

若进一步令 $A^{+} = N_{m}^{-}A^{T}$，则 $X = A^{+} l$。由于 A^{+} 唯一，可直接利用一般矩阵求伪逆公式 $A^{+} = A^{T}(AA^{T})^{-}A(A^{T}A)^{-}A^{T}$ 或对误差方程系数阵 A 作满秩分解，即 $A = BC(R(A) = R(B) = R(C) = r)$ 求解。

设

$$B = \begin{bmatrix} -1 & 1 \\ 0 & -1 \\ 1 & 0 \end{bmatrix}, \quad C = \begin{bmatrix} 1 & 0 & -1 \\ 0 & 1 & -1 \end{bmatrix}$$

则

$$B_L^{-1} = (B^{\mathrm{T}}B)^{-1}B^{\mathrm{T}} = \frac{1}{3}\begin{bmatrix}2 & 1\\1 & 2\end{bmatrix}\begin{bmatrix}-1 & 0 & 1\\1 & -1 & 0\end{bmatrix} = \frac{1}{3}\begin{bmatrix}-1 & -1 & 2\\1 & -2 & 1\end{bmatrix}$$

$$C_R^{-1} = C^{\mathrm{T}}(CC^{\mathrm{T}})^{-1} = \frac{1}{3}\begin{bmatrix}1 & 0\\0 & 1\\-1 & -1\end{bmatrix}\begin{bmatrix}2 & -1\\-1 & 2\end{bmatrix} = \frac{1}{3}\begin{bmatrix}2 & -1\\-1 & 2\\-1 & -1\end{bmatrix}$$

故

$$A^{\mathrm{T}} = C_R^{-1}B_L^{-1} = \frac{1}{3}\begin{bmatrix}-1 & 0 & 1\\1 & -1 & 0\\0 & 1 & -1\end{bmatrix}, \quad X = A^{+}l = \begin{bmatrix}2\\0\\-2\end{bmatrix}$$

所以用广义逆理论作秩亏自由网平差，有两种途径：一是由误差方程按最小二乘约束条件形成法方程，然后求法方程的最小范数逆，从而获取未知参数的最优估计 $X = N_m^{-}A^{\mathrm{T}}l$；另一个是直接计算误差方程系数阵 A 的伪逆，利用公式 $X = A^{+}l$ 求未知参数的最优估计值。

三、秩亏网平差伪观测解法

引起误差方程系数阵秩亏的原因是由于网中缺少必要的起算数据，Pelzer 提出了引入伪观测的方法来消除秩亏，即假设在网中进行附加观测。例如在水准网中将其中 1 个点与 1 个已知点联测；在测角网中联测 4 个观测值，以保证与 2 个已知点进行联测，以达到消除秩亏的目的。因此，若附加的个数等于必要起算数据，就可使附加观测后的新误差方程系数阵列满秩，秩亏自由网平差就可转化为经典平差，这样的平差方法称为伪观测方法。

（一）伪观测方法的原理

设秩亏自由网误差方程为

$$\underset{n\times1}{V} = \underset{n\times t}{A}\,\underset{t\times1}{X} - \underset{n\times1}{l} \tag{3-60}$$

其中，$R(A) = r, d = t - r$。为达到消除秩亏的目的，需引入 d 个相互独立的观测方程。设附加观测值为 l'，相应的观测方程为

$$\underset{d\times1}{l'} = \underset{d\times t}{B}\,\underset{t\times1}{X} \tag{3-61}$$

构造式(3-61)各个观测方程，它们之间应线性无关，即要求满足 $BB^{\mathrm{T}} = I$。除此之外，附加观测方程与原观测方程之间也应线性无关，即 $AB^{\mathrm{T}} = 0$。上述两个条件说明 B 中任意两个行向量相应元素乘积和为零，A 中一个行向量与 B 任意个行向量相应元素乘积和为零。这样就保证这些行向量互相线性无关，因此有 $R(B) = d$。又知 $R(A) = r$，故 $R\begin{pmatrix}A\\B\end{pmatrix} = d + r = t$。于是新的观测方程为

$$\begin{bmatrix}l\\l'\end{bmatrix} = \begin{bmatrix}A\\B\end{bmatrix}X \tag{3-62}$$

式中，数阵列满秩，从而转化为经典平差问题中的观测方程。设 l 的权为 P，l' 的权为 I，根据最小二乘原理构成法方程 $\overline{N}X = C$，其中

$$\overline{N} = [A^{\mathrm{T}} \quad B^{\mathrm{T}}]\begin{bmatrix}P & 0\\O & I\end{bmatrix}\begin{bmatrix}A\\B\end{bmatrix}, C = [A^{\mathrm{T}} \quad B^{\mathrm{T}}]\begin{bmatrix}P & 0\\0 & I\end{bmatrix}\begin{bmatrix}l\\l'\end{bmatrix} = A^{\mathrm{T}}Pl + B^{\mathrm{T}}Pl'$$

方程的解为

$$\boldsymbol{X} = \overline{\boldsymbol{N}}^{-1}\boldsymbol{C} \tag{3-63}$$

现在的问题是如何确定 $\boldsymbol{B}$ 和 $\boldsymbol{l}'$?

1. 先确定 $\boldsymbol{B}$

用 $\boldsymbol{A}^{\mathrm{T}}\boldsymbol{P}$ 左乘 $\boldsymbol{A}\boldsymbol{B}^{\mathrm{T}}$ 得,$\boldsymbol{A}^{\mathrm{T}}\boldsymbol{P}\boldsymbol{A}\boldsymbol{B}^{\mathrm{T}}=0$,即 $\boldsymbol{N}\boldsymbol{B}^{\mathrm{T}}=0$。因为 $R(\boldsymbol{N})=r$,令 $\boldsymbol{N}$ 的特征值为 λ_i,相应的特征向量为 $\boldsymbol{S}_i$,则特征向量方程为

$$(\boldsymbol{N}-\lambda_i\boldsymbol{I})\boldsymbol{S}_i=0 \tag{3-64}$$

由于行列式 $|\boldsymbol{N}-\lambda_i I|=0$(因 N 具有秩亏 $d=t-r$),故 N 的特征值中必有 d 个为零,对应这 d 个零特征值,必存在 d 个线性无关的特征向量 $S_1,S_2,\cdots S_d$,由此构成矩阵

$$\underset{t\times d}{\boldsymbol{S}}=(S_1\ S_2\ \cdots\ S_d) \tag{3-65}$$

称为 N 的特征向量矩阵,具体地说是的零特征值所对应的特征向量矩阵。当 $\lambda_i=0$ 时,$(\boldsymbol{N}-\lambda_i\boldsymbol{I})\boldsymbol{S}_i=0$ 就转化为 $\underset{t\times t}{\boldsymbol{N}}\ \underset{t\times d}{\boldsymbol{S}}$,可取 $\boldsymbol{B}^{\mathrm{T}}=\boldsymbol{S}$,因此有 $\boldsymbol{A}\boldsymbol{S}=0$。

2. 再确定 $\boldsymbol{l}'$

在秩亏自由网中,实际 $\boldsymbol{l}'$ 并未观测,故名伪观测,既然未观测,给定任意就有不同的解。按最小范数准则,必须保证 $\boldsymbol{X}^{\mathrm{T}}\boldsymbol{X}=\min$,可以求出 $\boldsymbol{l}'=0$。至此,$\boldsymbol{B}$ 和 $\boldsymbol{l}'$ 已经确定,$\boldsymbol{B}=\boldsymbol{S}^{\mathrm{T}}$,$\boldsymbol{l}'=0$。但这还不能满足 Pelzer 提出的条件,即要求 $\boldsymbol{B}\boldsymbol{B}^{\mathrm{T}}=\boldsymbol{I}$,(由于 $\boldsymbol{S}^{\mathrm{T}}\boldsymbol{S}\neq\boldsymbol{I}$)。为满足其要求,需将 $\boldsymbol{S}$ 标准化,令 $\boldsymbol{S}$ 的标准化向量为 $\boldsymbol{G}$,则取 $\boldsymbol{B}=\boldsymbol{G}^{\mathrm{T}}$,使

$$\boldsymbol{G}^{\mathrm{T}}\boldsymbol{G}=\boldsymbol{I}\quad,\quad \boldsymbol{A}\boldsymbol{G}=0 \tag{3-66}$$

因此,原观测方程加上伪观测方程为

$$\begin{cases}\underset{n\times 1}{\boldsymbol{l}}=\underset{n\times t}{\boldsymbol{A}}\ \underset{t\times 1}{\boldsymbol{X}}\\ \underset{d\times 1}{0}=\underset{d\times t}{\boldsymbol{G}^{\mathrm{T}}}\ \underset{t\times l}{\boldsymbol{X}}\end{cases} \tag{3-67}$$

或表示为

$$\begin{bmatrix}\boldsymbol{l}\\0\end{bmatrix}=\begin{bmatrix}\boldsymbol{A}\\\boldsymbol{G}^{\mathrm{T}}\end{bmatrix}\boldsymbol{X} \tag{3-68}$$

因此,系数阵 $\begin{bmatrix}\boldsymbol{A}\\\boldsymbol{G}^{\mathrm{T}}\end{bmatrix}$ 为列满秩,此方程有唯一的最小二乘解。其解为

$$\boldsymbol{X}=(\boldsymbol{A}^{\mathrm{T}}\boldsymbol{P}\boldsymbol{A}+\boldsymbol{G}\boldsymbol{G}^{\mathrm{T}})^{-1}\boldsymbol{A}^{\mathrm{T}}\boldsymbol{P}\boldsymbol{l} \tag{3-69}$$

(二)各类自由网 $\boldsymbol{S}$ 和 $\boldsymbol{G}$ 的确定

按伪观测法进行秩亏自由网平差,首先要确定法方程系数阵 $\boldsymbol{N}$ 的零特征值所对应的特征向量 $\boldsymbol{S}$ 和 $\boldsymbol{G}$。下面给出水准网、测边网、测角网、边角网和 GPS 网 5 种类型秩亏自由网 $\boldsymbol{S}$ 和 $\boldsymbol{G}$ 的确定方法。

1. 水准网

对于水准网,$R(\boldsymbol{A})=r=t-1$,即秩亏数 $d=1$,所以 $\boldsymbol{S}$ 为 t 维向量。由于误差方程的系数阵 $\boldsymbol{A}$ 中的每一行向量总是出现两个基本元素 $+1$ 和 -1,由 $\boldsymbol{A}\boldsymbol{S}=0$ 知,$\boldsymbol{S}$ 具有以下简单的形式

$$\underset{t\times 1}{\boldsymbol{S}}=(1\ 1\cdots\ 1)^{\mathrm{T}} \tag{3-70}$$

它满足 $AS=0$,也满足 $NS=0$。将 S 标准化得

$$\underset{t\times 1}{\boldsymbol{G}}=\frac{1}{\sqrt{t}}(1\ 1\ \cdots\ 1)^{\mathrm{T}} \tag{3-71}$$

2. 测边网

对于自由测边网，$R(\boldsymbol{A}) = r = t - 3 = 2m - 3$，$m$ 为网中点的数目。$d = 3$，所以 $\boldsymbol{S}$ 为 $2m \times 3$ 阶矩阵。由于没有固定点，在每条边的误差方程中两端点坐标改正数必同时出现，因此，$\boldsymbol{A}$ 中每一行元素结构总是形如$(\cdots\ a_{ik}\quad b_{ik}\ \cdots - a_{ik}\ - b_{ik} \cdots)$，当 $\boldsymbol{AS} = 0$，求得 $\boldsymbol{S}$ 为

$$\underset{3\times 2m}{\boldsymbol{S}^{\mathrm{T}}} = \begin{bmatrix} 1 & 0 & 1 & 0 & \cdots & 1 & 0 \\ 0 & 1 & 0 & 1 & \cdots & 0 & 1 \\ -y_1^0 & x_1^0 & -y_2^0 & x_2^0 & \cdots & -y_m^0 & x_m^0 \end{bmatrix} \tag{3-72}$$

将 $\boldsymbol{S}^{\mathrm{T}}$ 标准化后有

$$\underset{3\times 2m}{\boldsymbol{G}^{\mathrm{T}}} = \begin{bmatrix} \dfrac{1}{\sqrt{m}} & 0 & \dfrac{1}{\sqrt{m}} & 0 & \cdots & \dfrac{1}{\sqrt{m}} & 0 \\ 0 & \dfrac{1}{\sqrt{m}} & 0 & \dfrac{1}{\sqrt{m}} & \cdots & 0 & \dfrac{1}{\sqrt{m}} \\ -\dfrac{y_1^0}{\sqrt{H}} & \dfrac{x_1^0}{\sqrt{H}} & -\dfrac{y_2^0}{\sqrt{H}} & \dfrac{x_2^0}{\sqrt{H}} & \cdots & -\dfrac{y_m^0}{\sqrt{H}} & \dfrac{x_m^0}{\sqrt{H}} \end{bmatrix} \tag{3-73}$$

式中，$H = \sum\limits_{i=1}^{m} (y_i^0)^2 + \sum\limits_{i=1}^{m} (x_i^0)^2$。

3. 测角网

对于自由测角网，$R(\boldsymbol{A}) = r = t - 4 = 2\mathrm{m} - 4$，$d = 4$，$\boldsymbol{S}$ 为 $2m \times 4$ 阶矩阵。由于没有固定点，要 1 个角度 3 个顶点坐标未知数同时出现，因此，$\boldsymbol{A}$ 中每一行元素结构总是形如

$$(a_{jh} - a_{jk}, b_{jh} - b_{jk}, \cdots, -a_{jk}, -b_{jh}, \cdots, a_{jk}, b_{jk}, \cdots) \tag{3-74}$$

当 $\boldsymbol{AS} = 0$ 时，求得 $\boldsymbol{S}$ 为

$$\underset{4\times 2m}{\boldsymbol{S}^{\mathrm{T}}} = \begin{bmatrix} 1 & 0 & 1 & 0 & \cdots & 1 & 0 \\ 0 & 1 & 0 & 1 & \cdots & 0 & 1 \\ -y_1^0 & x_1^0 & -y_2^0 & x_2^0 & \cdots & -y_m^0 & x_m^0 \\ x_1^0 & y_1^0 & x_2^0 & y_2^0 & \cdots & x_m^0 & y_m^0 \end{bmatrix} \tag{3-75}$$

4. 边角网

边角自由网的 $R(\boldsymbol{A}) = 2m - 3$，$d = 3$，其误差方程有两种类型，边长观测的方程和角度观测的方程。在这种情况下，$\boldsymbol{S}$、$\boldsymbol{G}$ 与测边网的 $\boldsymbol{S}$、$\boldsymbol{G}$ 完全相同，因为 $\boldsymbol{AS} = 0$，$\boldsymbol{AG} = 0$，$\boldsymbol{G}^{\mathrm{T}}\boldsymbol{G} = \boldsymbol{I}$ 所以凡是讨论测边自由网平差问题均包括边角网。

5. GPS 网

GPS 自由网的 $R(\boldsymbol{A}) = 3m - 3$，$d - 3$，必要起始数据是网中一点的 3 维坐标，与水准网情况类似，其 $\boldsymbol{S}^{\mathrm{T}}$ 阵为

$$\underset{3\times 3m}{\boldsymbol{S}^{\mathrm{T}}} = \begin{bmatrix} 1 & 0 & 0 & 1 & 0 & 0 & \cdots & 1 & 0 & 0 \\ 0 & 1 & 0 & 0 & 1 & 0 & \cdots & 0 & 1 & 0 \\ 0 & 0 & 1 & 0 & 0 & 1 & \cdots & 0 & 0 & 1 \end{bmatrix} \tag{3-76}$$

（三）伪观测法平差算例

【例 3-8】如图 3-5 所示秩亏水准网，观测高差及权见表 3-3。

表 3-3　观测数据

测段	观测值/m	权
h_1	0.023	2
h_2	1.114	2
h_3	1.142	2
h_4	0.079	1
h_5	0.099	1
h_6	1.217	1

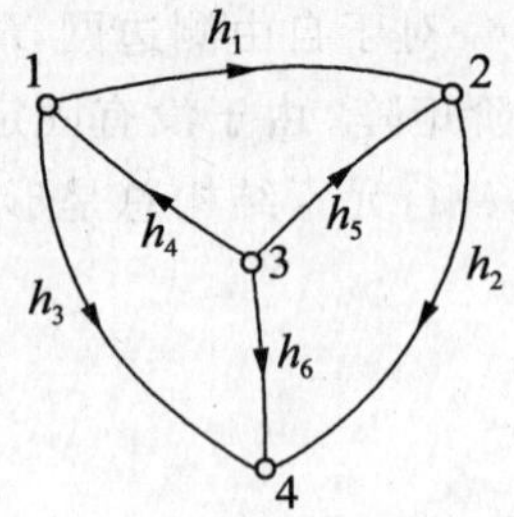

图 3-5　秩亏水准网

解：设各点的近似值为

$$x_1^0=100.078, x_2^0=100.099, x_3^0=100.000, x_4^0=101.216$$

误差方程

$$\begin{bmatrix}\nu_1\\\nu_2\\\nu_3\\\nu_4\\\nu_5\\\nu_6\end{bmatrix}=\begin{bmatrix}-1&1&0&0\\0&-1&0&1\\-1&0&0&1\\1&0&-1&0\\0&1&-1&0\\0&0&-1&1\end{bmatrix}\begin{bmatrix}x_1\\x_3\\x_3\\x_4\end{bmatrix}-\begin{bmatrix}2\\-3\\4\\1\\0\\-1\end{bmatrix}$$

法方程系数阵 $\boldsymbol{N}=\boldsymbol{A}^{\mathrm{T}}\boldsymbol{P}\boldsymbol{A}$ 和常数项 $\boldsymbol{A}^{\mathrm{T}}\boldsymbol{P}\boldsymbol{l}$ 为

$$\boldsymbol{N}=\begin{bmatrix}5&-2&-1&-2\\-2&5&-1&-2\\-1&-1&3&-1\\-2&-2&-1&5\end{bmatrix},\quad \boldsymbol{A}^{\mathrm{T}}\boldsymbol{P}\boldsymbol{l}=\begin{bmatrix}-11\\10\\-2\\3\end{bmatrix}$$

对于水准网，$d=1$，$\boldsymbol{N}$ 零特征值的特征向量 $\underset{t\times1}{S}=(1\ 1\ \cdots 1)^{\mathrm{T}}$，其标准化向量 $\underset{t\times1}{\boldsymbol{G}}=(\frac{1}{\sqrt{t}}\ \frac{1}{\sqrt{t}}\cdots\ \frac{1}{\sqrt{t}})^{\mathrm{T}}$，故在此例中，有 $\underset{4\times1}{\boldsymbol{G}}=(\frac{1}{2}\ \ \frac{1}{2}\ \ \frac{1}{2}\ \ \frac{1}{2})^{\mathrm{T}}$。

计算

$$\boldsymbol{G}\boldsymbol{G}^{\mathrm{T}}=\frac{1}{4}\begin{bmatrix}1&1&1&1\\1&1&1&1\\1&1&1&1\\1&1&1&1\end{bmatrix},\quad \boldsymbol{N}+\boldsymbol{G}\boldsymbol{G}^{\mathrm{T}}=\frac{1}{4}\begin{bmatrix}21&-7&-3&-7\\-7&21&-3&-7\\-3&-3&13&-3\\-7&-7&-3&21\end{bmatrix}$$

所以有

$$(\boldsymbol{N}+\boldsymbol{G}\boldsymbol{G}^{\mathrm{T}})^{-1}=\frac{1}{112}\begin{bmatrix}41&25&21&25\\25&41&21&25\\21&21&49&21\\25&25&21&41\end{bmatrix}$$

故

$$\boldsymbol{X}=(\boldsymbol{N}+\boldsymbol{G}\boldsymbol{G}^{\mathrm{T}})^{-1}\boldsymbol{A}^{\mathrm{T}}\boldsymbol{P}\boldsymbol{l}=\begin{bmatrix}-1.5\\1.5\\-0.5\\0.5\end{bmatrix},\quad \boldsymbol{X}^{0}+\boldsymbol{X}=\begin{bmatrix}100.0765\\100.1005\\99.9995\\101.2165\end{bmatrix}$$

四、秩亏网平差直接解法

(一) 秩亏网平差直接解法原理

1972年，Wolf提出了按Helmert的解法处理自由网中秩亏问题，此法不采用广义逆矩阵，也不需要特征值和特征向量，而是通过一定的手段转化为通常的间接平差问题。

设有误差方程

$$\underset{n\times 1}{\boldsymbol{V}}=\underset{n\times t}{\boldsymbol{A}}\underset{t\times 1}{\boldsymbol{X}}-\underset{n\times 1}{\boldsymbol{l}} \tag{3-77}$$

式中，$R(\boldsymbol{A})=r<t, d=t-r$。将未知参数$\boldsymbol{X}$分为两部分$\boldsymbol{X}_1$和$\boldsymbol{X}_2$，$\boldsymbol{X}_1$为$r$维向量，$\boldsymbol{X}_2$为$d$维向量，相应的将$\boldsymbol{A}$也分为$\underset{n\times r}{\boldsymbol{A}_1}$和$\underset{n\times d}{\boldsymbol{A}_2}$两个矩阵，即有

$$\boldsymbol{V}=[\boldsymbol{A}_1\quad \boldsymbol{A}_2]\begin{bmatrix}\boldsymbol{X}_1\\ \boldsymbol{X}_2\end{bmatrix}-\boldsymbol{l} \tag{3-78}$$

此时，$R(\boldsymbol{A}_1)=r$，$\boldsymbol{A}_1$为列满秩，上式可写为

$$\boldsymbol{V}=\boldsymbol{A}_1\boldsymbol{X}_1-(\boldsymbol{l}-\boldsymbol{A}_2\boldsymbol{X}_2) \tag{3-79}$$

令$\boldsymbol{l}_1=\boldsymbol{l}-\boldsymbol{A}_2\boldsymbol{X}_2$，则$\boldsymbol{V}=\boldsymbol{A}_1\boldsymbol{X}_1-\boldsymbol{l}_1$。将$l_1$视作常数项，因$R(\boldsymbol{A}_1)=r$，根据最小二乘原理，可求得

$$\boldsymbol{X}_1=(\boldsymbol{A}_1^{\mathrm{T}}\boldsymbol{P}\boldsymbol{A}_1)^{-1}\boldsymbol{A}_1^{\mathrm{T}}\boldsymbol{P}\boldsymbol{l}_1=\boldsymbol{N}_{11}^{-1}\boldsymbol{A}_1^{\mathrm{T}}\boldsymbol{P}\boldsymbol{l}_1 \tag{3-80}$$

这就是误差方程的最小二乘解。然而由于$\boldsymbol{l}_1=\boldsymbol{l}-\boldsymbol{A}_2\boldsymbol{X}_2$，只有当给定$\boldsymbol{X}_2$后，$\boldsymbol{X}_1$才唯一确定。显然，针对任意一个$\boldsymbol{X}_2$，都有相应的$\boldsymbol{X}_1$与之对应，故最小二乘解不唯一。为了获取唯一的最优解，需满足未知参数的最小范数条件

$$\boldsymbol{X}^{\mathrm{T}}\boldsymbol{X}=\boldsymbol{X}_1^{\mathrm{T}}\boldsymbol{X}_1+\boldsymbol{X}_2^{\mathrm{T}}\boldsymbol{X}_2=\min \tag{3-81}$$

为此可将式(3-80)改写为

$$\begin{cases}\boldsymbol{X}_1=-\boldsymbol{N}_{11}^{-1}\boldsymbol{A}_1^{\mathrm{T}}\boldsymbol{P}\boldsymbol{A}_2\boldsymbol{X}_2+\boldsymbol{N}_{11}^{-1}\boldsymbol{A}_1^{\mathrm{T}}\boldsymbol{P}\boldsymbol{l}=-\boldsymbol{N}_{11}^{-1}\boldsymbol{N}_{12}\boldsymbol{X}_2+\boldsymbol{N}_{11}^{-1}\boldsymbol{A}_1^{\mathrm{T}}\boldsymbol{P}\boldsymbol{l}\\ \boldsymbol{X}_2=\boldsymbol{X}_2\end{cases} \tag{3-82}$$

上式可看成是以$\boldsymbol{X}_2$为未知参数的误差方程，左边的$\boldsymbol{X}_1$、$\boldsymbol{X}_2$看成为改正数，于是在最小范数条件下，再按经典平差理论。由式(3-82)构成法方程，并经整理得

$$(\boldsymbol{N}_{21}\boldsymbol{N}_{11}^{-1}\boldsymbol{N}_{11}^{-1}\boldsymbol{N}_{12}+\boldsymbol{I})\boldsymbol{X}_2-\boldsymbol{N}_{21}\boldsymbol{N}_{11}^{-1}\boldsymbol{N}_{11}^{-1}\boldsymbol{A}_1^{\mathrm{T}}\boldsymbol{P}\boldsymbol{l}=0 \tag{3-83}$$

式中，$\boldsymbol{N}_{21}=\boldsymbol{N}_{12}^{\mathrm{T}}=\boldsymbol{A}_2^{\mathrm{T}}\boldsymbol{P}\boldsymbol{A}_1$。

可以证明法方程系数阵是满秩的，它是非奇异的，$\boldsymbol{X}_2$有唯一的解。由此式求出$\boldsymbol{X}_2$代入式(3-82)，即可求得$\boldsymbol{X}_1$。此时所得的$\boldsymbol{X}^{\mathrm{T}}=(\boldsymbol{X}_1^{\mathrm{T}}\quad \boldsymbol{X}_2^{\mathrm{T}})$满足最小范数原则，同时它又是一个最小二乘解。这就是直接解法的基本思想。进一步化简，令$\boldsymbol{N}_{11}\boldsymbol{N}_{11}=\boldsymbol{R}$，$\boldsymbol{\alpha}_1^{\mathrm{T}}=\boldsymbol{N}_{11}(\boldsymbol{R}+\boldsymbol{N}_{12}\boldsymbol{N}_{21})^{-1}\boldsymbol{A}_1^{\mathrm{T}}$，$\boldsymbol{\alpha}_2^{\mathrm{T}}=\boldsymbol{N}_{21}(\boldsymbol{R}+\boldsymbol{N}_{12}\boldsymbol{N}_{21})^{-1}\boldsymbol{A}_1^{\mathrm{T}}$，则有

$$\boldsymbol{X}_1=\boldsymbol{\alpha}_1^{\mathrm{T}}\boldsymbol{P}\boldsymbol{l},\quad \boldsymbol{X}_2=\boldsymbol{\alpha}_2^{\mathrm{T}}\boldsymbol{P}\boldsymbol{l} \tag{3-84}$$

(二) 秩亏网平差直接解法算例

【例3-9】题同【例3-7】，按直接解法计算。

69 误差方程

$$\begin{bmatrix} \nu_1 \\ \nu_2 \\ \nu_3 \end{bmatrix} = \begin{bmatrix} -1 & 1 & 0 \\ 0 & -1 & 1 \\ 1 & 0 & -1 \end{bmatrix} \begin{bmatrix} x_1 \\ x_2 \\ x_3 \end{bmatrix} - \begin{bmatrix} 0 \\ 0 \\ 6 \end{bmatrix}$$

因 $R(\boldsymbol{A}) = 2, d = 1$,故令

$$\boldsymbol{A}_1 = \begin{bmatrix} -1 & 1 \\ 0 & -1 \\ 1 & 0 \end{bmatrix}, \boldsymbol{A}_2 = \begin{bmatrix} 0 \\ 1 \\ -1 \end{bmatrix}, \boldsymbol{X}_1 = \begin{bmatrix} x_1 \\ x_2 \end{bmatrix}, \boldsymbol{X}_2 = [x_3]$$

计算

$$\boldsymbol{N}_{11} = \begin{bmatrix} 2 & -1 \\ -1 & 2 \end{bmatrix}, \boldsymbol{N}_{12} = \begin{bmatrix} -1 \\ -1 \end{bmatrix}, \boldsymbol{N}_{21} = [-1 \quad -1], \boldsymbol{A}_1^{\mathrm{T}}\boldsymbol{l} = \begin{bmatrix} 6 \\ 0 \\ -6 \end{bmatrix}$$

$$\boldsymbol{R} = \boldsymbol{N}_{11}\boldsymbol{N}_{11} = \begin{bmatrix} 2 & -1 \\ -1 & 2 \end{bmatrix} \begin{bmatrix} 2 & -1 \\ -1 & 2 \end{bmatrix} = \begin{bmatrix} 5 & -4 \\ -4 & 5 \end{bmatrix}$$

$$(\boldsymbol{R} + \boldsymbol{N}_{12}\boldsymbol{N}_{21}) = \begin{bmatrix} 6 & -3 \\ -3 & 6 \end{bmatrix}, \quad (\boldsymbol{R} + \boldsymbol{N}_{12}\boldsymbol{N}_{21})^{-1} = \frac{1}{9}\begin{bmatrix} 2 & 1 \\ 1 & 2 \end{bmatrix}$$

求得 $\boldsymbol{X}_1$ 和 $\boldsymbol{X}_2$

$$\boldsymbol{X}_1 = \boldsymbol{N}_{11}(\boldsymbol{R} + \boldsymbol{N}_{12}\boldsymbol{N}_{21})^{-1}\boldsymbol{A}_1^{\mathrm{T}} l = \begin{bmatrix} 2 \\ 0 \end{bmatrix}, \quad \boldsymbol{X}_2 = \boldsymbol{N}_{21}(\boldsymbol{R} + \boldsymbol{N}_{12}\boldsymbol{N}_{21})^{-1}\boldsymbol{A}_1^{\mathrm{T}}\boldsymbol{l} = [-2]$$

§3-4　监测网拟稳平差

变形监测网按经典平差时,网中必须具备固定点,即以固定不动的点为基准才能得出真实的位移场;变形监测网按秩亏自由网平差,实际上是把网中所有点等同看待,以网的重心为基准,确定各期之间的变形值。但实际上在许多情况下,网中既不存在固定不动的点,网中的所有点也不能同等看待,因为有些点可能处于地质条件不好、受力变化比较大的地方,这些点移动的可能性很大,而另外一些点则可能处于较为稳定、受力变化较小的地方,移动可能性小。当网点产生了移动,则网的重心会发生变化,以重心为基准求出的变形值就可能受到歪曲。然而在某些情况下,事先并不知道哪些点稳定,哪些点不稳定,但经过观测及平差后,往往能知道一些点可能移动了,而另一些点可能移动较少。在这些情况下,采用经典平差或秩亏网平差显然都不合理。针对这些情况,周江文教授提出了拟稳平差法,在国外也有人称之为部分迹最小的平差法。

一、拟稳平差原理

拟稳平差的基本思想是将整个网点分成两组,第一组由网中相对稳定的点组成,称为拟稳点;另一组由相对不稳定的点组成,称为动点。秩亏网平差是对网中所有点施以最小范数条件 $\boldsymbol{X}^{\mathrm{T}}\boldsymbol{X} = \min$,但拟稳平差只对其中第一组相对稳定的拟稳点施以最小范数条件 $\boldsymbol{X}_F^{\mathrm{T}}\boldsymbol{X}_F = \min$,从而达到消除秩亏,求解未知量的目的。

设稳定点坐标改正数为 $\boldsymbol{X}_F$,移动点的坐标改正数为 $\boldsymbol{X}_M$,则误差方程为

$$\underset{n\times1}{\boldsymbol{V}} = \underset{n\times t}{\boldsymbol{A}}\underset{t\times1}{\boldsymbol{X}} - \underset{n\times1}{\boldsymbol{l}} = \begin{bmatrix} \underset{n\times t_1}{\boldsymbol{A}_M} & \underset{n\times t_2}{\boldsymbol{A}_F} \end{bmatrix} \begin{bmatrix} \underset{t_1\times1}{\boldsymbol{X}_M} \\ \underset{t_2\times1}{\boldsymbol{X}_F} \end{bmatrix} - \underset{n\times1}{\boldsymbol{l}} \tag{3-85}$$

式中，t_1 和 t_2 分别表示不稳定点和稳定点的点数，$t_1+t_2=t$，$R(A)=r<t$，$d=t-r$，$t>t_2>d$，$R(\boldsymbol{A}_M)=t_1$。观测值的权 $\boldsymbol{P}$ 满秩，按照最小二乘原则 $\boldsymbol{V}^{\mathrm{T}}\boldsymbol{PV}=\min$，构成法方程组为

$$\boldsymbol{NX} = \boldsymbol{A}^{\mathrm{T}}\boldsymbol{Pl} \tag{3-86}$$

或写成

$$\begin{bmatrix} \boldsymbol{N}_{MM} & \boldsymbol{N}_{MF} \\ \boldsymbol{N}_{FM} & \boldsymbol{N}_{FF} \end{bmatrix} \begin{bmatrix} \boldsymbol{X}_M \\ \boldsymbol{X}_F \end{bmatrix} = \begin{bmatrix} \boldsymbol{A}_M^{\mathrm{T}}\boldsymbol{Pl} \\ \boldsymbol{A}_F^{\mathrm{T}}\boldsymbol{Pl} \end{bmatrix} \tag{3-87}$$

式中，$\boldsymbol{N}_{MM}=\boldsymbol{A}_M^{\mathrm{T}}\boldsymbol{PA}_M$，$\boldsymbol{N}_{MF}=\boldsymbol{A}_M^{\mathrm{T}}\boldsymbol{PA}_F$，$\boldsymbol{N}_{FM}=\boldsymbol{A}_F^{\mathrm{T}}\boldsymbol{PA}_M$，$\boldsymbol{N}_{FF}=\boldsymbol{A}_F^{\mathrm{T}}\boldsymbol{PA}_F$。由于 $R(\boldsymbol{N}_{MM})=t_1$，$\boldsymbol{N}_{MM}$ 满秩，$R(\boldsymbol{N})=r$，$\boldsymbol{N}$ 奇异，所以式(3-87) 不能得到唯一的解。

消去不稳定未知数 X_M，可得仅有稳定未知数 X_F 的约化法方程

$$(\boldsymbol{N}_{FF} - \boldsymbol{N}_{FM}\boldsymbol{N}_{MM}^{-1}\boldsymbol{B}_{MF})\boldsymbol{X}_F = (\boldsymbol{A}_F^{\mathrm{T}} - \boldsymbol{N}_{FM}\boldsymbol{N}_{MM}^{-1}\boldsymbol{A}_M^{\mathrm{T}})\boldsymbol{Pl} \tag{3-88}$$

令 $\boldsymbol{M}=\boldsymbol{N}_{FF}-\boldsymbol{N}_{FM}\boldsymbol{N}_{MM}^{-1}\boldsymbol{N}_{MF}$，$\boldsymbol{\alpha}^{\mathrm{T}}=\boldsymbol{A}_F^{\mathrm{T}}-\boldsymbol{N}_{FM}\boldsymbol{N}_{MM}^{-1}\boldsymbol{A}_M^{\mathrm{T}}$，则

$$\boldsymbol{MX}_F = \boldsymbol{\alpha}^{\mathrm{T}}\boldsymbol{Pl} \tag{3-89}$$

因为经过约化后秩亏并未消除，$\boldsymbol{M}$ 仍有秩亏 d，是奇异阵，式(3-89) 的解仍不唯一，为了获得唯一的最优解，附加 $\boldsymbol{X}_F$ 的最小范数条件 $\boldsymbol{X}_F^{\mathrm{T}}\boldsymbol{X}_F=\min$。于是有

$$\boldsymbol{X}_F = \boldsymbol{M}_m^{-}\boldsymbol{\alpha}^{\mathrm{T}}\boldsymbol{Pl} = \bar{\boldsymbol{\alpha}}\boldsymbol{Pl} \tag{3-90}$$

式中，$\boldsymbol{M}_m^{-}=\boldsymbol{M}(\boldsymbol{MM})^{-}$，$\bar{\boldsymbol{\alpha}}=\boldsymbol{M}_m^{-}\boldsymbol{\alpha}^{\mathrm{T}}$。

将式(3-90) 代入式(3-87) 得

$$\boldsymbol{X}_M = \boldsymbol{N}_{MM}^{-1}(\boldsymbol{A}_M^{\mathrm{T}}\boldsymbol{Pl} - \boldsymbol{N}_{MF}\boldsymbol{X}_F) \tag{3-91}$$

令 $\boldsymbol{\beta}=\boldsymbol{N}_{MM}^{-1}(\boldsymbol{A}_M^{\mathrm{T}}-\boldsymbol{N}_{MF}\bar{\boldsymbol{\alpha}})$，则

$$\boldsymbol{X}_M = \boldsymbol{\beta Pl} \tag{3-92}$$

故有

$$\boldsymbol{X} = \begin{bmatrix} \boldsymbol{X}_M \\ \boldsymbol{X}_F \end{bmatrix} = \begin{bmatrix} \bar{\boldsymbol{\alpha}} \\ \boldsymbol{\beta} \end{bmatrix} \boldsymbol{Pl} \tag{3-93}$$

根据协因数传播定律得

$$\boldsymbol{Q}_{XX} = \begin{bmatrix} \boldsymbol{Q}_{X_{MM}} & \boldsymbol{Q}_{X_{MF}} \\ \boldsymbol{Q}_{X_{FM}} & \boldsymbol{Q}_{X_{FF}} \end{bmatrix} = \begin{bmatrix} \boldsymbol{\beta P\beta}^{\mathrm{T}} & \boldsymbol{\beta P}\bar{\boldsymbol{\alpha}}^{\mathrm{T}} \\ \bar{\boldsymbol{\alpha}}\boldsymbol{P\beta}^{\mathrm{T}} & \bar{\boldsymbol{\alpha}}\boldsymbol{P}\bar{\boldsymbol{\alpha}}^{\mathrm{T}} \end{bmatrix} \tag{3-94}$$

改正数和单位权方差估计量为

$$\boldsymbol{V} = \boldsymbol{AX} - \boldsymbol{l} = (\boldsymbol{A}_M\boldsymbol{\beta P} + \boldsymbol{A}_F\bar{\boldsymbol{\alpha}}\boldsymbol{P} - \boldsymbol{I})\boldsymbol{l}$$

$$\hat{\sigma}_0^2 = \frac{\boldsymbol{V}^{\mathrm{T}}\boldsymbol{PV}}{n-r} \tag{3-95}$$

二、拟稳平差算例

【例 3-10】题同**【例 3-7】**，设 x_2，x_3 为稳定未知数。

误差方程

$$\begin{bmatrix} \nu_1 \\ \nu_2 \\ \nu_3 \end{bmatrix} = \begin{bmatrix} -1 & 1 & 0 \\ 0 & -1 & 1 \\ 1 & 0 & -1 \end{bmatrix} \begin{bmatrix} x_1 \\ x_2 \\ x_3 \end{bmatrix} - \begin{bmatrix} 0 \\ 0 \\ 6 \end{bmatrix}$$

则有

$$\boldsymbol{A}_M = \begin{bmatrix} -1 \\ 0 \\ 1 \end{bmatrix}, \quad \boldsymbol{A}_F = \begin{bmatrix} 1 & 0 \\ -1 & 1 \\ 0 & -1 \end{bmatrix}, \quad \boldsymbol{X}_M = [x_1], \boldsymbol{X}_F = \begin{bmatrix} x_2 \\ x_3 \end{bmatrix}$$

其中，$\boldsymbol{P} = \boldsymbol{I}, t = 3, t_1 = 1, t_2 = 2, d = 1$。

根据拟稳平差原理计算

$$\boldsymbol{N}_{MM} = 2, \boldsymbol{N}_{MF} = [-1 \quad 1] = \boldsymbol{N}_{FM}^{\mathrm{T}}, \boldsymbol{N}_{FF} = \begin{bmatrix} 2 & -1 \\ -1 & 2 \end{bmatrix}$$

$$\boldsymbol{M} = \boldsymbol{N}_{FF} - \boldsymbol{N}_{FM}\boldsymbol{N}_{MM}^{-1}\boldsymbol{N}_{MF} = \begin{bmatrix} 3/2 & -3/2 \\ -3/2 & 3/2 \end{bmatrix}$$

由于 $|\boldsymbol{M}| = 0, R(\boldsymbol{M}) = 1$ 计算 $\boldsymbol{M}$ 的广义逆

$$\boldsymbol{M}_m^- = \boldsymbol{M}(\boldsymbol{M}\boldsymbol{M})^- = \frac{1}{2}\begin{bmatrix} 3 & -3 \\ -3 & 3 \end{bmatrix}\begin{bmatrix} 2/9 & 0 \\ 0 & 0 \end{bmatrix} = \frac{1}{3}\begin{bmatrix} 1 & 0 \\ -1 & 0 \end{bmatrix}$$

又知

$$\begin{cases} \boldsymbol{\alpha}^{\mathrm{T}} = \boldsymbol{A}_F^{\mathrm{T}} - \boldsymbol{N}_{FM}\boldsymbol{N}_{MM}^{-1}\boldsymbol{A}_M^{\mathrm{T}} = \begin{bmatrix} 1/2 & 1 \\ -1/2 & 1 \end{bmatrix} \\ \overline{\boldsymbol{\alpha}} = \boldsymbol{M}_m^- \boldsymbol{\alpha}^{\mathrm{T}} = \begin{bmatrix} 1/6 & -1/3 & 1/6 \\ -1/6 & 1/3 & -1/6 \end{bmatrix} \\ \boldsymbol{\beta} = \boldsymbol{N}_M^{-1}(\boldsymbol{A}_M^{\mathrm{T}} - \boldsymbol{N}_{MF}\overline{\boldsymbol{\alpha}}) = [1/2 \quad 0 \quad 1/2] \end{cases}$$

所以

$$\begin{cases} \boldsymbol{X}_F = \overline{\boldsymbol{\alpha}}\boldsymbol{l} = \begin{bmatrix} 1 \\ -1 \end{bmatrix} \\ \boldsymbol{X}_M = \boldsymbol{\beta}\boldsymbol{l} = [3] \\ \boldsymbol{Q}_{XX} = \begin{bmatrix} \boldsymbol{\beta}\boldsymbol{\beta}^{\mathrm{T}} & \boldsymbol{\beta}\overline{\boldsymbol{\alpha}}^{\mathrm{T}} \\ \overline{\boldsymbol{\alpha}}\boldsymbol{\beta}^{\mathrm{T}} & \overline{\boldsymbol{\alpha}}\overline{\boldsymbol{\alpha}}^{\mathrm{T}} \end{bmatrix} = \begin{bmatrix} 1/2 & 0 & 0 \\ 0 & 1/6 & -1/6 \\ 0 & -1/6 & 1/6 \end{bmatrix} \end{cases}$$

三、拟稳平差的坐标转换法

由于各类自由网平差后求得观测值改正数 V 完全相同，所以平差后的网形相似，因此可以通过相似变换使各类平差的坐标值相互转化。在实际工作中，经常是先进行经典平差或秩亏网平差，再进行拟稳平差。在变形分析时，甚至是不断的变换拟稳点组，通过选择不同的拟稳点组进行拟稳平差，这时可利用坐标变换法。

假定 $\hat{\boldsymbol{X}}$ 为经典平差解或秩亏网平差解，也可以是另一组拟稳平差解，则坐标变换公式为

$$\boldsymbol{X} = \hat{\boldsymbol{X}} + \boldsymbol{S}\boldsymbol{D} \tag{3-96}$$

式中，$\hat{\boldsymbol{X}}, \boldsymbol{S}$ 为已知，求 $\boldsymbol{D}$ 或 $\boldsymbol{X}$。设要求的 $\boldsymbol{X}$ 属于 $\boldsymbol{X}^{\mathrm{T}}\boldsymbol{W}\boldsymbol{X} = \min$ 的基准，例如，拟稳基准 $\boldsymbol{X}_F^{\mathrm{T}}\boldsymbol{X}_F =$

min,即

$$\boldsymbol{X}_F^{\mathrm{T}}\boldsymbol{X}_F = [\boldsymbol{X}_M^{\mathrm{T}} \quad \boldsymbol{X}_F^{\mathrm{T}}]\begin{bmatrix}0 & 0\\0 & \boldsymbol{I}\end{bmatrix}\begin{bmatrix}\boldsymbol{X}_M\\\boldsymbol{X}_F\end{bmatrix} = \min \tag{3-97}$$

此时,$\boldsymbol{W} = \begin{bmatrix}0 & 0\\0 & \boldsymbol{I}_{t_F}\end{bmatrix}$,$t_F$ 为稳定点个数,$\boldsymbol{W}$ 可按具体问题确定。为达到式(3-97)要求,可对式(3-96)对 $\boldsymbol{D}$ 求导令其为零。

$$\frac{\partial(\boldsymbol{X}^{\mathrm{T}}\boldsymbol{W}\boldsymbol{X})}{\partial D} = 2\boldsymbol{X}^{\mathrm{T}}\boldsymbol{W}\frac{\partial \boldsymbol{X}}{\partial \boldsymbol{D}} = 2\boldsymbol{X}^{\mathrm{T}}\boldsymbol{W}\boldsymbol{S} = 0 \tag{3-98}$$

因为 $\boldsymbol{X}^{\mathrm{T}}\boldsymbol{W}\boldsymbol{S} = (\boldsymbol{S}^{\mathrm{T}}\boldsymbol{W}\boldsymbol{X})^{\mathrm{T}}$,将式(3-96)代入式(3-98)得

$$\boldsymbol{S}^{\mathrm{T}}\boldsymbol{W}(\hat{\boldsymbol{X}} + \boldsymbol{S}\boldsymbol{D}) = 0 \tag{3-99}$$

整理得

$$\boldsymbol{D} = -(\boldsymbol{S}^{\mathrm{T}}\boldsymbol{W}\boldsymbol{S})^{-1}\boldsymbol{S}^{\mathrm{T}}\boldsymbol{W}\hat{\boldsymbol{X}} \tag{3-100}$$

最后由式(3-96)求得变换结果

$$\boldsymbol{X} = (\boldsymbol{I} - \boldsymbol{S}(\boldsymbol{S}^{\mathrm{T}}\boldsymbol{W}\boldsymbol{S})^{-1}\boldsymbol{S}^{\mathrm{T}}\boldsymbol{W})\hat{\boldsymbol{X}} \tag{3-101}$$

令 $\boldsymbol{H} = (\boldsymbol{I} - \boldsymbol{S}(\boldsymbol{S}^{\mathrm{T}}\boldsymbol{W}\boldsymbol{S})^{-1}\boldsymbol{S}^{\mathrm{T}}\boldsymbol{W}$ 为变换矩阵,$\boldsymbol{X}$ 的协因数阵为 $\boldsymbol{Q}_{XX} = \boldsymbol{H}\boldsymbol{Q}_{\hat{X}\hat{X}}\boldsymbol{H}^{\mathrm{T}}$。

【例 3-11】本章**【例 3-7】**所示的自由网,分别采用经典平差、秩亏平差和拟稳平差,求得坐标改正数为

$$\text{经典}:\boldsymbol{X} = \begin{bmatrix}0\\-2\\-4\end{bmatrix}, \quad \text{秩亏}:\boldsymbol{X} = \begin{bmatrix}2\\0\\-2\end{bmatrix}, \quad \text{拟稳}:\boldsymbol{X} = \begin{bmatrix}3\\1\\-1\end{bmatrix}$$

现计算由秩亏网平差结果转换为拟稳平差结果,先计算转换矩阵

$$\boldsymbol{H} = \begin{bmatrix}1 & 0 & 0\\0 & 1 & 0\\0 & 0 & 1\end{bmatrix} - \frac{1}{2}\begin{bmatrix}0 & 1 & 1\\0 & 1 & 1\\0 & 1 & 1\end{bmatrix} = \begin{bmatrix}1 & -1/2 & -1/2\\0 & 1/2 & -1/2\\0 & -1/2 & 1/2\end{bmatrix}$$

$$\boldsymbol{X} = \boldsymbol{H}\hat{\boldsymbol{X}} = \begin{bmatrix}1 & -1/2 & -1/2\\0 & 1/2 & -1/2\\0 & -1/2 & 1/2\end{bmatrix}\begin{bmatrix}2\\0\\-2\end{bmatrix} = \begin{bmatrix}3\\1\\-1\end{bmatrix}$$

§3-5　参考点稳定性检验方法

在变形分析中,选择哪种平差方法最好,关键在于了解平差方法中所定义的参考系是否与实际变形情况相符合。要合理确定监测网的参考系,首先要确定监测网中哪些点是稳定的或相对稳定的点,哪些是不稳定的点。从 20 世纪 70 年代起,人们相继提出多种关于监测点稳定性分析的方法,本节对工程上常用的两种方法进行介绍。

一、限差检验法

在某一变形监测参考网中,设上一次观测成果计算时选两点为起算点,得到各点的坐标 (x_{1i}, y_{1i}) 或高程 h_{1i},同时求得其中误差为 (m_{xi}, m_{yi}) 或 m_{hi}。这一次成果计算时仍以这两个点

为起算点，得各点的坐标(x_{2i},y_{2i})或高程h_{2i}。这样就可以计算各点在不同时刻的坐标差$\triangle x_i = x_{2i}-x_{1i}$，$\triangle y_i = y_{2i}-y_{1i}$或高程差$\triangle h_1 = h_{2i}-h_{1i}$，利用$\triangle x_i$，$\triangle y_i$或$\triangle h_i$就可分析各点在水平方向或垂直方向是否变动。判断标准是

$$\sqrt{\triangle x_i^2+\triangle y_i^2} < k\sqrt{m_{xi}^2+m_{yi}^2} \text{ 或 } \triangle h_i < km_{h_i} \tag{3-102}$$

认为各点没有显著变动(其中$k=2\sim3$)，反之则变动。这种分析方法比较简单适用，但是如果作为起算点的两点中有任一点发生了变化，这时求得的(x_{2i},y_{2i})或h_{2i}以及$\triangle x_i$，$\triangle y_i$或$\triangle h_i$都包含这变动的影响。从而较大的$\triangle x_i$，$\triangle y_i$或$\triangle h_i$并不能表明是该点变动了。因此这种简单的分析方法只适用于已知两个基准点没变动的情况。

二、平均间隙法

假设两观测周期期间，网中所有控制点均没有变动，则可以把两周期的观测看成是对同一网进行的两次观测，由这两次观测数据所求得的两组点位坐标或高程可以看成是一组双观测值(n个同类量各观测两次，是虚拟观测值)。利用双观测值之差可计算观测值的单位权方差估值θ^2，从另一角度根据两周期观测成果计算联合单位权方差σ^2，比较σ^2和θ^2就可以检验所作的“两个观测周期之间点位没有变动”的假设，具体过程如下。

(一)单位权方差(或单位权中误差)估值的计算

由于在平差时，要考虑观测值的精度，而方差要在平差后才能求得，因此平差时不能应用。而由于权的相对性，往往在平差前就可以预先确定，其作用是衡量观测值之间的相对精度。单位权中误差计算方法通常有：① 真误差计算公式$\sigma=\pm\sqrt{[\triangle\triangle]/n}$，三角形闭合差计算测角中误差$\sigma=\pm\sqrt{[ww]/3n}$(菲列罗公式)，双观测值之差计算$\sigma=\pm\sqrt{[dd]/n}$；② 改正数计算公式$\sigma=\pm\sqrt{[vv]/(n-t)}$。

对基准点组成的三角网或水准网，根据每期的平差成果计算单位权方差估值

$$\left.\begin{aligned}\sigma_1^2 &= \frac{(\boldsymbol{V}^{\mathrm{T}}\boldsymbol{PV})^1}{f_1}\\ \sigma_2^2 &= \frac{(\boldsymbol{V}^{\mathrm{T}}\boldsymbol{PV})^2}{f_2}\end{aligned}\right\} \tag{3-103}$$

上式分别用上标与下标1,2表示不同的两个周期观测的成果。

(二)联合单位权方差估值的计算

一般情况下，两个不同周期观测的精度是相等的，可以将联合起来求一个共同的单位权方差的验后估值，亦即

$$\sigma^2 = \frac{(\boldsymbol{V}^{\mathrm{T}}\boldsymbol{PV})^1+(\boldsymbol{V}^{\mathrm{T}}\boldsymbol{PV})^2}{f} \tag{3-104}$$

式中，$f=f_1+f_2$，f_1，f_2分别为第1期和第2期的单位权方差估值的自由度，即满秩时为$(n-t)$，降秩时为$(n-t+d)$。n为总观测值总数，t为必要观测数，d为秩亏数。对于水准网$d=1$；对于测边、边角网$d=3$；对于测角网$d=4$。

(三)双观测值单位权方差估值计算

两期观测可独立求出各点坐标或高程，计算两期坐标或高程差$\boldsymbol{d}=\boldsymbol{X}_i^2-\boldsymbol{X}_i^1$(同一点的两期变化量)，因为$X$是虚拟观测值，所以$\boldsymbol{d}$可看作是一观测向量。第1期和第2期的协方差阵和协因数阵分别记为$\boldsymbol{D}^1$，$\boldsymbol{D}^2$和$\boldsymbol{Q}^1$，$\boldsymbol{Q}^2$，按照误差传播定律有$\boldsymbol{Q}_d=\boldsymbol{Q}^1+\boldsymbol{Q}^2$，由$\boldsymbol{d}$及$\boldsymbol{P}_d$($\boldsymbol{P}_d=\boldsymbol{Q}_d^{-1}$)

构成的二次型 $\theta^2 = \dfrac{\boldsymbol{d}^{\mathrm{T}}\boldsymbol{P}_d\boldsymbol{d}}{f_d}$ 称为平均间隙，可视为双观测值计算的单位权方差的估值。式中 f_d 是独立的 $\boldsymbol{d}$（坐标或高程）值个数，也是 $\boldsymbol{Q}_d$ 的秩。$\boldsymbol{P}_d$ 是 $\boldsymbol{d}$ 的权矩阵。

假设两期观测期间，网中所有点稳定，则以下假设成立。

零假设 $H_0: E(\boldsymbol{X}^1) = E(\boldsymbol{X}^2)$ 或 $E(\boldsymbol{d}) = 0$

否则备选假设 H_1 成立，即 $E(\boldsymbol{X}^1) \neq E(\boldsymbol{X}^2)$ 或 $E(\boldsymbol{d}) \neq 0$

在零假设成立的情况下，$\boldsymbol{d}$ 完全由测量误差引起的。$\boldsymbol{d}$ 和观测值改正数 $\boldsymbol{v}$ 均服从正态分布。由数理统计知识得到统计量

$$\left.\begin{aligned} \chi_1^2 &= \frac{\boldsymbol{d}^{\mathrm{T}}\boldsymbol{P}_d\boldsymbol{d}}{\sigma_0^2} \sim \chi^2(f_d) \\ \chi_2^2 &= \frac{(\boldsymbol{V}^{\mathrm{T}}\boldsymbol{P}\boldsymbol{V})^1 + (\boldsymbol{V}^{\mathrm{T}}\boldsymbol{P}\boldsymbol{V})^2}{\sigma_0^2} \sim \chi^2(f) \end{aligned}\right\} \tag{3-105}$$

式中，σ_0^2 为正态母体方差。

（四）构造服从 F 分布的统计量

$$F = \frac{\dfrac{\boldsymbol{d}^{\mathrm{T}}\boldsymbol{P}_d\boldsymbol{d}}{\sigma_0^2} \Big/ f_d}{\dfrac{(\boldsymbol{V}^{\mathrm{T}}\boldsymbol{P}\boldsymbol{V})^1 + (\boldsymbol{V}^{\mathrm{T}}\boldsymbol{P}\boldsymbol{V})^2}{\sigma_0^2} \Big/ f} = \frac{\theta^2}{\sigma^2} \sim F_\alpha(f_d, f) \tag{3-106}$$

式中，θ^2 和 σ^2 可看作两个子样方差。

（五）监测点稳定性判断

选用显著水平 α（错误概率），一般取 0.05（显著）或 0.01（高度显著），由 α、自由度 f_d，f 查 F 分布表得到的分位值（临界值）。主要是看统计量 F 是落在假设检验的拒绝域还是接受域之内，由问题的性质可知属于右尾检验（还有双尾检验和左尾检验）。将计算的 F 值与 $F_\alpha(f_d, f)$ 进行比较，从而确定接受域，即可判断监测点的稳定性。若 $F < F_\alpha(f_d, f)$，接受原假设，即网中所有点都稳定。

以上方法称为平均间隙法，也称检验法或 Hannover 法（H. pelzer 和 W. Niemeier 提出的），它是一种整体检验法。经检验，如认为位移量显著，指的是平均点位，不见得所有点的位移量均显著，为此，还要进一步作单点检验。

对 $\boldsymbol{d}$ 和 $\boldsymbol{P}_d$ 做如下分解

$$\boldsymbol{d} = \begin{bmatrix} \boldsymbol{d}_F \\ \boldsymbol{d}_M \end{bmatrix}, \boldsymbol{P}_d = \begin{bmatrix} \boldsymbol{P}_{FF} & \boldsymbol{P}_{FM} \\ \boldsymbol{P}_{MF} & \boldsymbol{P}_{MM} \end{bmatrix} \tag{3-107}$$

式中，下标 M 表示某一参考点是动点的坐标差向量，即 $\boldsymbol{d}_M$ 表示动点组。下标 F 表示其他被假设为不动点的坐标差向量，即表示不动点组。根据整体检验方法，分别把 F 组与 M 组的点来作为双观测值，计算单位权方差估值。由于两组之间的差数 $\boldsymbol{d}$ 是相关的，也就是 $\boldsymbol{P}_{FM} \neq \boldsymbol{P}_{MF} \neq 0$。把 $d^{\mathrm{T}}Pd$ 分成稳定点影响和动点影响两个统计独立的部分，就可以分别检验组与组的稳定性。关键的问题是如何分开？我们作如下变换

表 3-5　观测高差及权值

高差	第一次观测 /mm	第二次观测 /mm	权
h_{12}	26.2	26.0	2
h_{13}	70.8	70.6	2
h_{14}	336.5	335.2	2
h_{23}	45.2	44.9	1
h_{34}	265.8	264.8	2
h_{42}	−310.3	−309.4	1

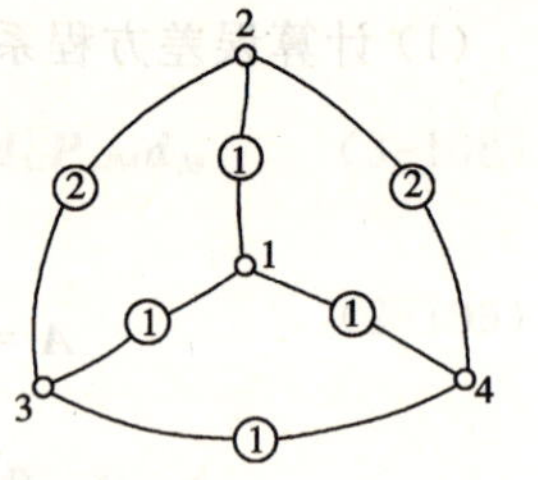

图 3-7　建筑物沉降监测网

解：

(1) 两期观测分别作秩亏自由网平差

第一期观测平差求得的各水准点高程为

$$\boldsymbol{H}^{\mathrm{I}}=\begin{bmatrix}H_1^{\mathrm{I}}\\H_2^{\mathrm{I}}\\H_3^{\mathrm{I}}\\H_4^{\mathrm{I}}\end{bmatrix}=\begin{bmatrix}35.471\,622\\35.497\,702\\35.542\,496\\35.808\,169\end{bmatrix}$$

由高差改正数计算的$(\boldsymbol{V}^{\mathrm{T}}\boldsymbol{PV})^{\mathrm{I}}=0.269$，第二期观测平差求得的各水准点高程为

$$\boldsymbol{H}^{\mathrm{II}}=\begin{bmatrix}H_1^{\mathrm{II}}\\H_2^{\mathrm{II}}\\H_3^{\mathrm{II}}\\H_4^{\mathrm{II}}\end{bmatrix}=\begin{bmatrix}35.472\,047\\35.497\,947\\35.542\,646\\35.807\,348\end{bmatrix}$$

相应的$(\boldsymbol{V}^{\mathrm{T}}\boldsymbol{PV})^{\mathrm{II}}=0.100$。

(2) 计算两期观测综合单位权方差

$$\sigma^2=\frac{(\boldsymbol{V}^{\mathrm{T}}\boldsymbol{PV})^{\mathrm{I}}+(\boldsymbol{V}^{\mathrm{T}}\boldsymbol{PV})^{\mathrm{II}}}{f}=\frac{0.269+0.100}{3+3}=0.0616$$

(3) 由间隙 $\boldsymbol{d}$ 计算单位权方差

由两期观测平差求得的水准点高程计算间隙得

$$\boldsymbol{d}=\boldsymbol{H}^{\mathrm{II}}-\boldsymbol{H}^{\mathrm{I}}=\begin{bmatrix}0.425\\0.245\\0.150\\-0.821\end{bmatrix}$$

水准网按秩亏自由网平差的法方程系数阵为

$$\boldsymbol{N}=\begin{bmatrix}6&-2&-2&-2\\-2&4&-1&-1\\-2&-1&5&-2\\-2&-1&-2&5\end{bmatrix}$$

其相应的协因数阵为

$$Q = N^{+} = \begin{bmatrix} 0.0936 & -0.0312 & -0.0312 & -0.0312 \\ -0.0314 & 0.1438 & -0.0562 & -0.0562 \\ -0.0314 & -0.0562 & 0.1152 & -0.0276 \\ -0.0314 & -0.0562 & -0.0276 & 0.1152 \end{bmatrix}$$

由于重复水准测量采用同样的仪器和观测方法，且网形相同，因此，两期水准测量的法方程系数阵是一样的，故其相应的协因数阵亦相同，即 $Q^{\mathrm{I}} = Q^{\mathrm{II}}$，故

$$Q_d = Q^{\mathrm{I}} + Q^{\mathrm{II}} + 2Q = \begin{bmatrix} 0.1872 & -0.0624 & -0.0624 & -0.0624 \\ -0.0628 & 0.2876 & -0.1124 & -0.1124 \\ -0.0628 & -0.1124 & 0.2304 & -0.0276 \\ -0.0628 & -0.1124 & -0.0552 & 0.2304 \end{bmatrix}$$

因而 d 的权矩阵

$$P_d = Q_d^{+} = \begin{bmatrix} 3.0 & -1.0 & -1.0 & -1.0 \\ -1.0 & 2.0 & -0.5 & -0.5 \\ -1.0 & -0.5 & 2.5 & -1.0 \\ -1.0 & -0.5 & -1.0 & 2.5 \end{bmatrix}$$

然后计算

$$d^{\mathrm{T}} P_d d = [0.425 \quad 0.245 \quad 0.150 \quad -0.821] \begin{bmatrix} 3.0 & -1.0 & -1.0 & -1.0 \\ -1.0 & 2.0 & -0.5 & -0.5 \\ -1.0 & -0.5 & 2.5 & -1.0 \\ -1.0 & -0.5 & -1.0 & 2.5 \end{bmatrix} \begin{bmatrix} 0.425 \\ 0.245 \\ 0.150 \\ -0.821 \end{bmatrix} = 3.18$$

因此，平均间隙　$\theta^2 = \dfrac{d^{\mathrm{T}} P_d d}{f_d} = \dfrac{3.18}{3} = 1.06$

(4) 整体检验

计算统计量 $F = \dfrac{\theta^2}{\sigma^2} = \dfrac{1.06}{0.0616} = 17.2$。取显著水平 $\alpha = 0.05$，由第一自由度 3 和第二自由度 6 从分布表中查得分位值 $F_{0.05}(3,6)$，由于 $F = 17.2 > F_{0.05}(3,6) = 4.8$，拒绝原假设，认为两期观测期间网中存在动点。

(5) 分块检验

先设 4 点发生变动，1，2，3 点未动，则

$$d = \left[\frac{d_F}{d_M}\right] = \begin{bmatrix} 0.425 \\ 0.245 \\ 0.150 \\ \hline -0.821 \end{bmatrix}$$

$$P_d = \left[\begin{array}{c|c} P_{FF} & P_{FM} \\ \hline P_{MF} & P_{MM} \end{array}\right] = \left[\begin{array}{ccc|c} 3 & -1 & -1 & 1 \\ -1 & 2 & -0.5 & -0.5 \\ \hline -1 & -0.5 & -1 & 2.5 \end{array}\right]$$

所以有

$$\bar{d}_M = d_M + P_M^{-1} P_{MF} d_F = -0.821 + 2.5^{-1} [-1 \quad -0.5 \quad 1] \begin{bmatrix} 0.425 \\ 0.245 \\ 0.150 \end{bmatrix} = -1.1$$

则

$$(\bar{\boldsymbol{d}}_{MM}^{\mathrm{T}}\boldsymbol{P}_{MM}\,\bar{\boldsymbol{d}}_M)_4=(-1,1)^{\mathrm{T}}2.5(-1,1)=3.02$$

设3点发生变动，1,2,4点未动，同理可求得$(\bar{\boldsymbol{d}}_M^{\mathrm{T}}\boldsymbol{P}_{MM}\,\bar{\boldsymbol{d}}_M)_3=0.168$；设2点发生变动，1,3,4点未动，求得$(\bar{\boldsymbol{d}}_M^{\mathrm{T}}\boldsymbol{P}_{MM}\,\bar{\boldsymbol{d}}_M)_2=0.0802$；设1点发生变动，2,3,4点未动，求得$(\bar{\boldsymbol{d}}_M^{\mathrm{T}}\boldsymbol{P}_{MM}\,\bar{\boldsymbol{d}}_M)_1=0.964$。可见$(\bar{\boldsymbol{d}}_M^{\mathrm{T}}\boldsymbol{P}_{MM}\,\bar{\boldsymbol{d}}_M)_4=3.02$为最大，可认为两期观测期间4号水准点是实际上的动点。剔除4点，再对剩下的1,2,3点作整体检验。有

$$\boldsymbol{d}_F^{\mathrm{T}}\,\bar{\boldsymbol{P}}_{FF}\boldsymbol{d}_F=\boldsymbol{d}^{\mathrm{T}}\boldsymbol{P}_d\boldsymbol{d}-(\bar{\boldsymbol{d}}_M^{\mathrm{T}}\boldsymbol{P}_{MM}\,\bar{\boldsymbol{d}}_M)_4=3.18-3.02=0.16$$

则

$$\theta^2=\frac{\boldsymbol{d}_F^{\mathrm{T}}\,\bar{\boldsymbol{P}}_{FF}\boldsymbol{d}_F}{f_d}=\frac{0.16}{2}=0.08$$

计算统计量$F_1=\dfrac{\theta^2}{\sigma^2}=\dfrac{0.08}{0.0616}=1.30$，取显著水平，由第一自由度为2，第二自由度为6，查分布表得到

$$F_{0.05}(2,6)=5.0\text{，由于}F_1=1.30<F_{0.05}(2,6)=5.1$$

所以接受原假设，认为两期观测期间，1,2,3号水准点是稳定的。

第四章 监测数据的预处理

按照 Heisenberg 测不准原理，无论多么高精度的仪器，测量误差(即噪声)总是不可避免的，这种误差包括各种客观条件的影响，如测量过程、测量条件和测量仪器。由于变形观测数据的特殊性，即各期观测数据之间的变化量很小，因此，很难辨别两次监测获得的变化量究竟是变形造成的，还是误差造成的。同时也影响人们对变形体变形规律的认识，以致不能发现变形信息或出现假的信息，从而造成漏报或虚报。因此，在变形分析和预报之前进行观测数据的预处理工作，来识别干扰、排除干扰和突出信息。

§4-1 监测数据检核的意义和方法

一、监测数据检核意义

变形监测数据处理，除了和常规测量有相同的平差计算外，还必须进行观测数据的整理和分析，并且对变形体的变形情况作短期的预测。在变形监测中，观测的错误是不允许的，系统误差可通过一定的观测程序得到消除或减弱。如果在监测数据中存在错误或系统误差，就会对后续变形分析、变形解释及变形预测带来困难，甚至得出错误结论。所以，监测数据的检核可以保证获得的监测数据只包含有用的信号和随机误差，通过寻找一种有效的变形观测数据分析方法将变形值和误差分离出来，能够对变形体作出较好的几何分析和物理解释。

二、监测数据检核方法

监测数据的检核方法很多，要依据实际的观测情况而定。一般来说，任意观测元素在野外观测中均具有本身的观测检核方法，如限差所规定的水准测量线路闭合差、两次读数之差等。进一步的检核工作包括：原始记录的检查、计算正确性的检验以及原始资料的统计分析和原始实测值的逻辑分析等。在工程建(构)筑物变形的监测数据分析时，通常根据监测点的内在物理意义来分析原始实测值的可靠性。一般进行两种分析：一致性分析和相关性分析。前者从时间的关联性来分析连续积累的资料，从变形趋势上推测它是否具有一致性，即分析任一点本次原始实测值与前一次(或前几次)原始实测值的变化关系，另外还要分析该效应量(本次实测值)与某相应原因变量之间的关系和以前测次的情况是否一致。一致性的分析主要手段是绘制时间 — 效应量的过程线图和原因 — 效应量的相关图；后者是从空间的关联性出发来检查一些有内在物理联系的效应量之间的相关性，即将某点本测次某一效应量的原始实测值与临近部位(条件基本一致)各测点的本测次同类效应量或有关效应量的相应原始实测值进行比较，视其是否符合它们之间应有的力学关系。

在逻辑分析中，若新测值无论展绘于过程线图或相关图上，展绘点与趋势线延长段之间的偏距都超过以往实测值展绘点与趋势线间偏距的平均时，则有两种可能性；一是该测次测值存在较大的误差；二是险情的萌芽，这两种可能性都必须引起警惕。在新测次的实测值进行检查

(如读数、记录、量测仪表设备和监测系统工作是否正常)后,如无量测错误,则应接纳此实测值,放入监测数据库,但对此应引起警惕。

§4-2 观测异常数据取舍原则

在变形监测数据中,一组观测值若混有粗差值而没被剔除,则将影响最后分析预测结果。但是,通常一组正确的观测值是分散的,它客观反映了应用某台仪器,在某种特定条件下进行测量的随机波动特性。然而为了得到精度更高的成果,人为地丢掉一些误差大一点的观测值(不一定是坏值),这样得到的精度很高,但实质上包含虚假的成分。正确的取舍观测值,是一个很重要问题,下面介绍各种判断法。

一、莱依达(Райта)准则

莱依达准则,即 3σ 准则。在测量中,若已采用措施消除系统误差,或已将其减至微小量,测量数据中只含随机误差,且服从正态分布,则可认为残差 ν_i 是以 0.9973 的概率出现在 $\pm 3\sigma$ 范围之内,而出现在 $\pm 3\sigma$ 以外的概率仅为 0.0027,相当微小,可以认为是不可能事件,这就有理由判定它是含有粗差的观测值,即当 $|\nu_i| > 3\sigma$ 时,可将该观测值予以剔除。

二、格拉布斯(Grubbs)准则

该准则是用来对最大或最小异常数据的检验,设对某量等精度独立观测值为 $(x_1, x_2, \cdots, x_n)$,则 $\bar{x} = \frac{1}{n}\sum_{i=1}^{n} x_i$,$\nu_i = x_i - \bar{x}$,$\hat{\sigma} = \pm\sqrt{\frac{[\nu^2]}{n-1}}$。将 x_i 按大小顺序排列,即 $x_{(1)} \leqslant x_{(2)} \leqslant \cdots \leqslant x_{(n)}$,若 $|\nu_d| > \lambda(\alpha, n) \cdot \hat{\sigma}$,认为 x_d 为坏值,并剔除不用,$\lambda(\alpha, n)$ 可查表 4-1。

表 4-1 格拉布斯数值表

n \ α	0.05	0.01	n \ α	0.05	0.01	n \ α	0.05	0.01	n \ α	0.05	0.01
3	1.15	1.16	10	2.18	2.41	17	2.48	2.78	24	2.64	2.99
4	1.46	1.49	11	2.23	2.48	18	2.50	2.82	25	2.66	3.01
5	1.67	1.75	12	2.28	2.55	19	2.53	2.85	30	2.74	3.10
6	1.82	1.94	13	2.33	2.61	20	2.56	2.88	35	2.81	3.18
7	1.94	2.10	14	2.37	2.66	21	2.58	2.91	40	2.87	3.24
8	2.03	2.22	15	2.41	2.70	22	2.60	2.94	50	2.96	3.34
9	2.11	2.32	16	2.44	2.75	23	2.62	2.96	100	3.17	3.59

三、t 检验准则(又称罗曼诺夫斯基准则)

当测量次数较少时,按 t 分布的实际误差分布范围来判别粗差较合理。其特点是先剔除一个可疑的观测值,然后按 t 分布检验被剔除后的测量值是否含有粗差。设不包含可疑观测值 x_d 在内,计算均值 $\bar{x}$ 和每次观测值的标准差 $\hat{\sigma}$,则当 $|x_d - \bar{x}| > k(\alpha, n) \cdot \hat{\sigma}_i$ 时,剔除坏值 x_d。其中

$$\overline{x}=\frac{1}{n-1}\sum_{i\neq d}x_i,\hat{\sigma}_i^2=\frac{1}{n-2}\sum_{i\neq d}(x-\overline{x})^2,k(\alpha,n)=t_\alpha(n-2)\cdot\left(\frac{n}{n-1}\right)^2$$

式中，$t_\alpha(n-2)$ 为学生分布的置信系数，见表 4-2。

表 4-2　t 检验 k(α,n) 数值表

α / n	0.01	0.05	α / n	0.01	0.05	α / n	0.01	0.05	α / n	0.01	0.05
4	11.46	4.97	11	3.41	2.37	18	3.01	2.18	25	2.86	2.11
5	6.53	3.56	12	3.31	2.33	19	3.00	2.17	26	2.85	2.10
6	5.04	3.04	13	3.23	2.29	20	2.95	2.16	27	2.84	2.10
7	4.36	2.78	14	3.17	2.26	21	2.93	2.15	28	2.83	2.09
8	3.96	2.62	15	3.12	2.24	22	2.91	2.14	29	2.82	2.09
9	3.71	2.51	16	3.08	2.22	23	2.90	2.13	30	2.81	2.08
10	3.54	2.43	17	3.04	2.20	24	2.88	2.12	31	2.80	2.07

四、肖维勒(Chauvenet)准则

我们知道，较大的误差出现的概率是很小的，在一系列观测数据的误差中，较大的误差仅仅出现在个别数据上。肖维勒准则的着眼点是，在 n 次观测中，较大的误差可能出现的次数为半次，在这个条件下求出随机误差 Δ_i 出现的区间$[-\delta,\delta]$，大于 $|\delta|$ 的观测值应剔除。该法原理简单叙述如下。

设观测误差 $\Delta\sim N(0,\sigma^2)$，误差出现在$[-\delta,\delta]$ 中的概率为 P_δ，P_δ 按下式计算

$$P_\delta=P(-\delta<\Delta<\delta)=\varphi\left(\frac{\delta}{\sigma}\right)-\varphi\left(\frac{-\delta}{\sigma}\right)=2\varphi\left(\frac{\delta}{\sigma}\right) \tag{4-1}$$

当知道概率 P_δ 后，由式(4-1)求出区间$[-\delta,\delta]$，其值为根据 P_δ 从标准正态分布表中查出 δ/σ 值。设查出的值为 w_n，即 $w_n=\delta/\sigma$，得到 $\delta=w_n\sigma$。关键的问题是确定 P_δ，按照在 n 次观测中，误差大于上述 $|\delta|$ 的只允许出现半次，按此确定 P_δ。设大于 $|\delta|$ 值的误差 Δ 的概率为 $P_\Delta=P(\Delta>|\delta|)=1-P_\delta$，因为 $n(1-P_\delta)=1/2$，所以 $P_\delta=(2n-1)/2n$。这样根据不同的子样观测值个数 n 可算出 P_δ，知道 P_δ 后就可求出全部 w_n，肖维勒编制了 w_n 系数表(见表 4-3)。若 $|v_d|>w_n\sigma$，则应剔除观测值 L_d，v_d 为观测值 L_d 的残差。

表 4-3　肖维勒系数 w_n 数值表

n	w_n	n	w_n	n	w_n	n	w_n	n	w_n	n	w_n
3	1.38	8	1.86	13	2.07	18	2.20	23	2.30	50	2.58
4	1.53	9	1.92	14	2.10	19	2.22	24	2.31	75	2.71
5	1.65	10	1.96	15	2.13	20	2.24	25	2.33	100	2.81
6	1.73	11	2.00	16	2.15	21	2.26	30	2.39	200	3.02
7	1.80	12	2.03	17	2.17	22	2.28	40	2.49	500	3.20

五、狄克逊(Dixon)准则

该法用于一个子样中可能有两个异常数据的检验。此法计算判断迅速，不需计算标准差

σ。这一准则是建立在应用极差比的基础上，在观测中检验最小值 $x_{(1)}$ 与最大值 $x_{(2)}$ 为可疑数据，采用的统计量见表 4-4。

表 4-4　统计量 f_0 计算公式

观测值个数 n	f_0 的计算公式	
	$x_{(1)}$ 可疑时	$x_{(2)}$ 可疑时
3 ～ 7	$\dfrac{x_{(2)}-x_{(1)}}{x_{(n)}-x_{(1)}}$	$\dfrac{x_{(n)}-x_{(n-1)}}{x_{(n)}-x_{(1)}}$
8 ～ 10	$\dfrac{x_{(2)}-x_{(1)}}{x_{(n-1)}-x_{(1)}}$	$\dfrac{x_{(n)}-x_{(n-1)}}{x_{(n)}-x_{(2)}}$
11 ～ 13	$\dfrac{x_{(3)}-x_{(1)}}{x_{(n-1)}-x_{(1)}}$	$\dfrac{x_{(n)}-x_{(n-2)}}{x_{(n)}-x_{(2)}}$
14 ～ 25	$\dfrac{x_{(3)}-x_{(1)}}{x_{(n-2)}-x_{(1)}}$	$\dfrac{x_{(n)}-x_{(n-2)}}{x_{(n)}-x_{(3)}}$

若 $f_0 < f(\alpha,n)$ 不为异常值，反之为异常值，应予剔除。系数 $f(\alpha,n)$ 按一定的置信水平 α 及自由度 n 由表 4-5 查取。

表 4-5　狄克逊系数 $f(\alpha,n)$ 数值表

n	$f(\alpha,n)$		n	$f(\alpha,n)$	
	$\alpha=0.01$	$\alpha=0.05$		$\alpha=0.01$	$\alpha=0.05$
3	0.988	0.941	14	0.641	0.546
4	0.889	0.765	15	0.616	0.525
5	0.780	0.642	16	0.595	0.507
6	0.698	0.560	17	0.577	0.490
7	0.637	0.507	18	0.561	0.475
8	0.683	0.554	19	0.547	0.462
9	0.635	0.512	20	0.535	0.450
10	0.597	0.477	21	0.524	0.440
11	0.679	0.576	22	0.514	0.430
12	0.642	0.546	23	0.505	0.421
13	0.615	0.521	24	0.497	0.413

六、弗格森(Ferguson)方法

该法是对一个子样中含有 n 个异常数据的检验，采用正态子样偏度和峰度统计量方法进行。对于 n 个异常数据在单边的情形，弗格森提出采用的统计量为

$$\sqrt{b_1}=\frac{\sqrt{n}\sum_{i=1}^{n}(x_i-\overline{x})^3}{\left[\sum_{i=1}^{n}(x_i-\overline{x})^2\right]^{\frac{3}{2}}}=\frac{\sqrt{n}\sum_{i=1}^{n}(x_i-\overline{x})^3}{(n-1)^{\frac{3}{2}}\hat{\sigma}^3} \tag{4-2}$$

当检验时，若 $\sqrt{b_1}$ 大于 $\sqrt{b_1}$ 的临界值，则离开平均值 $\overline{x}$ 最远的观测值 L_i 为异常值。$\sqrt{b_i}$ 的临界值由表4-6(a)查取，$\sqrt{b_1}$ 按式(4-2)用子样观测值计算。对于几个异常值在双边都有的情况，统计量计算公式为

$$\sqrt{b_2}=\frac{\sqrt{n}\sum_{i=1}^{n}(x_i-\overline{x})^4}{\left[\sum_{i=1}^{n}(x_i-\overline{x})^2\right]^{2}}=\frac{\sqrt{n}\sum_{i=1}^{n}(x_i-\overline{x})^4}{(n-1)^{2}\hat{\sigma}^4} \tag{4-3}$$

当检验时，若 b_2 大于 b_2 临界值，则离开平均值 $\overline{x}$ 最远的观测值 L_i 为异常值，应剔除。b_2 临界值由表 4-6(b) 查取，检验完毕，须重复此法计算一次，如无异常，则停止检验。

表 4-6　弗格森临界值表

(a)			(b)		
子样容量 n	$\alpha=0.05$	$\alpha=0.01$	子样容量 n	$\alpha=0.05$	$\alpha=0.01$
5	1.05	1.34	5	2.89	3.11
10	0.92	1.31	10	3.85	4.83
15	0.84	1.20	15	4.07	5.08
20	0.79	1.11	20	4.15	5.23
25	0.71	1.06	25	4.00	5.00
30	0.66	0.98	50	3.99	4.88
35	0.62	0.92	75	3.87	4.59
40	0.59	0.87	100	3.77	4.39
50	0.53	0.79	150	3.52	4.28

各种准则比较如下：莱依达准则是以 $n\to\infty$ 为前提，故 n 不大时，判断可靠性不高。当 $n>200$ 时，效果较好。肖维勒准则是建立在频率趋近于概率的基础上，当 n 不同时，频率趋近概率的程度也不同，因此，当 $n<10$ 时，应用肖维勒准则是很勉强的。当 $n=185$ 时，肖维勒准则与莱依达准则相当。当 $n>185$ 时，肖维勒准则较宽；测量次数较少要求精度较高的观测值，应采用罗曼诺夫斯基准则、格拉布斯准则或狄克逊准则，其中以格拉布斯准则的可靠性最高，但狄克逊准则判别迅速；一般来说，格拉布斯准则适用于 $n<100$ 的测量数据检验；当 $100<n<$

200 时采用肖维勒准则；当 $n>200$ 时，采用莱依达准则；当 $n<7$ 时，宜采用狄克逊准则。

§4-3 监测数据曲线平滑

在变形观测值中，既有我们所需要的信号，也有各种各样的干扰和误差，所有这些成分迭加在一起，往往使得在直角坐标系中绘出的观测曲线呈现异常复杂的波动。从另一个角度看，由于上述各种成分的变化周期可能是不同的，因此，观测值复杂的波动情况又可以看成是由各种不同周期的变化合成的。一般来说，非随机的干扰多属于较长周期的变化，随机干扰多属于短周期变化，而我们所需要的信号则可能是长周期的，也可能是短周期的。于是，我们可以采用一些数据处理方法，它像电子仪器中的滤波器一样，把所需要的那些周期的变化(指信号)保留甚至放大，而把不需要的那些周期的变化(主要指干扰和误差)抑制或过滤掉。在这节介绍几种曲线的平滑方法，实际也就是消除或抑制短周期变化，保留或突出长周期变化的数学方法。

为了突出观测值相对于某个量的变化趋势，或进一步将曲线函数化，都需要将上下跳动的观测折线合理地绘成平滑的曲线，这种处理过程叫做曲线的平滑，也叫观测值修匀。在变形预测中，这种平滑后的曲线所显示的变化趋势往往表达了变形的前兆信息。由于平滑过程中压制了干扰和噪音(误差)，相对突出了信号，从而提高了信噪比，有利于正确判断。

一、图解平滑法

这个方法是直接从上下跳动的折线或曲线，即离散的或连续的观测值中用手工描绘能代表数值变化趋势的平滑曲线，如图 4-1 所示。观测值随时间而变化，小黑点是不同的观测值。首先按的顺序将各点用短线连接而成折线，然后根据折线的趋势绘出如图中虚线表示的平滑曲线。绘制平滑曲线时，要遵循下述三点原则：曲线要通过尽可能多的观测点或尽可能通过观测点密集地区的中心，即观测点尽可能位于曲线两侧附近；曲线两侧点的数目大致相等；曲线急剧拐弯的部分应尽可能描绘得圆滑。

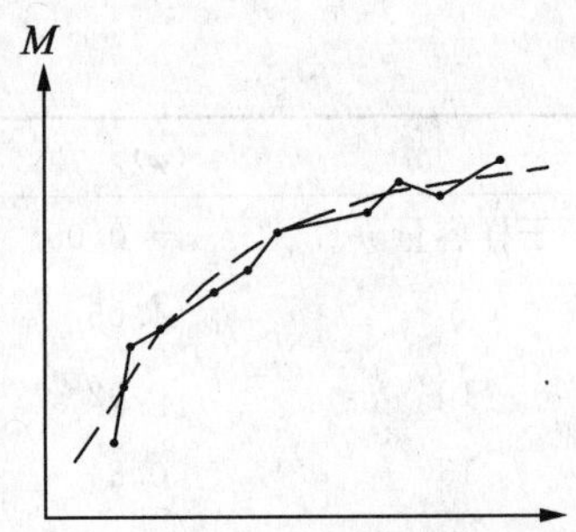

图 4-1 曲线的平滑

上述原则总的要达到一个目的，即曲线应处于这样一种位置，由这条曲线上的数值作为标准值或最佳时所算出的残差平方和最小。一般来说，由图解法直接描绘出的曲线，其好坏在极大程度上决定于描绘者的细致和熟练程度，同时也需要有较好的曲线板为工具，在观测点较少情况下更是如此。从图中可以看出，经过平滑后的曲线，短周期的跳动消失了，趋势性的、亦即较长周期的变化明显了，这相当于电子仪器中低通滤波器所起的作用。

二、平均值法

把连续观测的若干数值总和平均，作为一个观测结果。因为 n 个数的算术平均值的均方误差比单个观测值的均方误差小 $1/\sqrt{n}$ 倍，也就是说，其精度提高了 $\sqrt{n}$ 倍。可以这样理解，在平均的过程中观测值的偶然误差和随机干扰被抵消了一部分，故误差和干扰减少了，误差也就变小了，因此，曲线显得平滑了。具体算式为

$$\overline{L} = \frac{L_1 + L_2 + \cdots + L_n}{n} \tag{4-4}$$

式中,$\overline{L}$ 是平均值,n 为连续观测一组数据的个数。如果某变形体具有一定的周期变化时,如日变化、月变化或年变化等,常对整个周期的全部数值作平均,得到日均值,月均值或年均值,这些数值能提供比日、月、年更长周期的较为平滑的趋势变化,而较短周期的跳动就被抑制了。

三、滑动平均值法

采用平均值法虽能抑制短周期的波动,但观测点数大大减少,如采用 3 点平均值,则点数减少为三分之一,这就会损害曲线的连续、平滑的形态。为克服这一不足,常采用所谓滑动平均值法来得到较为完满的平滑曲线。将会看到,滑动平均值法的某些公式在形式上与前面的平均值法相同,但对问题的考虑和公式的使用上有所区别,下面从"最小二乘法"的角度来求滑动平均法的数学公式。

(一) 线性函数平滑公式

如果对于自变量 T 进行等间距 ΔT 的观测(如等时间间隔 Δt 或等温度间隔),得到 $L_1, L_2, \cdots, L_i, \cdots, L_n$ 和对应的 $T_i, T_2, \cdots, T_i, \cdots, T_n$ 两列数据,现在假定观测值从 L_{i-1} 到 L_{i+1} 之间的真实数值是线性变化的,即

$$L = a + bT \tag{4-5}$$

则取 $T_i = 0$ 时,有 $\overline{L_i} = a$,显然,$\overline{L_i}$ 就是假定观测值为线性变化时所对应的理论值,也就是所求的滑动值。由于自变量 T 是等间距的,可以令 $\Delta T = 1$,则 T_{i-1} 和 T_{i+1} 分别为 -1 和 $+1$。于是式(4-5)中的 a 可以根据最小二乘法来确定,使得残差的平方和最小,即

$$\sum_{k=-1}^{+1} (L_{i+k} - a - bk)^2 = \min \tag{4-6}$$

对 a 和 b 求偏微商,得

$$\left.\begin{aligned} \frac{\partial}{\partial a}\left[\sum_{k=-1}^{+1}(L_{i+k} - a - bk)^2\right] &= \sum_{k=-1}^{+1} 2(L_{i+k} - a - bk) = 0 \\ \frac{\partial}{\partial b}\left[\sum_{k=-1}^{+1}(L_{i+k} - a - bk)^2\right] &= \sum_{k=-1}^{+1} 2(L_{i+k} - a - bk)k = 0 \end{aligned}\right\} \tag{4-7}$$

将上式展开可得

$$\left.\begin{aligned} L_{i-1} + L_i + L_{i+1} - 3a = 0 \\ -L_{i-1} + L_{i+1} - 2b = 0 \end{aligned}\right\} \tag{4-8}$$

由此得到

$$\overline{L_i} = a = \frac{1}{3}(L_{i-1} + L_i + L_{i+1}) \tag{4-9}$$

$\overline{L_i}$ 就是考虑任意 3 点之间为线性函数时的滑动平均,其中 i 可以取 1 到 n。按顺序由式(4-9)从 $i = 1$ 到 $i = n$ 可以计算出一系列的滑动平均值,构成新的数据序列。但当取到时,即求最初值和最后值时,分别出现前面缺一个和后面缺一个数值,故不能用式(4-9)计算,但可以推得

$$y = a + bx + \varepsilon \tag{5-1}$$

式中，y 为预测对象，称为因变量；x 为影响因素，称为自变量；a，b 为待定的回归系数；ε 为随机误差。

如果因变量和自变量的历史数据之间具有近似的线性关系（可通过散点图观察得知），那么就可以假设它们之间具有上述函数关系。对于随机误差 ε，一般假设 $\varepsilon \sim N(0,\sigma^2)$，做这样的假设是合理的，其主要依据是概率论中的中心极限定理。利用一元线性回归模型进行预测的主要步骤有参数估计、模型检验和最后预测。

（一）参数估计

模型中的参数 a，b 的估计，不论从曲线拟合的角度还是从统计中参数估计（最大似然估计法）的角度来讲，最后都采用最小二乘法。现假设已经获得预测对象 y 和相关因素的 n 对数据：(y_1, x_1)，(y_2, x_2)，$(y_3, x_3)\cdots(y_n, x_n)$，经过分析，知道 y 和 x 之间呈近似的线性关系（通常作图即可看出），则可以采用模型(5-1)。也就是说，通过该模型，每一对数据 x_i 和 y_i 有

$$y_i = a + bx_i + \varepsilon_i (i = 1, 2, \cdots, n) \tag{5-2}$$

记 $\hat{y}_i = a + bx_i$，则是预测对象实际值 y_i 的估计值，而 ε_i 则是实际值 y_i 与估计值 $\hat{y}_i$ 之间的随机误差项，并假设 ε_i 独立，并服从正态分布，即

$$\varepsilon_i = y_i - \hat{y}_i = y_i - a - bx_i \sim N(0,\sigma^2) \tag{5-3}$$

根据最小二乘准则 $\sum_{i=1}^{n}\varepsilon_i^2 = \min$，从微分学的知识知道，必须使 $\sum_{i=1}^{n}\varepsilon_i^2 = \min$ 左边对 a 和 b 的偏微分分别为零，即

$$\left.\begin{aligned} \frac{\partial}{\partial b}\sum_{i=1}^{n}(y_i - a - bx_i)^2 = 0 \\ \frac{\partial}{\partial b}\sum_{i=1}^{n}(y_i - a - bx_i)^2 = 0 \end{aligned}\right\} \tag{5-4}$$

微分后得

$$\left.\begin{aligned} \sum_{i=1}^{n}(y_i - a - bx_i)x_i = 0 \\ \sum_{i=1}^{n}(y_i - a - bx_i) = 0 \end{aligned}\right\} \tag{5-5}$$

整理得

$$\left.\begin{aligned} \sum_{i=1}^{n}(y_i x_i) - a\sum_{i=1}^{n}x_i - b\sum_{i=1}^{n}x_i^2 = 0 \\ \sum_{i=1}^{n}y_i - na - b\sum_{i=1}^{n}x_i = 0 \end{aligned}\right\} \tag{5-6}$$

解联立的方程即得

$$\left.\begin{aligned} b = \frac{n\sum_{i=1}^{n}y_i x_i - \sum_{i=1}^{n}y_i\sum_{i=1}^{n}x_i}{n\sum_{i=1}^{n}x_i^2 - (\sum_{i=1}^{n}x_i)^2} \\ a = \frac{\sum_{i=1}^{n}x_i^2\sum_{i=1}^{n}y_i - \sum_{i=1}^{n}x_i\sum_{i=1}^{n}y_i x_i}{n\sum_{i=1}^{n}x_i^2 - (\sum_{i=1}^{n}x_i)^2} \end{aligned}\right\} \tag{5-7}$$

实际上在求出系数 b 以后，a 值通常按下式确定

$$a=\frac{1}{n}\sum_{i=1}^{n}y_i-b\frac{1}{n}\sum_{i=1}^{n}x_i=\overline{y}-b\overline{x} \tag{5-8}$$

进一步化简式(5-7)得

$$b=\frac{\sum_{i=1}^{n}x_iy_i-n\overline{x}\,\overline{y}}{\sum_{i=1}^{n}x_i^2-\overline{x}^2}\quad,\quad a=\overline{y}-b\overline{x} \tag{5-9}$$

引入记号

$$M_{xx}=\sum_{i=1}^{n}x_i^2-n\overline{x}^2\quad,\quad M_{xy}=\sum_{i=1}^{n}x_iy_i-n\overline{x}\,\overline{y}\quad,\quad M_{yy}=\sum_{i=1}^{n}y_i^2-n\overline{y}^2 \tag{5-10}$$

可有简便的计算公式

$$b=\frac{M_{xy}}{M_{xx}}\;,\quad a=\overline{y}-b\overline{x} \tag{5-11}$$

利用手工计算模型参数时，一般按所要求的项目列成表 5-1 的格式，逐项计算得到最后结果。

表 5-1　一元线性回归计算表

序号	x	y	x^2	y^2	xy
1	x_1	y_1	x_1^2	y_1^2	x_1y_1
2	x_2	y_2	x_2^2	y_2^2	x_2y_2
⋮	⋮	⋮	⋮	⋮	⋮
n	x_n	y_n	x_n^2	y_n^2	x_ny_n
$\sum$	$\sum x_i$	$\sum y_i$	$\sum x_i^2$	$\sum y_i^2$	$\sum x_iy_i$

【例 5-1】某电站船闸边坡点监测数据如表 5-2 所示，按照手工和 Matlab 分别计算此题。

表 5-2　某监测点数据

自变量	1.30	1.34	1.40	1.41	1.42	1.53	1.55	1.60
因变量	4.88	5.19	6.74	7.31	8.23	10.41	11.10	11.80

解：将观测数据作散点图，可以认为是近似于直线的曲线，利用手工计算此题时，首先按照表 5-2 数据计算有关数值填入表 5-3 中。

表 5-3 计算表

序号	x_i	y_i	x_i^2	y_i^2	x_iy_i
1	1.30	4.88	1.690 0	23.814 4	6.344 0
2	1.34	5.19	1.795 6	26.936 1	6.954 6
3	1.40	6.74	1.960 0	45.427 6	9.436 0
4	1.41	7.31	1.988 1	53.436 1	10.307 1

过，所建回归预测模型有效；当 $F > F_\alpha$ 时，认为 x 与 y 之间在显著水平下不存在线性统计关系，所建回归预测模型无效。

在【例 5-1】中，F 检验如下：

$$F = \frac{r^2}{(1-r^2)/(n-2)} = \frac{0.990\,53^2}{(1-0.990\,53^2)/(8-2)} = 312.30$$

取 $\alpha = 0.05$，自由度为 $n-2=8-2=6$，查表得 F 临界值 $F_\alpha = 5.99$，因为 $F > F_\alpha$，所以 F 检验通过，所建回归模型有效。

4. 随机性检验

随机性检验即为杜宾—瓦特森（Durbin-Watson）检验，又叫序列相关检验，序列相关是指同一变量前后期之间的相关关系。对于一元线性回归模型

$$y_i = a + bx + \varepsilon_i \tag{5-18}$$

ε_i 为随机误差项，回归模型的统计特征有一个假定，即是互不相关的。如果这个假定不能满足，就称 ε_i 是相关的，即存在序列相关，反之，ε_i 是独立的，不存在序列相关。

DW 的检验方法如下：

(1) 计算 DW 值

$$DW = \frac{\sum_{i=1}^{n}(\varepsilon_i - \varepsilon_{i-1})^2}{\sum_{i=1}^{n}\varepsilon_i^2} \tag{5-19}$$

(2) 拟定显著水平 α，查 DW 检验表（见附录3），查得在样本个数为 n，变量个数 $m=1$ 时的临界值 d_U，d_L。

(3) 判断

判别的原则见表 5-4。

表 5-4　DW 检验判别表

DW 值	检验结果
$(4-d_L) \leqslant DW < 4$	否定假设，有负序列相关
$0 \leqslant DW < D_l, 0 < DW \leqslant d_U$	否定假设，有正序列相关
$d_U < DW \leqslant (4-d_U)$	接受假设，无序列相关
$(4-d_U) \leqslant DW < (4-d_L)$	检验无结论

在【例 5-1】中，DW 检验如下

$$DW = \frac{\sum_{i=1}^{n}(\varepsilon_i - \varepsilon_{i-1})^2}{\sum_{i=1}^{n}\varepsilon_i^2} = \frac{1.652\,72}{0.927\,27} = 1.781\,5$$

取 $\alpha = 0.05$，$n = 8$，$m = 1$，查 DW 检验表，得到 $d_L = 0.9$，$d_U = 1.28$。由于 $d_U = 1.28 < DW = 1.7815 < (4 - dU) = 2.72$，从表 5-4 可以看出，所建回归预测模型不存在序列相关，检验通过，该模型可用于预测。

（三）回归模型的预测和置信区间的计算

模型经过以上的检验并通过后，即可用于预测（点预测）。在【例 5-1】中，当变量 $x_{01} = 2.0$

和 $x_{02} = 2.5$ 时，因变量分别为

$$\hat{y}_{01} = -27.6870 + 24.862 \times 2 = 22.04$$

$$\hat{y}_{02} = -27.6870 + 24.862 \times 2.5 = 34.47$$

值得注意的是，由于回归模型是经过数理统计方法得到的，除了点预测外，还有所谓的区间预测。从某个角度来讲，区间预测也许更合理，其计算步骤如下。

1. 按照式(5-12)计算标准离差

2. 确定置信区间

(1) 在大样本($n \geqslant 30$)时，如果置信度 $100(1-\alpha)\%$，则置信区间为

$$(\hat{y} - t_{\frac{\alpha}{2}} \cdot s, \hat{y} + t_{\frac{\alpha}{2}} \cdot s)$$

(2) 在小样本($n < 30$)时，如果置信度 $100(1-\alpha)\%$，则置信区间为

$$\hat{y} - t_{\frac{\alpha}{2}} \cdot c_0 \cdot s, \hat{y} + t_{\frac{\alpha}{2}} \cdot c_0 \cdot s$$

这里，$t_{\frac{\alpha}{2}}$ 是在显著水平为 α，自由度为 $n-2$ 的 r 分布的 $\alpha/2$ 分位点(见附录4)，c_0 为修正系数

$$c_0 = \sqrt{1 + \frac{1}{n} + \frac{(x_0 - \overline{x})^2}{\sum_{i=1}^{n}(x_i - \overline{x})^2}}$$

在【例 5-1】中，由于样本数 $n = 8 < 30$，所以用小样本时的修正公式有

$$c_0 = \sqrt{1 + \frac{1}{n} + \frac{(x_{01} - \overline{x})^2}{\sum_{i=1}^{n}(x_i - \overline{x})^2}} = \sqrt{1 + \frac{1}{8} + \frac{(2.0 - 1.443\,75)^2}{0.078\,19}} = 2.254\,3$$

取 $\alpha = 0.05$，查表有 $t_{0.025}(6) = 2.447$，从而

置信上限：$\hat{y}_{01} + t_{\frac{\alpha}{2}} \cdot c_0 \cdot s = 22.037\,0 + 2.447 \times 2.254\,4 \times 0.393\,6 = 24.206\,7$

置信下限：$\hat{y}_{01} \quad t_{\frac{\alpha}{2}} \cdot c_0 \cdot s = 22.037\,0 + 2.447 \times 2.254\,4 \times 0.3936 = 19.868\,5$

即当 $x_{01} = 2.0$ 时，置信区间为(19.868 5,24.206 7)，这就是说，我们有95%的把握，认为当自变量 $x_{01} = 2.0$ 时，因变量在19.8685～24.2067之间。

利用Matlab建立回归模型时，是利用regress(y,x)来实现的，该命令的理论基础是前面讨论的最小二乘法。调用该命令简单形式是b = regress(y,x)，x为输入，y为输出。详细调用格式为[b,bint,r,rint,stats] = regress(y,x,alpha)，其中，alpha是显著水平(此时置信度为$100(1-\alpha)\%$)，若命令中省略这项，则意味取显著水平为0.01。返回值b和bint分别是模型待估参数估计值及每个待估参数的$100(1-\alpha)\%$置信区间，r和rint是残差向量及其置信区间，stats是检验回归模型的统计量，这个输出项又包括3个数值。第一个数值是复相关系数 R^2；第二个数值是 F 统计量的值；第三个数值是相应于所得 F 统计量的值的概率 P，当 $P < \alpha$ 时，拒绝原假设 H_0，即认为回归模型有意义，否则回归模型无意义。

用Matlab完成【例 5-1】的计算，原始值曲线和回归方程直线见图5-3。

```
≫ x = [1.3,1.34,1.40,1.41,1.42,1.53,1.55,1.60;ones(1,8)]';
≫y = [4.88,5.19,6.74,7.31,8.23,10.41,11.10,11.80]';
≫[b,bint,r,rint,stats] = regress(y,x,0.05)
b =

   24.8630
```

```
   - 27.6884
bint =
   21.4220   28.3040
   - 32.6680   - 22.7089
r =
   0.2466
   - 0.4380
   - 0.3797
   - 0.0584
   0.6130
   0.0581
   0.2508
   - 0.2923
rint =
   - 0.5317   1.0248
   - 1.2057   0.3298
   - 1.2585   0.4990
   - 1.0340   0.9172
   - 0.1040   1.3300
   - 0.8705   0.9867
   - 0.6073   1.1089
   - 1.0154   0.4307
stats =
   0.9812   312.5924   0.0000
```

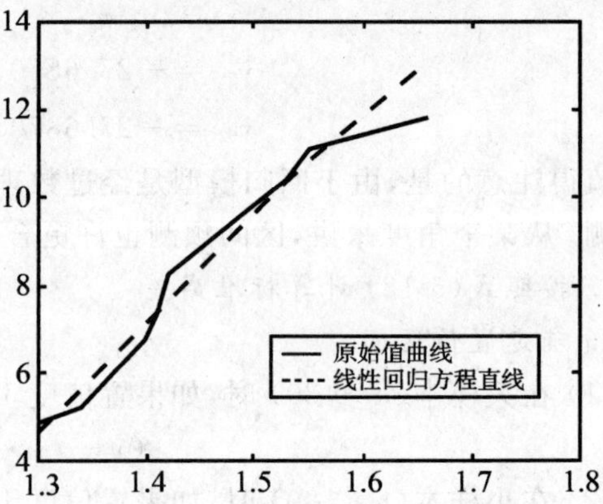

图 5-3 变量对应关系

根据前面的解释，我们知道此时 $b_0 = 27.6884$，$b_1 = 24.8630$，且在 stats 中第三个数值是 0，当然满足检验要求。即线性回归模型为 $\hat{y} = 24.8630x - 27.6884$，与前面手工计算的结果基本一致。

三、多元线性回归模型

当预测对象 y 受到多个因素 $x_1, x_2\cdots, x_m$ 影响时，如果这些因素与预测对象的关系近似地呈线性关系，则可建立多元线性回归模型来进行分析和预测。在变形数据分析和预测中，由于变形体的变形和外因之间通常是一种非确定性关系(相关关系)，所以采用经典多元回归分析法来建立荷载与变形之间关系的数学模型。

多元线性回归模型为

$$y = b_0 + b_1 x + b_2 x_2 + \cdots + b_m x_m + \varepsilon \tag{5-19}$$

其中，$\varepsilon \sim N(0, \sigma^2)$ 是随机误差项，$b_0, b_1, b_2, \cdots, b_m$ 是待估参数。对于预测对象 y 和各因素 x_i 的 n 对历史数据 $(y_1; x_{11}, x_{21}, \cdots, x_{m1})$，$(y_2; x_{12}, x_{22}, \cdots, x_{m2})$，$\cdots(y_n; x_{1n}, x_{2n}, \cdots, x_{mn})$

通过式(5-19)，一般有

$$y_i = b_0 + b_1 x_{1i} + b_2 x_{2i} + \cdots + b_m x_{mi} + \varepsilon_i (i = 1, 2, \cdots, m) \tag{5-20}$$

估计模型参数 $b_j (j = 0, 1, 2, \cdots, m)$ 的思想仍是让误差项的平方和最小，即求 b_j，使得

$$Q = \sum_{i=1}^{n} \varepsilon_i^2 = \sum_{i=1}^{n} (y_i - \hat{y}_i)^2 = \sum_{i=1}^{n} (y_i - b_0 - b_1 x_{1i} - b_2 x_{2i} - \cdots - b_m x_{mi})^2 \tag{5-21}$$

达到最小，从而使参数 $b_j(j=0,1,2,\cdots,m)$ 必须满足

$$\left.\begin{aligned}
\frac{\partial Q}{\partial b_0} &= -2\sum_{i=1}^{n}(y_i-b_0-b_1x_{1i}-b_2x_{2i}-\cdots-b_mx_{mi})=0\\
\frac{\partial Q}{\partial b_1} &= -2x_{1i}\sum_{i=1}^{n}(y_i-b_0-b_1x_{1i}-b_2x_{2i}-\cdots-b_mx_{mi})=0\\
&\vdots\\
\frac{\partial Q}{\partial b_m} &= -2x_{mi}\sum_{i=1}^{n}(y_i-b_0-b_1x_{1i}-b_2x_{2i}-\cdots-b_mx_{mi})=0
\end{aligned}\right\}\tag{5-22}$$

化简整理得

$$\left.\begin{aligned}
&nb_0+(\sum_{i=1}^{n}x_{1i})b_1+(\sum_{i=1}^{n}x_{2i})b_2+\cdots+(\sum_{i=1}^{n}x_{mi})b_m=\sum_{i=1}^{n}y_i\\
&(\sum_{i=1}^{n}x_{1i})b_0+(\sum_{i=1}^{n}x_{1i}^2)b_1+(\sum_{i=1}^{n}x_{1i}x_{2i})b_2+\cdots+(\sum_{i=1}^{n}x_{1i}x_{mi})b_m=\sum_{i=1}^{n}x_{1i}y_i\\
&\vdots\\
&(\sum_{i=1}^{n}x_{mi})b_0+(\sum_{i=1}^{n}x_{mi}x_{1i})b_1+(\sum_{i=1}^{n}x_{mi}x_{2i})b_2+\cdots+(\sum_{i=1}^{n}x_{mi}^2)b_m=\sum_{i=1}^{n}x_{mi}y_i
\end{aligned}\right\}\tag{5-23}$$

引入矩 $\boldsymbol{X},\boldsymbol{Y},\boldsymbol{B}$ 阵表示

$$\boldsymbol{X}=\begin{bmatrix}1 & x_{11} & x_{21} & \cdots & x_{m1}\\ 1 & x_{12} & x_{22} & \cdots & x_{m2}\\ \vdots & \vdots & \vdots & & \vdots\\ 1 & x_{1n} & x_{2n} & \cdots & x_{mn}\end{bmatrix},\boldsymbol{Y}=\begin{bmatrix}y_1\\ y_2\\ \vdots\\ y_n\end{bmatrix},\boldsymbol{B}=\begin{bmatrix}b_0\\ b_1\\ \vdots\\ b_m\end{bmatrix}\tag{5-24}$$

从而式(5-23)可写成

$$\boldsymbol{X}^{\mathrm{T}}\boldsymbol{X}\boldsymbol{B}=\boldsymbol{X}^{\mathrm{T}}\boldsymbol{Y}\tag{5-25}$$

假设 $(\boldsymbol{X}^{\mathrm{T}}\boldsymbol{X})^{-1}$ 存在，即可得到参数 $b_j(j=0,1,2,\cdots,m)$ 的估计为

$$\boldsymbol{B}=(\boldsymbol{X}^{\mathrm{T}}\boldsymbol{X})^{-1}\boldsymbol{X}^{\mathrm{T}}\boldsymbol{Y}\tag{5-26}$$

与一元线性回归一样，多元回归模型建立后，要进行模型检验，除标准离差(s)检验、相关系数(r)检验、显著性(F检验)和随机性(DW)检验外，还要进行 t 检验。因为在多元线性回归预测中，F 检验是判断全部自变量的整体作用与因变量的线性关系是否显著，而 t 检验则是检验每一个自变量与因变量的线性关系是否显著。所以，在经过 t 检验得出某些自变量与因变量的线性关系不显著的情况下，可将其剔除，重新建立回归方程。

【例 5-2】对某大坝进行位移观测，为预测最大位移量，选取了与最大位移量有关的水位和坝体温度作自变量，以历史上若干年观测资料作为样本，用回归分析来求定预测方程。自变量与观测数据列于表 5-5。

表 5-5 某大坝观测数据

序号	水位 x_{1i}	温度 x_{2i}	位移 y_i
1	6.81	6.57	15.40
2	−0.98	9.53	13.20
3	9.52	7.79	15.26
4	−6.70	12.32	11.33
5	6.52	9.88	13.32
6	5.34	8.26	14.60
7	−0.65	7.55	12.16

解：利用 Matlab 计算

```
≫x = [1,6.81,6.57;1,-0.98,9.53; 1,9.52,7.79;1,-6.70,12.32;1,6.52,9.88;1,5.34,8.26;1,-0.65,7.55]
≫y = [15.40,13.20,15.26,11.33,13.32,14.60,12.16]'
≫b = regress(y,x)
b =
    14.6510
    0.2007
    -0.1821
```

故 $b_0 = 14.6510, b_1 = 0.2007, b_2 = -0.1821$，即回归方程为

$$\hat{y} = 14.6510 + 0.2007x_1 - 0.1821x_2$$

§5-3 监测数据非线性曲线预测模型

在变形监测数据处理中，自变量和因变量之间的内在关系通常并不是呈线性，这时选择恰当类型的曲线，比直线更符合实际情况。因此，需要根据理论或经验确定两个变量之间的函数类型，然后通过对自变量或因变量（或同时对两者）进行适当的变量变换，把曲线方程化成直线方程，便可应用线性回归方法来分析。常用于预测的初等函数模型有幂函数、指数函数、对数函数、双曲函数和多项式函数。这些函数都是非线性函数，如果历史数据散点图呈现出近似于这些函数图像的特征，则可以利用这些模型进行相关预测。一般情况，工程建（构）筑物的变形是初期变形量大，以后逐渐减缓，然后稳定，因此，认为变形量与时间的关系满足双曲线函数。本节先介绍双曲线函数模型，然后通过一个实例来说明监测数据中化曲线为直线的回归问题的方法。

一、双曲线函数预测模型

双曲线函数一般模型为

$$\frac{1}{y} = a + b\frac{1}{x} + \varepsilon \tag{5-27}$$

式中，$\varepsilon \sim N(0,\sigma^2)$，$a,b$ 为待估参数，x,y 分别为自变量和因变量（预测对象）。对于历史数据 $(x_1,y_1),(x_2,y_2),\cdots,(x_n,y_n)$，如果作出其散点图，发现近似双曲线，则可利用式(5-27) 来进行预测。为此，首先要进行参数的估计。在式(5-27) 中令 $y' = 1/y, x' = 1/x$，则有

$$y' = a + bx' + \varepsilon \tag{5-28}$$

式中，$\varepsilon \sim N(0,\sigma^2)$，这是典型的一元线性回归方程，也就是说，一旦决定采用模型式(5-27) 以后，对相关的历史数据进行取其倒数的变换，问题就变成了线性回归方程。

二、化双曲线函数为线性回归模型实例

【例 5-3】某建筑物进行 14 期沉降观测，预测第 15 期沉降情况，监测结果见表 5-6。

表 5-6　监测沉降结果

期数	沉降量 /mm	期数	沉降量 /mm
1	19.25	8	29.97
2	24.63	9	31.47
3	28.73	10	31.77
4	28.52	11	31.81
5	29.11	12	32.41
6	30.02	13	31.82
7	29.80	14	32.72

解：这里的自变量 x 是期数，预测对象 y 为沉降量，作出其散点图，如图 5-4 的实线曲线。从散点图中可以看到，y 和 x 之间可以近似于双曲线(当然也可认为是其他曲线，如指数曲线等)，于是采用式(5-27) 的模型，对历史数据作简单的倒数变换，得新样本值，如表 5-7 所示。

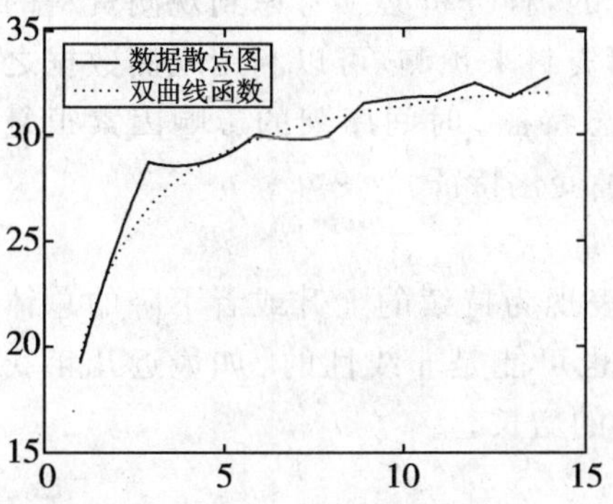

图 5-4　自变量和因变量关系

表 5-7　变换后的监测沉降结果

期数	沉降量 /mm	期数	沉降量 /mm
1.000 0	0.051 9	0.125 0	0.033 4
0.500 0	0.040 6	0.111 1	0.031 8
0.333 3	0.034 8	0.100 0	0.031 5
0.250 0	0.035 1	0.909 0	0.031 4
0.200 0	0.034 4	0.083 3	0.030 9
0.166 7	0.033 3	0.076 9	0.031 4
0.142 9	0.033 6	0.071 4	0.030 6

通过这些新的历史数据，按线性回归模型估计出未知参数，Matlab 程序如下：

```
function f = fundaoshu(y,x)
yy = 1./y;
xx = 1./x;
end
regress(yy′,xx′,0.05)
ans =
  0.02213
  0.02947
```

建立如下模型 $y' = 0.02947 + 0.02213x'$，最后得双曲预测模型为 $1/y = 0.02947 + 0.02213/x$，第 15 期的预测沉降为$(x = 15)32.32$。

§5-4　监测数据时间序列预测模型

无论是按时间序列排列的观测数据还是按空间位置顺序排列的观测数据，数据之间都或多或少地存在统计自相关现象。然而长期以来，变形数据分析与处理的方法都是假设观测数据是统计上独立的或互不相关的，如回归分析法等。这类统计方法是一种静态的数据处理方法，从严格意义上说，它不能直接应用于所考虑的数据是统计相关的情况。

时间序列是指随时间变化的具有随机性的前后又有关联的一些观测数据，在变形监测数据中有很多可以看成为时间序列。时间序列分析是针对已知的历史数据进行分析，从而对我们所关心的事情作出较为准确的判断和预测。因此，时间序列在变形预测中占有重要地位。与回归分析方法不同的是，回归分析中的回归模型所描述的是因变量与不同于它的其他自变量之间的统计依赖关系，用回归模型预测就是从自变量中挖掘收集关于因变量未来时刻的信息，它是一个可用来解释某变形体系统内部运行的原因和各个因素之间的定量关系的因果模型。而时间序列分析则是讨论自回归模型所描述的因变量自身变化的统计规律，并不涉及与其他变量之间的关系，用这种模型进行预测仅仅是利用因变量自身的历史资料来挖掘信息。从系统的角度看，时间序列分析是一个不被外界所知道其内因的“生成过程”。

一、时间序列的特征

时间序列分析的特点在于逐次的观测值通常是不独立的，且分析必须考虑到观测资料的时间顺序，当逐次观测值相关时，未来数值可以由过去观测资料来预测，可以利用观测数据之间的自相关性建立相应的数学模型来描述客观现象的动态特征。时间序列的影响因素很复杂，难以一一加以分析，从其作用效果来看，可以划分为 4 种变化特征。

（一）趋势性

某个变量由于受到某些因素持续地影响，其时间序列表现为持续的上升或者下降的总体变化趋势，期间的变动幅度可能有时不等，可能是线性的，也可能是非线性的。如最近几年我国的经济增长率，由于受到各种因素的影响，其表现为持续的增长。

（二）季节性

考察的时间序列以一年为周期，随着自然季节的变化而出现明显的季节性特征。如空调的销售，各种服装的销售等。

（三）周期性

比季节性更一般，时间序列随着一个时间段的变化呈现周期性。这样的周期可以是年、月、日等。如民用住宅（商品房）的销售随着一代年轻人结婚周期的到来呈现出来的周期性。

（四）不规则性

不规则性主要是指时间序列变化的突然性和随机性。突然性的变动一般是由于目前难以预料的作用因素而引起的，其规律性或其概率难以认识和推测，随机性变动则是可以利用概率统计的方法来进行描述的变动。

任何一个时间序列，可能同时具有以上几个特征，也可能是上述某几个特征的组合。在预测技术中，一般将不规则变动视为干扰，必须设法将其排除或过滤掉，而将趋势性变动特征反映出来，以预测时间序列的主要变化趋势，必要时也应将季节性或周期性特征反映出来。时间序列的不同特征，要用不同的方法才能反映出来。要作好预测，首先需要认识清楚时间序列的变动特征，根据不同的特征选择不同的预测方法。

二、平稳时间序列分析模型

时间序列分析的基本思想是对于平稳、正态、零均值的时间序列$\{x_t\}$，若x_t的取值不仅与其前n步的各个取值$x_{t-1},x_{t-2},\cdots,x_{t-n}$有关，而且还与前$m$步的各个干扰$a_{t-1},a_{t-2},\cdots,a_{t-m}$有关，则按多元线性回归的思想，可得到最一般的自回归滑动平均模型(Auto-Regressive Moving Average Model，ARMA)。

$$x_t = \varphi_1 x_{t-1} + \varphi_2 x_{t-2} + \cdots + \varphi_n x_{t-n} - \theta_1 a_{t-1} - \theta_2 a_{t-2} - \cdots - \theta_m a_{t-m} + a_t \tag{5-29}$$

式中，$a_t \sim N(0,\sigma_a^2)$，$\varphi_i(i=1,2,\cdots,n)$称自回归参数，$\theta_j(j=1,2,\cdots,m)$称为滑动平均参数，$\{a_t\}$这一序列为白噪声序列，通常记为ARMA$(n,m)$。

特殊地，当$\theta_j=0$时，式(5-29)变为

$$x_t = \varphi_1 x_{t-1} + \varphi_2 x_{t-2} + \cdots + \varphi_n x_{t-n} + a_t \tag{5-30}$$

称为n阶自回归模型，记为AR(n)。

当$\varphi_i=0$时，式(5-29)变为

$$x_t = a_t - \theta_1 a_{t-1} - \theta_2 a_{t-2} - \cdots - \theta_m a_{t-m} \tag{5-31}$$

称为m阶滑动平均模型，记为MA(m)。

ARMA(n,m)模型是时间序列分析中最具有代表性的一类线性模型。它与回归模型的根本区别是：回归模型可以描述随机变量与其他变量之间的相关关系，但是对于一组随机观测数据$x_1,x_2,\cdots,x_n$，即一个时间序列$\{x_t\}$，它却不能描述其内部的相关关系；另一方面，实际上某些随机过程与另一些变量取值之间的随机关系往往根本无法用任何函数关系式来描述，这时，需要采用这个随机过程本身的观测数据之间的依赖关系来揭示这个随机过程的规律性。x_t和$x_{t-1},x_{t-2}\cdots$同属于时间序列$\{x_t\}$，是序列中不同时刻的随机变量，彼此相互关联，带有记忆性和继续性，是一种动态数据模型。在一元线性回归模型$y_t=a+bx_t+\varepsilon_t$中，表达了在相同的t时刻一个随机变量y_t与另一个变量x_t之间的相关关系，不能涉及它们在不同时刻的关系；而一阶自回归模型$x_t=\varphi_1 x_{t-1}+a_t$表达了在不同$t$时刻一个随机过程本身观测数据之间的关系，即表达了时间序列$\{x_t\}$内部的相关关系。因而一元线性回归模型乃至多元线性回归模型只是一个静态模型，它是对随机变量的静态描述。但是一阶自回归却能表示不同时刻同一随机过程内部的相关性。所以AR(1)模型乃至所有的时间序列模型是动态模型，是对随机过程的动态描述。

三、ARMA的建模方法

时间序列分析的关键是在合理分析观测结果的基础上，建立合适的数学模型。数学模型建立的方法有多种，Box法与DDS法是时间序列分析中的两大典型建模方法。Box法又称B－J法，是以美国统计学家Geoge E. P. Box和英国统计学家Gwilgm M. Jenkins的名字命名的一种时序预测法。Box法从统计观点出发，不论是模型形式和阶数的判断，还是模型参数的初步估计和精确估计，都离不开相关函数。其建模过程主要包括数据检验与预处理、模型识

别、模型参数估计、模型检验和模型预测等几大步骤。标准的 Box 模型的描述对象是平稳序列，在序列是非平稳的情况时，还能否应用 Box 模型？答案是肯定的。这时，通常有两类处理方法：一类是先对原始序列进行预处理，使之变成平稳序列或近似平稳序列，然后用 Box 的相关分析法建模。另一类是所谓 DDS 法，即动态数据系统建模法(Dynamic Data System)。DDS 法是一种适合于工程应用的系统建模方案，它由美国学者潘迪特(S. M. Pandit)和吴贤明(S. M. Wu)提出，该法从分析系统特性出发，主张先建模，后处理。

(一) 时间序列特征识别

Box 法是采用先分析、后健模的处理方法，模型识别关键。Box 法以自相关分析为基础来识别模型与确定模型阶数，自相关分析就是对时间序列求其本期与不同滞后期的一系列自相关函数，以此来识别时间序列特性。由于时间序列是随着时间变化而变化的一些数据，识别时间序特征的简单方法就是作图。时间序列为(32，16，24，10，18，22，22，12，30，16，18，24，10，6，6，24)，如图5-5 所示。

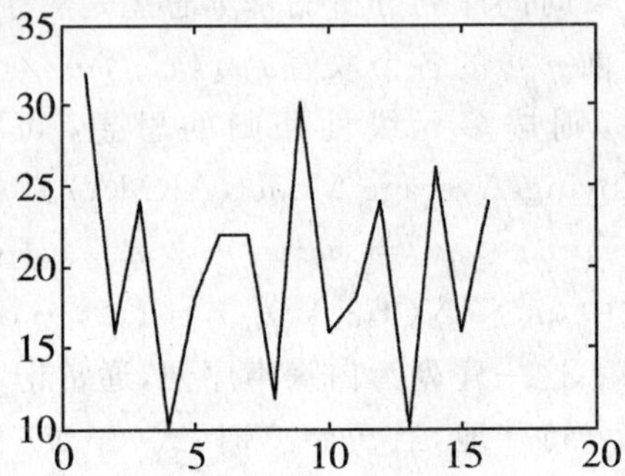

图 5-5　时间序列图

通过作图可以直观的判断时间序列具有随机性，但只能起到一个辅助的作用，更重要的是利用数理统计方法识别时间序列的特征。下面介绍用自相关函数来判断时间序列的随机特征。

设时间序列 $x_1, x_2, \cdots, x_n$，分别将其分成$(n-k)$对数据(x_t, x_{t+k})，其中 $t=1,2,\cdots,n-k$，k 取 $1,2,\cdots,[n/4]$，即

当 $k=1$ 时，$(x_1,x_2),(x_2,x_3),(x_3,x_4),\cdots,(x_{n-1},x_n)$

当 $k=2$ 时，$(x_1,x_3),(x_2,x_4),(x_3,x_5),\cdots,(x_{n-2},x_n)$

⋮　　　⋮　　　⋮

当 $k=[n/4]$ 时，$(x_1,x_{1+k}),(x_2,x_{2+k}),(x_3,x_{3+k}),\cdots,(x_{n-k},x_n)$

然后计算每组的自相关系数

$$r_k=\frac{\sum_{t=1}^{n-k}(x_t-\overline{x})(x_{t+k}-\overline{x})}{\sum_{t=1}^{n}(x_t-\overline{x})^2},(k=1,2,\cdots,[n/4])，其中\overline{x}=\frac{1}{n}\sum_{t=1}^{n}x_t$$

在计算得到一系列的自相关系数 r_k 后，自相关系数 r_1 反映了序列中上时刻与下时刻量测值之间的关系，从定量的角度研究了上时刻对下时刻量测值的影响程度；r_2 反映了 t 时刻的量测值对$(t+2)$时刻量测值的影响程度；r_k 反映了 t 时刻的量测值对$(t+k)$时刻量测值的影响程度。由于 $r\leqslant n$，所以，所有自相关系数的绝对值小于或等于 1。在一般情况下，计算$[n/4]$个自相关系数就足够了，通过 r_k 就可分析时间序列的特征。经过上述自相关系数的计算，就可以构成一个新的序列 $r_1, r_2, \cdots, r_k$，通过对该序列进行分析，并以此识别时间序列的某些特征，称为时序的自相关分析，用自相关分析时间序列特征有以下 5 个准则。

(1) 若所有自相关系数 $r_1, r_2, \cdots, r_k$ 都近似等于零，则表明该时间序列是一个随机过程；

(2) 如果 r_1 与零相差较远，而 r_2 要比 r_1 小，r_3 又比 r_2 小，其余的自相关系数都近似于零，则可判断这个时间序列是平稳的；

(3) 如果 r_1 是负数(或正数)，r_2 是正数(或负数)，其余基本上交替出现且逐渐向于零，则可以判断这个时序是一个交变时序；

(4) 如果自相关系数以某个固定的频率出现高峰，而别的自相关系数都近于零，则可以判断这个时序是一个季节性的时序；

(5) 如果 r_1 最大，$r_1, r_2, \cdots, r_k$ 逐渐递减，但有相当数量的自相关系数与零有显著差异，则可以判断这个时序是一非平稳时序，即存在趋势的影响。

当时间序列完全由随机数组成，即具有完全随机特征，一般有两种方法检验假设($H_0: r_1 = r_2 = \cdots r_{[n/2]} = 0, H_1: r_1, r_2, \cdots, r_{[n/2]}$)，一种方法是，若计算较多个自相关系数 $r_k(k \geqslant 20)$，当 $-1.96/\sqrt{n} \leqslant r_k \leqslant 1.96/\sqrt{n}$ 成立时，认为在 $\alpha = 0.05$ 显著水平下，时间序列具有随机特征($z_{\alpha/2} = z_{0.05} = 1.96$)；另一种方法是，可用 χ^2 检验来判断假设 H_0 是否成立，先计算 m 个自相关系数 $r_1, r_2 \cdots r_m$ 其中 $m \geqslant 6, n > m$，设统计量 $Q = n \cdot \sum_{k=1}^{m} r_k^2$，将计算得到的 r_k 代入，则有统计量 Q 之观察值，然后查 χ^2 表，并取自由度为 $m-1$，将 Q 的值与查表的 $\chi_\alpha^2(m-1)$ 值比较，当 $Q \leqslant \chi^2$ 时，则认为这 m 个值自相关系数 r_k 与零没有显著差异，即接受假设 H_0。此时，我们认为原时间序列具有随机性，反之，则认为具有非随机性。

利用 Matlab 计算时间序列(32,16,24,10, 18,22,22,12,30,16,18,24,10,26,16,24)的自相关系数并判断其随机性。

```
function r = funcoef(x,m,alpha)
u = 0;v = 0;
r = zeros(1,m);
for k = 1:m;
  for t = 1:length(x) - k;
    u = u + (x(t) - mean(x)) * (x(t + k) - mean(x));
    end
    for t = 1:length(x);
      v = v + (x(t) - mean(x))^ 2;
    end
    r(k) = u/v; ′得到自相关系数
    u = 0;v = 0;
end
Q = length(x) * sum(r.^ 2); ′判断时间序列随机性
chi2 = chi2inv(1 - alpha,m - 1);
if Q <= chi2
    fprintf('These data are stochastic')
else
    fprintf('These data are not stochastic')
end
```

执行完上面的 M 文件后，输入时间序列、显著水平和自相关系数 m

```
>>x = [32,16,24,10,18,22,22,12,30,16,18,24,10,26,16,24];
>>alpha = 0.05; m = 4;
>> funcoef(x,m,alpha)
```

```
These data are stochastic
ans =
      - 0.5488     0.2500       - 0.1037       - 0.1646
```

即 $r_1=-0.5488$，$r_2=0.2500$，$r_3=-0.1037$，$r_4=-0.1646$，且这个时间序列在取显著水平 0.05 时被认为是随机的。

(二) 模型识别、参数估计和预测

若数据序列是一平稳随机序列，则该序列就可以用时间序列平稳模型来进行分析处理。对于平稳时间序列，有自回归模型 AR(p)、滑动平均模型 MA(q) 和自回归滑动平均模型 ARMA(p,q) 三类基本模型可供选择。AR，MA 是 ARMA 的特殊形式，所以在讨论平稳序列建模时，可将 ARMA 看作最具有一般性的模型。在变形监测工程应用中，对变形的预测，通常可按照模型的识别、参数估计和预测三个步骤进行。

1. 模型识别

模型识别工作就是要回答在模型 ARMA(p,q)、AR(p) 和 MA(q) 中使用哪一个模型？对于 p,q 应取多少值等问题？实际上 ARMA(p,q) 具有相当大的建模范围，估计参数时需要进行非线性迭代，工作量大。采用 AR(p) 模型估计参数时，有递推公式，且工作量小，因此，一般变形监测应用中多采用 AR(p) 模型。对于所选定模型阶数的判断，可以通过计算数据序列的自相关函数和偏相关函数，并对其特性进行分析来确定，也可借助回归分析、残差方差分析等统计检验来确定。

2. 参数估计

参数估计和模型识别是同时进行的，一般先对模型由低阶向高阶循环，分别进行参数估计，再依据误差大小来确定最佳阶数及相应的模型参数估计值。可用于参数估计的方法有矩估计、最小二乘估计和极大似然估计等。

3. 预测

将时间序列分析用在变形监测的目的，就是要以现在与过去的监测值，对该序列未来时刻的取值进行估计。当数据序列的数学模型确定之后，就可以用其进行预测，预测所采用的标准是使线性预测的方差达到最小。

(三) 变形监测时间序列分析实例

采用时间序列分析中的自回归分析模型 AR(p)，解题过程如下。

1. AR(p) 的建立

时间序列 $\{x_t\}$，$(t=1,2,\cdots,n)$ 的自回归模型为

$$x_t=\varphi_1 x_{t-1}+\varphi_2 x_{t-2}+\cdots+\varphi_p x_{t-p}+a_t \tag{5-32}$$

自回归模型是一种线性模型，$\varphi_1,\varphi_2,\cdots,\varphi_p$ 为模型参数，p 为模型的阶，假设 $\{a_t\}$ 为白噪声序列，即 a_t 的数学期望 $E(a_t)=0$，方差均为 σ^2，各 a_t 间不相关，协方差 $\sigma_{a_t,a_{t-k}}=0(k\neq 0)$。模型(5-32) 充分表达了不同时刻 t 的观测值 x_t 之间的相关性，这是变形规律所决定的。

(1) 模型参数估计

由式(5-32) 得误差方程

$$v_t=\varphi_1 x_{t-1}+\varphi_2 x_{t-2}+\cdots+\varphi_p x_{t-p}-x_t(t=p+1,p+2,\cdots,n) \tag{5-33}$$

其矩阵形式为

$$\boldsymbol{V}=\boldsymbol{X\Phi}-\boldsymbol{Y} \tag{5-34}$$

式中

$$\boldsymbol{V}=\begin{bmatrix} v_{p+1} \\ v_{p+2} \\ \vdots \\ v_N \end{bmatrix},\quad \boldsymbol{X}=\begin{bmatrix} x_p & x_{p-1} & \cdots & x_1 \\ x_{p+1} & x_p & \cdots & x_2 \\ \vdots & \vdots & \vdots & \vdots \\ x_{N-1} & X_{N-2} & \cdots & x_{N-p} \end{bmatrix},\quad \boldsymbol{\Phi}=\begin{bmatrix} \varphi_1 \\ \varphi_2 \\ \vdots \\ \varphi_p \end{bmatrix},\boldsymbol{Y}=\begin{bmatrix} x_{p+1} \\ x_{p+2} \\ \vdots \\ x_N \end{bmatrix} \tag{5-35}$$

在 $\boldsymbol{V}^{\mathrm{T}}\boldsymbol{V}=\min$ 下，模型参数最小二乘解为

$$\boldsymbol{\Phi}=(\boldsymbol{X}^{\mathrm{T}}\boldsymbol{X})^{-1}\boldsymbol{X}^{\mathrm{T}}\boldsymbol{Y} \tag{5-36}$$

(2) 模型阶数 p 的确定

模型阶数 p 的确定，在时间序列分析理论中是随着 AR 模型同时确定的，要借助自相关函数和偏相关函数。也就是以自相关函数和偏相关函数的截尾性(它们在某一步之后全部为零)为理论依据来判别阶数，如果得到的偏相关函数在 p 步截尾，可以判断 $\{x_t\}$ 是 AR(p)，其阶数为 p。但是，自相关函数和偏相关函数的准确值并不知道，我们只能利用样本观测值 $x_1, x_2, \cdots, x_N$ 计算它们估值。它们的估值都是随机变量，在某步之后在零左右波动。因此，自相关函数和偏相关函数的估值的截尾性还应该用统计方法来判别。实用中阶数可以根据线性假设法来完成，其原理是先设阶数为($p-1$)，进行平差计算，求得其残差平方和 $\Omega_{(p-1)}$，再设阶数为 p，进行平差得残差平方和 Ω_p，与($p-1$)阶比较。如果结果差别并不显著，p 阶不必考虑，即采用 $p-1$ 阶为宜，其平差模型为在式(5-33)下再附加线性条件

$$\varphi_p=0 \tag{5-37}$$

联合式(5-33)和式(5-37)平差，即为 $p-1$ 阶模型，求得残差平方和 $\Omega_{p-1}=(V^{\mathrm{T}}V)_{p-1}$，不考虑式(5-37)，即 p 阶模型，平差得 $\Omega_p=(\boldsymbol{V}^{\mathrm{T}}\boldsymbol{V})_p$，令

$$R=\Omega_{(p-1)}-\Omega_p \tag{5-38}$$

由于 $R\sim\chi^2(1)$，$\Omega_p\sim\chi^2(N-2p)$。构造 F 检验统计量

$$F=\frac{R}{\Omega_p/(N-2p)} \tag{5-39}$$

选定显著水平 α，查 F 分布表得分位值 $F_\alpha(1,N-2p)$，若 $F>F_\alpha(1,N-2p)$，则线性假设 $\varphi_p=0$ 不成立，应采用 p 阶，否则采用 $p-1$ 阶。

2. AR(p) 应用算例

【例 5-3】对某建筑物进行沉降观测，共 30 期(每月观测一次)，观测数据见表 5-8，进行时序分析并预测。

表 5-8　某监测点 30 期数据

t	高程	t	高程	t	高程	t	高程	t	高程
1	319.29	7	319.29	13	319.29	19	319.29	25	319.29
2	319.29	8	319.29	14	319.29	20	319.29	26	319.29
3	319.29	9	319.29	15	319.29	21	319.29	27	319.29
4	319.29	10	319.29	16	319.29	22	319.29	28	319.29
5	319.29	11	319.29	17	319.29	23	319.29	29	319.29
6	319.29	12	319.29	18	319.29	24	319.29	30	319.29

解:(1) 确定模型的阶数

当 $p=1$ 时,自回归模型为

$$x_t=\varphi_1 x_{t-1}+a_t(t=2,3,\cdots,30)$$

根据式(5-36)求得参数 φ 和式(5-34)求得改正数 V,计算 $\Omega_1=2.472$。

当 $p=2$ 回归模型为

$$x_t=\varphi_1 x_{t-1}+\varphi_2 x_{t-2}+a_t(t=3,4,\cdots,30)$$

根据式(5-36)求得参数 φ_1、φ_2 和(5-34)式求得改正数,计算 $\Omega_2=2.104$。

统计检验

$$F=\frac{R}{\Omega_2/(N-2p)}=\frac{0.368}{2.104/26}=4.55>F_{0.05}(1,26)=4.23$$

当 $p=3$ 时,自回归模型为

$$x_t=\varphi_1 x_{t-1}+\varphi_2 x_{t-2}+\varphi_3 x_{t-3}+a_t(t=4,5,\cdots,30)$$

根据式(5-36)求得参数 φ_1、φ_2、φ_3 和式(5-34)求得改正数 V,计算 $\Omega_3=2.058$。

统计检验

$$F=\frac{\Omega_2-\Omega_3}{\Omega_3/N-2p}=\frac{0.046}{2.058/24}=0.54<F_{0.05}(1,24)=4.26$$

检验结果表明,$p=3$ 不显著,故采用 $p=2$。

(2) 模型参数估计

误差方程为

$$\nu_t=\varphi_1 x_{t-1}+\varphi_2 x_{t-2}-x_t(t=3,4,\cdots,30)$$

最小二乘解为

$$\boldsymbol{\Phi}=\begin{bmatrix}\varphi_1\\ \varphi_2\end{bmatrix}=(\boldsymbol{X}^{\mathrm{T}}\boldsymbol{X})^{-1}\boldsymbol{X}^{\mathrm{T}}\boldsymbol{Y}=\begin{bmatrix}1.281\\ -0.281\end{bmatrix}$$

AR(2) 模型为

$$x_t=1.281x_{t-1}-0.281x_{t-2}$$

数据的标准差为

$$\hat{\sigma}=\sqrt{\frac{2.104}{(30-2)-2}}=0.28$$

(3)AR(2) 模型正确性检验

AR(2) 模型是否正确,应作平差模型正确性检验,检验假设为

$$H_0:\mathrm{E}(\hat{\sigma}^2)=\sigma^2,H_1:\mathrm{E}(\hat{\sigma}^2)\neq\sigma^2$$

σ 为观测数据母体中误差,此实例采用 $\sigma=\pm0.3\mathrm{mm}$ 精度进行观测,作 χ^2 统计量得

$$\chi^2(26)=\frac{\Omega_2}{\sigma^2}=\frac{2.104}{(0.3)^2}=23.4$$

查 χ^2 分布表得($\alpha=0.05$)

$$\chi^2_{1-\alpha/2}=13.8\quad,\quad\chi^2_{\alpha/2}=41.9$$

由于满足条件 $\chi^2_{1-\alpha/2}<\chi^2(26)<\chi^2_{\alpha/2}$,故 H_0 成立,即 AR(2) 模型正确。

§5-5 非平稳监测数据时间序列分析方法

客观存在的时间序列是各种各样的,但就多数情况而言,可以认为时间序列是由某一个随

机过程产生的，即一个时间序列可以看作某一个待研究的随机过程的实际体现。反言之，这样一个体现某一随机过程的时间序列又可以用来建立一个合适的数学模型来描述该随机过程。大量实践证明，产生时间序列的某一随机过程通常可以由三部分组成，即

$$Y(t) = f(t) + p(t) + X(t) \tag{5-40}$$

式中，$f(t)$，$p(t)$ 是非随机项，$f(t)$ 称为趋势项，反映 $Y(t)$ 的变化趋势，如 $Y(t)$ 按直线上升或按指数下降等；$p(t)$ 称为周期项，反映 $Y(t)$ 的周期性变化，如按年、季、月或日的变化等；$X(t)$ 是随机项，它反映随机因素对 $Y(t)$ 的影响。通常假定 $X(t)$ 是一正态平稳随机过程，但是即使 $X(t)$ 是平稳的，只要 $f(t)$，$p(t)$ 不是常数，则 $Y(t)$ 就不是平稳的。

上节介绍了时间序列分析中的三类随机模型 AR、MA 和 ARMA，选择其中之一的前提条件是该时序应为平稳的，应用中具体选择那一个根据时序计算出的自相关函数和偏相关函数来判断。若时序的自相关函数具有“拖尾”性（相关函数序列逐渐衰减，但恒不为零），偏相关函数具有“截尾”性（相关函数序列中，某一取值后恒为零），则该时序满足 AR 模型；若时序的自相关函数具有“截尾”性，偏相关函数具有“拖尾”性，则该时序满足 MA 模型；若自相关函数和偏相关函数均具有“拖尾”性，则认为序列满足 ARMA 模型。若原时间序列计算的自相关函数和偏相关函数既不具有“截尾”性，也不具有“拖尾”性，则认为原序列不属于三类模型中的任何一个。

一、非平稳时序平稳处理

（一）趋势项提取

在变形监测数据中，通常有相当数量的自相关系数与零有显著的差异，则判断这个时序是一个非平稳时序。在实测的位移与时间曲线上非平稳时序存在着服从某种规律的趋势项，除此之外，它还存在着这个趋势规律上、下移动平稳的随机分量。趋势项由两部分构成：一部分由于变形体应力释放等原因造成的变形体固有的变形部分；另一部分则是由于人为误差等外在因素而导致的不具相关性的随机误差。因此，观测值等于非平稳的趋势项与平稳的随机分量之和，这一关系可以由图 5-6 表示。

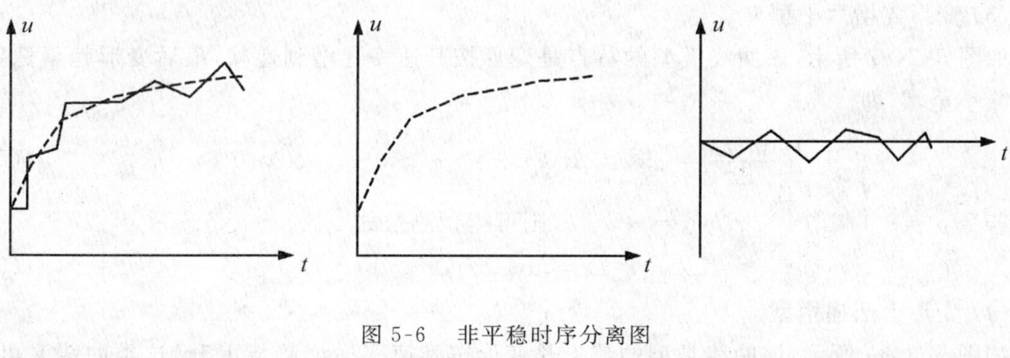

图 5-6　非平稳时序分离图

趋势项代表曲线总体规律。虽然它包含了一些人为误差，但由于提取趋势项实际上就是一个滤波过程，从而使曲线变得光滑，更好地反映了变形的总体规律。由此可见，变形值的预测可以由两部分组成：非平稳的趋势项和平稳的随机量。在对实际监测数据进行分析中，可以先根据监测数据提取趋势项，然后对残差进行分析。该残差是一个平稳的随机量，对它可以用

处理平稳过程的方法来分析，即用ARMA模型预测。

1. 趋势分量与随机分量的分离

所谓提取趋势项，就是利用最小二乘法按照某类函数拟合数据序列的确定性，从低阶开始，逐步增加阶数，直到拟合曲线无太大变化为止。在提取趋势项中，这个过程常常是通过“滑动平均法”来实现。其特点是根据时刻 i 之前和 i 之后的量测数据求出 i 时刻的平均值。如果随着 i 的变动，重复这种作法，就能得到监测数据中的缓慢变化趋势分量。用数据减去趋势分量就可以得到残差时间序列数据，而这个残差序列就是一个平稳随机时间序列。

2. 趋势分量时间序列分析

对趋势分量的时序分析就是提取趋势项，即采用最小二乘法按照某类函数来拟合趋势分量。由于影响变形体变形的因素很多，因此不可能用一种曲线函数来拟合实际位移 — 时间趋势项，目前可用拟合趋势项的曲线有以下几种类型。

(1) 变形直线上升型

如图5-7(a)所示，该曲线的特点是变形直线上升，但其速率为某一常数，即

$$\frac{\mathrm{d}u(t)}{\mathrm{d}t} = b \tag{5-41}$$

解微分方程得预测方程

$$u(t) = a + bt \tag{5-42}$$

(2) 变形上凹递增型

如图5-7(b)所示，该曲线的特点是变形以某速率递增而上升，其速率是当前变形值的函数，即

$$\frac{\mathrm{d}u(t)}{\mathrm{d}t} = \alpha u(t) + \beta \quad , \quad \alpha > 0 \tag{5-43}$$

解之得预测方程为

$$u(t) = k + ab \tag{5-44}$$

式中，$\alpha = \ln b, \beta = k\ln b$。

(3) 变形先增后平型

如图5-7(c)所示，该曲线类型的特点是变形按其速率递增到递减，最后变形趋于稳定，其速率减小至零，即

$$\frac{\mathrm{d}u(t)}{\mathrm{d}t} = \alpha u^2(t)\beta u(t) + \gamma \quad \alpha > 0 \quad , \quad \gamma > 0 \tag{5-45}$$

若令 $\alpha = -1/b, \beta = 2a/b, \gamma = -a^2/b$，则可得预测公式

$$u(t) = a + b/t, b < 0 \tag{5-46}$$

(4) 变形上凸递增型

如图5-8(a)所示，该曲线类型的特点是变形按其速率递增趋势上升，这类曲线又可分为以下两种情况：直到变形失稳（方程式同(5-42)）和采取措施后变形速率递减（方程式同(5-44)）。

(5) 变形上凹转上凸型

如图5-8(b)所示，该曲线类型的特点是逐渐由向上凹的曲线转变为向下凹，即

$$\frac{\mathrm{d}u(t)}{\mathrm{d}t}=\alpha u(t)-\beta u(t) \tag{5-47}$$

若令 $\alpha=-\ln b,\beta=-1/k\ln b$，解微分方程得预测方程

$$\frac{1}{u(t)}=\frac{1}{k}+ab \quad , \quad a>0 \quad , \quad 0<b<1 \tag{5-48}$$

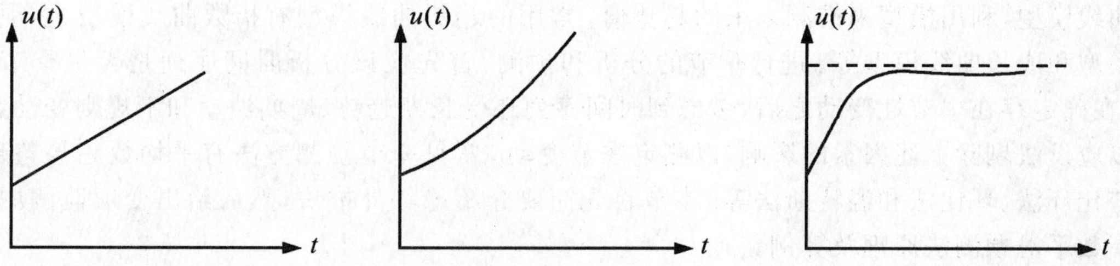

(a)直线上升型　(b)上凸递增型　(c)先增后平型

图 5-7　趋势项拟合曲线类型Ⅰ

（a）上凸递增型　（b）上凹转上凸型

图 5-8　趋势项拟合曲线类型Ⅱ

（二）平稳随机分量的时间序列分析

若在提取趋势项后的数据序列是一个平稳随机序列，则该序列就可以用时间序列平稳模型来进行分析处理。在变形监测工程应用中，对变形的预测，一般按照模型的识别、参数估计和预测等三个步骤进行。

二、平稳时序的判断

在非平稳时间序列中，这种序列的"非平稳性"存在较明显的不断增长趋势和季节性周期变化趋势，当把其中的平稳随机因素抽出来后，就可以用模型来描述过程。基于这样指导思想，对一个非平稳的时间序列要用差分算子消除其增长趋势，用季节性差分算子消除其周期性季节性变化，使得序列具有平稳性。平稳性的判断，从直观上对变换后的差分序列分段观察，若各不相交时段的均值、方差无显著差异，就认为是平稳的，否则即非平稳。从统计推断上讲，检验变换后的差分序列的自相关函数是否迅速按指数衰减到零来判断是否平稳，迅速衰减的序列平稳，否则即非平稳。一般的说，一阶差分可以消除线性趋势，二阶差分可以消除二次曲线趋势。如果二阶差分变换后的序列仍达不到"平稳"的目的，可对原序列进行三阶差分，直至求到 d 阶差分变换后的序列具有平稳性为止。

§5-6 时间序列预测常用方法

时间序列预测方法，是一种历史资料延伸预测，主要有趋势外推和季节变动预测两类方法。趋势曲线预测是长期预测的主要方法，它是根据时间序列的发展变化趋势，配合合适的趋势曲线模型，利用模型来推测未来的趋势值。常用的趋势曲线模型有指数曲线模型、多项式曲线模型和成长曲线模型等。进行季节的分析和预测，首先应该分析时间序列是否呈季节性变动，在确定存在季节性变动之后，考虑到时间序列还受长期趋势、周期波动和不规则变动影响，所以应设法剔除上述因素的影响，以测定季节变动。常见季节预测方法有平均数趋势整理法、趋势比环法、环比法和温特斯法等。本节首先简要介绍趋势外推法，然后给出变形监测中常用的指数平滑预测法原理及算例。

一、趋势外推法

使用该法的时间序列有两个假设条件：一是假设变形过程没有跳变式变化。一般属于渐进变化；二是假设变形体变形的因素也决定变形体未来发展。大量统计资料表明，多数变形体变形规律随时间按指数或接近指数规律增长。但是，同任何事物的发展一样，变形体的变形都不能按指数规律无限外推，否则将达到离奇的程度。变形体的变形有一个极限，并且接近极限时，变形速度减慢，即曲线斜率变小，所以一般指数曲线仅适用于预测远离极限值的变形发展情况。在趋势外推法中，由于模型种类很多，为了根据历史数据正确选择模型，常常利用差分把原时间序列转换为平稳序列，即利用差分法把数据修匀，使非平稳序列达到平稳序列。很多事物发展的模型可用多项式来表示，一次多项式(线性模型)在图形上是一条直线，而一阶差分是常数，它可用来描述随时间均匀变化的过程；二次多项式在图形上是一条抛物线，其一阶差分是一条直线，用来描述均匀变化的事物发展过程，其二阶差分是一常数。指数曲线预测不能预测接近极限值时的特性值，因为当接近极限值时，特性值已不按指数规律变化。如果考虑极限值的影响，就会发现事物经历发生、发展到成熟的过程，每一个阶段的发展速度是不同的，这就是常用的生长曲线。因为这条曲线形状近似于 S，所以又称 S 曲线，最有实用价值的 S 曲线是皮尔曲线和龚珀兹曲线。

二、指数平滑预测法

在趋势外推预测中，只是简单地假定根据过去资料建立的趋势外推模型适合未来，能代表未来趋势变化情况，且未来也和过去规律一样。但是现实工程中，模型保持不变的情况很少，在外推预测中，很难知道新的观测值与预测结果的偏差是由外部干扰造成的，还是由内部干扰造成的。而指数平滑法是一种自适应模型，可以自动识别数据模式的变化，例如，如果偏差是由内部干扰引起的，则可认为新的观测值与原有数据值对预测具有相同的影响价值，而赋予不同时期的数据以相同的权数；如果偏差是由外部干扰引起的，则新的观测值与原有数据值对预测结果具有不同的影响价值，而新的观测值对预测事件具有较高的影响价值。一般来说，越靠近期的数据对预测结果影响价值越大，反之越小。为了表明不同时期的数据对预测结果的影响价值不同，可分别赋予不同时期的数据以不同的权数，近期数据影响价值大，权数也大，远期数据影响价值小，权数亦小。这样，指数平滑就能自动识别数据模式变化了，因此说，指数平滑法是一种重要的时间序列预测方法。

(一) 一次指数平滑法

移动平均法优点是计算简单，适用于短期预测，其缺点是需要的数据量大。一次指数平滑预测法是从一次移动平均预测方法改进而来的，用指数平滑法进行趋势预测，要解决好两个问题：一是初始值的确定；二是加权系数的确定。

1. 基本理论说明

设时间序列为 $x_1,x_2,\cdots,x_N$，一次指数平滑数列的递推公式为

$$\begin{cases}S_t^1 = ax_t + (1-a)S_{t-1}^1 \qquad 0 < a < 1, 1 \leqslant t \leqslant N \\ S_0^1 = x_1\end{cases} \tag{5-49}$$

式中，S_t^1 表示第 t 时点的一次指数平滑值，a 称为平滑系数。递推公式(5-49)中，初始值 S_0^1 常用时间序列的首项 x_1(适用于历史数据个数较多，如 50 个历史数据及以上)，如果历史数据个数较少，如在 15 或 20 个数据及以下时，可以选用最初几期历史数据的平均值作为初始值 S_0^1，这些选择都有一定的经验性和主观性。

下面讨论平滑系数 a，将递推公式(5-49)展开得

$$\begin{aligned}S_t^1 &= ax_t + (1-a)S_{t-1}^1 = ax_t + (1-a)[ax_{t-1} + (1-a)S_{t-2}^1] \\ &= ax_t + a(1-a)x_{t-1} + (1-a)^2 S_{t-2}^1 = \cdots\cdots \\ &= ax_t + a(1-a)x_{t-1} + a(1-a)^2 x_{t-2} + \cdots + a(1-a)^{t-1}x_1 + (1-a)^t S_0^1\end{aligned} \tag{5-50}$$

容易看出，由于 $0 < a < 1$，x_i 的系数 $a(1-a)^i$ 随着 i 的增加而递减。注意到这些系数之和为 1，即

$$\sum_{i=1}^{t} a(1-a)^{i-1} + (1-a)^t = a\frac{1-(1-a)^t}{1-(1-a)} + (1-a)^t = 1 \tag{5-51}$$

于是，递推公式(5-49)中的 S_t^1 就是样本值 $x_1,x_2,\cdots,x_1$ 的一个加权平均，当用递推公式(5-49)来进行预测时，我们将用 S_t^1 作为第 $t+1$ 时点的预测值。从上面讨论可以看到，离预测时点 $t+1$ 最近的点 t 的值 x_t，其权 a 最大，其次为 x_{t-1} 的权 $a(1-a)\cdots$，x_1 的权最小。可见公式(5－49)是在认为新近数据对未来影响大，远期数据对未来影响小的情况下对原时间序列的加权平均(修匀)。

若平滑系数 $a=0$，此时有 $S_t^1 = S_{t-1}^1 = \cdots = S_0^1 = x_1$，这表明确定 S_0^1 后，每个点的平滑值皆等于 S_0^1，此时，每个点 i 的观察值 x_i 不起任何作用；若平滑系数 $a=1$，则有 $S_t^1 = x_t$。说明平滑后数列 S_t^1 就是原时间序列，即没有对原时间序列进行任何处理和修匀。对于平滑系数 a 来说，除了上述两种极端情况外，不可能出现 x_i 与 y_j 系数相同的情况。

综上所述，不难看出，$0 < a < 1$ 且比较接近 1 时，计算得到的一次指数平滑值对原历史数据的修匀程度将较小，平滑后的数列值 S_t^1 能够比较快地反映出原时间序列的实际变化。因此，对于变化较大或趋势性较强的时间序列变化反映较迟钝，对于变化较小或接近平稳的时间序列，应选择比较靠近零的平滑系数，使得平滑过程中的各数据的权数比较接近。

【例 5-4】大坝某观测点从 1992 ～ 2002 年位移变化情况及其一次指数平滑数列计算列表如表 5-9 所示。

表 5-9 一次指数平滑值计算表

时间	1992	1993	1994	1995	1996	1997	1998	1999	2000	2001	2002
位移	50	52	47	51	49	48	51	40	48	51	51
$a=0.2$	51	50.8	51.04	50.23	50.38	50.10	49.68	49.94	47.95	47.96	48.57
$a=0.5$	51	50.50	51.25	49.13	50.07	49.54	48.77	49.89	44.95	46.48	48.74
$a=0.8$	51	50.20	51.64	47.93	50.39	49.28	48.26	50.45	42.09	46.82	50.16

上例中选择第一期、二期的历史数据平均值作为一次指数平滑的初始值 S_0^1。从表 5-9 中可以看到，原时间序列变动较大，稍具有周期性。若想指数平滑后数列敏感地反映出最新的一些观测值变动，则应取较大的平滑系数 a，如 $a=0.8$。若想消除周期性变动，施加较大程度的修匀，以反映其长期趋势，则可取较小的 a，如 $a=0.2$。

2. 检验及预测

一次指数平滑法适用于变化比较平稳的时间序列作短期的预测。第 $t+1$ 时刻点的预测值 y_{t+1} 等于按递推公式(5-49) 计算的第 t 时刻点的一次指数平滑值 S_t^1，即，$y_{t+1}=S_t^1$。类似移动平均法，同一个问题随着平滑系数 a 的不同可以有若干个一次指数平滑预测值。因此，应该在一个合适的评价标准基础上选择一个合理的平滑系数 a。其方法是：首先计算与在原则上合理的多个平滑系数 a 相对应的平滑数列，然后分别计算其均方差 MSE 或计算其平均绝对误差 MAD，以 MSE 或 MAD 最小者对应的平滑系数及其预测值为最合理即

$$MAD=\frac{1}{N}\sum_{i=1}^{N}|e_t|\text{，而 } e_t=x_t-S_{t-1}^1=x_t-y_t \tag{5-52}$$

式中，e_t 反映了各个时刻点的平滑值 S_{t-1}^1 与实际值 x_t 之间的误差。计算误差数列 e_t 的自相关系数 r_t，若统计量

$$Q=(N-1)\cdot\sum_{t=1}^{m}r_t^2<\chi_\alpha^2(m-1) \tag{5-53}$$

则说明误差数列具有随机性，可以认为此时的预测是有效的(利用前面的 Matlab 程序 funcoef. m 判断)。一次指数平滑法的计算、检验及预测的 Matlab 程序如下(funesm1. m)。

【例 5-5】某监测点 2004 年 10 个月的位移值如表 5-10 所示，预测 2004 年 11 月的位移值。利用 funesm1. m 计算的部分结果如下。其他部分数据见表 5-10，程序中令 $S_0^1=x_1=423$，取 $L_0=0.01$，$L_1=0.05$，$L_2=0.95$，$m=7$，$\alpha=0.05$，对应的误差 e_t，也列于表 5-10 中。

表 5-10 历史数据、一次指数平滑值及误差值

月	0	1	2	3	4	5	6	7	8	9	10
序号	0	1	2	3	4	5	6	7	8	9	10
x_t		423	358	434	445	527	429	426	502	480	385
$S_t^1(\alpha=0.1)$	423	423	416.5	418.8	420.9	431.5	431.3	430.8	437.9	442.1	436.4
$e_t(\alpha=0.1)$		0	−65	17.5	26.7	106.1	−2.5	−5.3	71.2	42.1	−57.1
$S_t^1(\alpha=0.2)$	423	423	410	414.8	420.8	442	439.4	436.7	449.8	455.8	441.6
$e_t(\alpha=0.2)$		0	−65	24	30.2	106.2	−13	−13.4	65.3	30.2	−70.8
$S_t^1(\alpha=0.3)$	423	423	403.5	412.7	422.4	453.8	446.4	440.3	458.8	465.2	441.1
$e_t(\alpha=0.3)$		0	−65	30.5	32.3	104.6	−24.8	−20.4	61.7	21.2	−80.2

```
≫x = [423,358,434,445,527,429,426,502,480,385,427,446]
≫funesm1(x,0.10,0.05,0.95,7,0.05)
The smallest MAD and the corresponding a and forcast
MAD = 34.4613
a = 0.1000
y = 436.4976
```

这就是说，取平滑系数 $a=0.1$ 是合适的。此时的预测值是 $y=436.498$。输入时间序列 x，平滑系数初值 L_0，步长 L_1，终值 L_2。输入判断误差是否为随机误差时需要计算的自相关系数个数 m，显著水平 alpha。

```
function ESM1 = funesm1(x,L0,L1,L2,m,alpha)
s = zeros(round((L2 - L0)/L1),length(x));
e = zeros(1,length(x));
MAD = zeros(1,round((L2 - L0)/L1));
k = 0;
for a = L0 : L1 : L2
k = k + 1
    s(k,1) = x(1);
for i = 2:length(x)
    s(k,i) = a * x(i) + (1 - a) * s(k,i - 1);
    e(i) = x(i) - s(k,i - 1);
end
s(k,:),e
funcoef(e,m,alpha);
MAD(k) = mean(abs(e));
end
disp('The smallest MAD and the corresponding a and forcast')
MAD,[MAD,k] = min(MAD);
a = L0 + L1 * (k - 1),y = s(k,length(x))
end
```

(二) 二次指数平滑法

对于呈现出线性趋势的时间序列，在一次指数平滑数列的基础上用同一个平滑系数 a 再进行一次指数平滑，就是二次指数平滑，构成二次指数平滑数列 S_t^2 的递推公式如下。

令初始值 $S_0^2=S_0^1=x_1$（也可取其他值作为初始值，参见前面讨论），则有

$$\left.\begin{aligned} S_t^1 &= ax_t+(1-a)S_{t-1}^1 \\ S_t^2 &= aS_t^1+(1-a)S_{t-1}^2 \end{aligned}\right\} \tag{5-54}$$

二次指数平滑的目的是对原时间序列进行两次修匀，使得其不规则变动或周期变动尽量消掉，让时间序列的长期趋势性更能显示出来。对于平滑系数，同样有一个合理的选取问题。其方法与一次指数平滑法一样，先选取原则上较合理的多个 a 值分别计算，得到不同的数列 S_t^1、S_t^2，再根据均方差 MSE 或 MAD 最小原则确定较为合理的 a 值，并得到相应的二次指数平滑值。一般时间序列较平稳，a 值可小些，通常取 $a\in(0.05,0.30)$，若时间序列数据起伏较大，则 a 值应取较大的值，通常取 $a\in(0.70,0.95)$。

由于二次指数平滑较适用于具有线性趋势的时间序列，可用如下的直线趋势模型来预测

$$y_{t+T} = a_t + b_t \cdot T \tag{5-55}$$

式中，y_{t+T} 为 $t+T$ 期的预测值，t 为当前时期数，T 为当前时期数 t 到预测期的时期数；a_t，b_t 满足

$$a_t = S_t^1 + (S_t^1 - S_t^2) = 2S_t^1 - S_t^2, b_t = \frac{a}{1-a}(S_t^1 - S_t^2) \tag{5-56}$$

预测模型的有效性检验方法与一次指数平滑法一样，即通过自相关系数或 χ^2 检验方法进行检验，利用二次指数平滑法预测具有线性趋势性的时间序列的基本步骤如下。

(1) 根据历史数据(时间序列) 按照公式(5-49) 计算一次指数平滑值；

(2) 根据公式(5-54) 计算二次指数平滑值；

(3) 由公式(5-56) 计算 a_t，b_t，并由(5-55) 计算自时点起先前时期的预测值。

【例 5-6】某高层建筑物沉降观测，得十期观测结果。观测数据和一次及二次平滑预测见表 5-11。

解：从表 5-11 可以看出，原时间序列大体上呈现增长的趋势，取平滑系数 $a = 0.9$，用 Matlab 编程计算(计算结果填在表 5-11 中)。

表 5-11　观测数据、二次指数平滑值及误差

期数		1	2	3	4	5	6	7	8	9	10
x_1		10.1	10.7	11.2	11.7	12.1	12.3	12.2	12.6	13.2	13.7
S_t^1	10.1	10.1	10.64	11.14	11.64	12.05	12.28	12.21	12.56	13.14	13.64
S_t^2	10.1	10.1	10.59	11.09	11.59	12.00	12.25	12.21	12.53	13.08	13.56
a_t			10.69	11.20	11.70	12.10	12.30	12.20	12.60	13.20	13.70
b_t			0.49	0.50	0.50	0.42	0.24	−0.040	0.31	0.55	0.51
y_t				11.18	11.70	12.20	12.52	12.54	12.17	12.91	13.75
e_t				0.02	−0.002	−0.101	−0.220	−0.343	0.434	0.296	−0.046

```
function ESM2 = funesm2(x,L0,L1,L2,m,alpha)
T = input('T = ')
s1 = zeros(round((L2 - L0)/L1),length(x));
s2 = zeros(round((L2 - L0)/L1),length(x));
a2 = zeros(round((L2 - L0)/L1),length(x));
b2 = zeros(round((L2 - L0)/L1),length(x));
y = zeros(round((L2 - L0)/L1),length(x) + T);
e2 = zeros(round((L2 - L0)/L1),length(x));
MAD2 = zeros(1,round((L2 - L0)/L1));k = 0;
for a = L0 : L1 : L2
k = k + 1;
s1(k,1) = x(1);
s2(k,1) = x(1);
for i = 2:length(x)
  s1(k,i) = a * x(i) + (1 - a) * s1(k,i - 1);
```

```
    s2(k,i) = a * s1(k,i) + (1 - a) * s2(k,i - 1);
    a2(k,i) = 2 * s1(k,i) - s2(k,i);
    b2(k,i) = (s1(k,i) - s2(k,i)) * (a/(1 - a));
    y(k,i + T) = a2(k,i) + b2(k,i) * T;
    if i + T <= length(x)
      e2(k,i + T) = x(i + T) - y(k,i + T);
  end
  end
  's1':,s1(k,:),'s2:',s2(k,:),'a2:',a2(k,:),'b2:',b2(k,:),'y:',y(k,:),'e2:',e2(k,:),
  funcoef(e2(k,:),m,alpha);
  MAD2(k) = mean(abs(e2(k,:)));
  end
  MAD2;[MAD2,k] = min(MAD2);
  a = L0 + L1 * (k - 1),y(k,length(x) + T)
  end
```

输入时间序列 x 平滑系数初值 L_0，步长 L_1，终值 L_2。

```
>> x = [10.1,10.7,11.2,11.7,12.1,12.3,12.2,12.6,13.2,13.7]
>> funesm2(x,0.90,0.05,0.90,4,0.05)
T = ?
```

当 T 输入 1 时，ans = 14.21；当 T 输入 6 时，ans = 16.77。即有，第 11 期的预测值为 $y = 13.70 + 0.51 \times 1 = 14.21$；第 16 期的预测值为 $y = 13.70 + 0.51 \times 6 = 16.77$。

§5-7　监测数据的灰色系统预测方法

用数学模型和数据序列的潜在信息进行定量预测是变形分析和预测的有效方法。研究表明，当观测数列较长，各种数学建模方法均可获得满意的预测结果。但对于短数据序列，由于其信息量少、规律性不强，使得某些方法(如统计预测法)存在较大难度。灰色系统理论对变形监测的短数据序列建模，显示了一定的优越性，它提供了贫信息情况下解决变形系统问题的新途径。该法不是通过大样本进行研究，来寻找相关数据的统计规律，而是用数据生成的方法，将杂乱无章的原始数据整理成规律性强的生成数列再作研究。前面所介绍的基于概率统计追求大样本的多元线性回归，必须先知道分布规律和发展趋势，而时间序列法只致力于数据的拟合，不注重规律的发现。

一、灰色系统概述

从一个系统的有关信息是否已知的角度来看，所有的系统不外乎是白色系统、黑色系统或者灰色系统。所谓白色系统是指该系统的有关信息对于研究者来说都是清楚的；黑色系统则是该系统的有关信息对于研究者来说都是未知的。显然，灰色系统是指介于两者之间的一种系统，是指该系统有些信息是已知的，还有些信息是未知的。灰色系统理论认为任何随机过程都是在一定幅值范围、一定时区内变化的灰色量，称随机过程为灰色过程。在处理技术上，灰色过程是通过原始数据的整理来寻找规律的，称为数的生成，这是一种就数找数的现实规律的途径。而基于概率统计的随机过程，则是按统计规律，按先验规律来处理问题，做这种处理，要求数据越多越好，或者说它是建立在大样本的基础上的。事实上，即使有了大样本量也不一定能找到规律，有了统计规律也不一定是典型的，而非典型的过程（如非平稳、非高斯分布和非白噪音等）是难以处理的，有些变形体的变形过程是非平稳的随机过程。而灰色过程则无此限制，事实上将许多历史数据作累加处理后便出现了明显的指数规律。这是由于尽管客观系统表象复杂，数据离乱，但它总是有整体功能，总是有序的。因此，它必然潜藏着某种内在规律，关键在于用适当方式去挖掘它。

灰色系统分析方法通常只要有 4 个以上数据即可进行灰色建模，建模所需信息较少；不用知道原始数据分布的先验特征，通过有限次的生成便可将无规则序列或服从任何分布的任意光滑离散的原始序列转化为有规则序列；所建模型是常系数性质的，其参数分布是“灰”的，因此可保持原系统的特征，能较好地反映系统的实际情况，建模精度较高。本节只介绍变形监测中常用的灰色预测模型 GM(1,1) 和 GM(1,n)。

二、GM 模型建立

GM 模型即指灰色模型(Gray Model)。灰色系统预测主要以 GM(m,n) 模型为主，这里 m 为模型微分方程的阶数，n 为预测变量的个数。由于系统被噪音污染后，使得历史数据呈现出离乱的情况。离乱的数列即灰色数列（或者灰色过程），对灰色过程建立的模型，便称为灰色模型。一般建模是用数据序列建立差分方程，而灰色建模则是用历史数据作生成后建立微分方程模型。灰色生成是指对数列$\{x^0\}$中的数据 $x^0(k)$ 按某种要求作数据处理（或数据变换）。灰色理论对灰量、灰过程的处理，不是找概率分布、求统计规律，而是用“生成”的方法，求得随机性弱化、规律性强化的新数列，此数列的数据称为生成数。利用生成数建模，是灰色理论的重要特点之一，通常灰色系统生成方式有累加生成、累减生成、均值化生成和级比生成等。

（一）GM(1,1) 模型

GM(1,1) 模型是最常用的一种灰色模型，它由一个只包含单变量的一阶微分方程构成的模型，是 GM(1,n) 模型的特例。建立 GM(1,1) 模型只需要一个历史数据序列 $x^{(0)}$：$x^{(0)}(1)$，$x^{(0)}(2)\cdots$，$x^{(0)}(n)$。定义累加生成序列：原始数列中的第 1 个数据保持不变，作为新数列的第 1 个数据；新数列的第 2 个数据是原始的第 1 个与第 2 个数据相加；新数列的第 3 个数据是原始的第 1 个、第 2 个与第 3 个相加，依此类推。这样得到的新数列，称为累加生成数列(Accumulated Generating Operation，AGO)。记 $x^{(1)}$ 为 $x^{(0)}$ 的一次累加生成数列（记 1－AGO），累加生成能使任意非负数列、摆动的与非摆动的转化为非减的、递增的数列。换言之，通过累加生成后得到的生成数列，随机性弱化了，规律性增强。已经证明，对原始非负数列 $x^{(0)}$ 做 1－AGO 后得到的生成数列 $x^{(1)}$ 具有近似的指数律，称为灰指规律。$x^{(0)}$ 的光滑度越大，则 $x^{(0)}$ 的灰度越小，即指数律越白。如果对 $x^{(0)}$ 作 i－AGO 后已获得较白的指数律，则不必再作(i＋1)－AGO，否则指数的灰度不但不会减少，反而会增加。因为指数律的灰度与 AGO 的次数没有比例关系。

1. 灰色生成

设原始数据序列为 $x^{(0)}=\{x^{(0)}(1),x^{(0)}(2),\cdots,x^{(0)}(n)\}$，将该数列作一次累加生成得到新的序列 $x^{(1)}=\{x^{(1)}(1),x^{(1)}2,\cdots,x^{(1)}n\}$。其中

$$x^{(1)}(k)=\sum_{i=1}^{k}x^{(0)}(i),\quad (k=1,2,3\cdots,n) \tag{5-57}$$

具体地说，就是

$$\begin{cases} x^{(0)}(1) = x^{(0)}(1) \\ x^{(1)}(k) = x^{(0)}(k) + x^{(1)}(k-1), k = 2,3,\cdots,n \end{cases} \tag{5-58}$$

2. 模型建立

用 $x^{(1)}$ 灰色模块构成微分方程

$$\frac{\mathrm{d}x^{(1)}}{\mathrm{d}t} + ax^{(1)} = u \tag{5-59}$$

按导数定义

$$\frac{\mathrm{d}x}{\mathrm{d}t} = \lim_{\Delta t \to 0} \frac{x(t+\Delta t) - x(t)}{\Delta t} \tag{5-60}$$

以离散形式表示，微分项可写成

$$\frac{\mathrm{d}x^{(1)}}{\mathrm{d}t} = \frac{\Delta x^{(1)}}{\Delta t} = \frac{x^{(1)}(k+1) - x^{(1)}(k)}{k+1-k} = x^{(1)}(k+1) + x^{(1)}(k) \tag{5-61}$$

对微分方程(5-59)中的 x 取 k 和 $k+1$ 的平均值，即 $[x^{(1)}(k+1) + x^{(1)}(k)]/2$，则式(5-59)可写成

$$[x^{(1)}(k+1) - x^{(1)}(k)] + a\frac{[x^{(1)}(k+1) + x^{(1)}(k)]}{2} = u \tag{5-62}$$

因为 $x^{(0)}(k+1) = x^{(1)}(k+1) - x^{(1)}(k)$，写成矩阵形式有

$$\begin{bmatrix} x^{(0)}(2) \\ x^{(0)}(3) \\ \vdots \\ x^{(0)}(n) \end{bmatrix} = \begin{bmatrix} -\frac{1}{2}[x^{(1)}(1) + x^{(1)}(2)] & 1 \\ -\frac{1}{2}[x^{(1)}(2) + x^{(1)}(3)] & 1 \\ \vdots & \vdots \\ -\frac{1}{2}[x^{(1)}(n-1) + x^{(1)}(n)] & 1 \end{bmatrix} \begin{bmatrix} a \\ u \end{bmatrix} \tag{5-63}$$

令

$$\boldsymbol{Y}_n = \begin{bmatrix} x^{(0)}(2) \\ x^{(0)}(3) \\ \vdots \\ x^{(0)}(n) \end{bmatrix}, \boldsymbol{B} = \begin{bmatrix} -\frac{1}{2}[x^{(1)}(1) + x^{(1)}(2)] & 1 \\ -\frac{1}{2}[x^{(1)}(2) + x^{(1)}(3)] & 1 \\ \vdots & \vdots \\ -\frac{1}{2}[x^{(1)}(n-1) + x^{(1)}(n)] & 1 \end{bmatrix}, \boldsymbol{A} = \begin{bmatrix} a \\ u \end{bmatrix} \tag{5-64}$$

则有 $\boldsymbol{Y}_n = \boldsymbol{BA}$，其中 $\boldsymbol{Y}_n$ 和 $\boldsymbol{B}$ 为已知量，$\boldsymbol{A}$ 为待定参数。在(5-63)方程组中，由于变量只有 a 和 u 两个，方程数有 $n-1$ 个，故方程组没有通常意义下的解。可用最小二乘法则得到最小二乘近似解，因而将矩阵方程 $\boldsymbol{Y}_n = \boldsymbol{BA}$ 改写为

$$\boldsymbol{Y}_n = \boldsymbol{B}\hat{\boldsymbol{A}} + \boldsymbol{E} \tag{5-65}$$

式中，$\boldsymbol{E}$ 为误差项，$\hat{\boldsymbol{A}}$ 为最小二乘估计值。欲使

$$\|\boldsymbol{E}\|^2 = \|\boldsymbol{Y}_n - \boldsymbol{B}\hat{\boldsymbol{A}}\|^2 = (\boldsymbol{Y}_n - \boldsymbol{B}\hat{\boldsymbol{A}})^{\mathrm{T}}(\boldsymbol{Y}_n - \boldsymbol{B}\hat{\boldsymbol{A}}) = \min \tag{5-66}$$

求得方程式(5-65)的最小二乘解为

$$\hat{\boldsymbol{A}} = (\boldsymbol{B}^{\mathrm{T}}\boldsymbol{B})^{-1}\boldsymbol{B}^{\mathrm{T}}\boldsymbol{Y}_n = \begin{bmatrix} \hat{a} \\ \hat{\mu} \end{bmatrix} \tag{5-67}$$

代回式(5-59)有

$$\frac{\mathrm{d}x^{(1)}}{\mathrm{d}t} + \hat{a}x^{(1)} = \hat{\mu} \tag{5-68}$$

解得

$$\hat{x}^{(1)}(t) = \left[x^{(1)}(1) - \frac{\hat{\mu}}{\hat{a}}\right] \cdot e^{-\hat{a}t} + \frac{\hat{\mu}}{\hat{a}} \tag{5-69}$$

写成离散形式为

$$\hat{x}^{(1)}(k+1) = \left[x^{(0)}(1) - \frac{\hat{\mu}}{\hat{a}}\right] \cdot e^{-\hat{a}k} + \frac{\hat{\mu}}{\hat{a}}, k = 0,1,2,\cdots \tag{5-70}$$

经累加之后的序列 $x^{(1)}$ 已失去其原来的物理意义,因此在利用该模型进行预测时,还必须对 AGO 生成的序列进行逆变换还原。则有 GM(1,1) 预测模型方程为

$$\hat{x}^{(0)}(k+1) = \hat{x}^{(1)}(k+1) - \hat{x}^{(1)}(k) \tag{5-71}$$

3. 模型检验

模型建立后,应该对模型进行检验,如果检验合格,则可用它来预测。灰色预测模型检验有残差检验、关联度检验和后验差检验,下面介绍常用的后验差检验的原理和步骤。后验差是根据模型预测值与实际值之间的统计情况,进行检验的方法,这是从概率预测方法中移植过来的。其内容是以残差(绝对误差)为基础,根据各期残差绝对值的大小,考察残差较小的点出现的概率,以及预测误差方差有关指标的大小,具体过程如下。

(1) 计算残差

设原始数列 $x^{(0)}$,预测值序列 $\hat{x}^{(0)}$,则 k 时刻残差为

$$\varepsilon(k) = x^{(0)}(k) - \hat{x}^{(0)}(k) \quad , \quad k = 1,2,\cdots,n \tag{5-72}$$

(2) 计算原数列 $x^{(0)}$ 平均值

$$\hat{x}^{(0)} = \frac{1}{n}\sum_{k=1}^{n} x^{(0)}(k) \quad , \quad k = 1,2,\cdots,n \tag{5-73}$$

(3) 计算残差平均值

$$\hat{\varepsilon} = \frac{1}{n}\sum_{k=1}^{n} \varepsilon(k) \quad , \quad k = 1,2,\cdots,n \tag{5-74}$$

(4) 原数据序列方差计算

$$S_1^2 = \frac{1}{n}\sum_{k=1}^{n} (x^{(0)}(k) - \hat{x}^{(0)})^2 \quad , \quad k = 1,2,\cdots,n \tag{5-75}$$

(5) 残差方差计算

$$S_2^2 = \frac{1}{n}\sum_{k=1}^{n} (\varepsilon(k) - \bar{\varepsilon})^2 \quad , \quad k = 1,2,\cdots\cdots,n \tag{5-76}$$

作为后验差的检验指标,通常考虑后验差比值 C 和小误差概率 P,这两个指标可由下式给出

$$C = \frac{S_2}{S_1} \quad , \quad P = P\{|\varepsilon(k) - \bar{\varepsilon}| < 0.6745 \cdot S_1\} \tag{5-77}$$

根据 C 和 P 可综合评定预测模型的精度。指标 C 越小越好，C 越小，表示 S_1 越大，而 S_2 越小。S_1 大表明历史数据方差大，即历史数据离散程度就大；S_2 小表明残差方差小，即残差离散程度小。C 小表明尽管历史数据很离散，而模型所得的预测值与实际值之差并不太离散。指标 P 越大越好，P 越大，表示残差与残差平均值之差小于 $0.6745S_1$ 给定值的点较多。表 5-12 给出预测精度和 P,C 值的关系，可用于变形监测工程评价上。

表 5-12　预测精度等级划分表

预测精度等级	P	C
好(一级)	$P \geqslant 0.95$	$C \leqslant 0.35$
合格(二级)	$0.8 \leqslant P \leqslant 0.95$	$0.35 < C \leqslant 0.5$
勉强(三级)	$0.7 \leqslant P \leqslant 0.8$	$0.5 < C \leqslant 0.65$
不合格(四级)	$P < 0.7$	$C > 0.65$

4. GM(1,1) 模型应用实例

【例 5-7】某沉降监测结果 $x^{(0)} = \{29.5,31.3,33.0,34.5,37.8,40.7,41.8,44.5,49.7\}$，试建立灰色 GM(1,1) 预测模型。

解：(1) 计算原始序列 $x^{(0)}$ 的累加生成值

$$x^{(1)}(1) = x^{(0)}(1) = 29.5$$
$$x^{(1)}(2) = x^{(1)}(1) + x^{(0)}(2) = 60.8$$
$$x^{(1)}(3) = x^{(1)}(2) + x^{(0)}(3) = 93.8$$
$$x^{(1)}(4) = x^{(1)}(3) + x^{(0)}(4) = 128.3$$
$$x^{(1)}(5) = x^{(1)}(4) + x^{(0)}(5) = 166.1$$
$$x^{(1)}(6) = x^{(1)}(5) + x^{(0)}(6) = 206.8$$
$$x^{(1)}(7) = x^{(1)}(6) + x^{(0)}(7) = 248.6$$
$$x^{(1)}(8) = x^{(1)}(7) + x^{(0)}(8) = 293.1$$
$$x^{(1)}(9) = x^{(1)}(8) + x^{(0)}(9) = 342.8$$

因此得 $x^{(1)} = \{29.5,60.8,93.8,128.3,166.1,206.8,248.6,293.1,342.8\}$。

(2) 计算模型的数据矩阵 $\boldsymbol{B}$ 和 $\boldsymbol{Y}_8$

$$\boldsymbol{B} = \begin{bmatrix} -\frac{1}{2}[x^{(1)}(1) + x^{(1)}(2)] & 1 \\ -\frac{1}{2}[x^{(1)}(2) + x^{(1)}(3)] & 1 \\ \vdots & \vdots \\ -\frac{1}{2}[x^{(1)}(8) + x^{(1)}(9)] & 1 \end{bmatrix} = \begin{bmatrix} -45.15 & 1 \\ -77.30 & 1 \\ -111.05 & 1 \\ -147.20 & 1 \\ -186.45 & 1 \\ -227.70 & 1 \\ -270.70 & 1 \\ -317.95 & 1 \end{bmatrix}, \quad \boldsymbol{Y}_8 = \begin{bmatrix} x^{(0)}(2) \\ x^{(0)}(3) \\ \vdots \\ x^{(0)}(8) \end{bmatrix} = \begin{bmatrix} 31.3 \\ 33.0 \\ 34.5 \\ 37.8 \\ 40.7 \\ 41.8 \\ 44.5 \\ 49.7 \end{bmatrix}$$

(3) 求模型参数 $\hat{a}$ 和 $\hat{\mu}$

$$\begin{bmatrix}\hat{a}\\ \hat{\mu}\end{bmatrix}=(\boldsymbol{B}^{T}\boldsymbol{B})^{-1}\boldsymbol{B}^{T}\boldsymbol{Y}_8=\left[\begin{pmatrix}-45.15 & 1\\ -77.30 & 1\\ -111.05 & 1\\ -147.20 & 1\\ -186.45 & 1\\ -227.70 & 1\\ -270.85 & 1\\ -317.95 & 1\end{pmatrix}^{T}\begin{pmatrix}-45.15 & 1\\ -77.30 & 1\\ -111.05 & 1\\ -147.20 & 1\\ -186.45 & 1\\ -227.70 & 1\\ -270.70 & 1\\ -317.95 & 1\end{pmatrix}\right]^{-1}\begin{pmatrix}-45.15 & 1\\ -77.30 & 1\\ -111.05 & 1\\ -147.20 & 1\\ -186.45 & 1\\ -227.70 & 1\\ -270.85 & 1\\ -317.95 & 1\end{pmatrix}^{T}\begin{bmatrix}31.3\\ 33.0\\ 34.5\\ 37.8\\ 40.7\\ 41.8\\ 44.5\\ 49.7\end{bmatrix}=\begin{bmatrix}-0.06489\\ 27.93463\end{bmatrix}$$

(4) 建立沉降灰色预测模型

$$\hat{x}^{(1)}(k+1)=[x^{(0)}-\frac{\hat{\mu}}{\hat{a}}]\cdot e^{-\hat{a}k}+\frac{\hat{\mu}}{\hat{a}}=459.99\cdot e^{0.06489k}-430.49$$

$$\hat{x}^{(0)}(k+1)=\hat{x}^{(1)}(k+1)-\hat{x}^{(1)}(k)$$

预测结果见表 5-13 所示。

表 5-13　实测和预测比较

监测值	29.5	31.3	33.0	34.5	37.8	40.7	41.8	44.5	49.7
预测值	29.5	30.8	32.9	35.1	37.5	40.0	42.7	45.5	48.6
误　差	0.0	0.5	0.1	−0.6	0.3	0.7	−0.9	−1.0	1.1

(5) 模型精度的后验差检验

监测数据方差：$S_1^2=\frac{1}{n}\sum_{k=1}^{n}[x^{(0)}(k)-\overline{x}^{(0)}]^2=39.6$

残差方差：$S_2^2=\frac{1}{n}\sum_{k=1}^{n}[\varepsilon(k)-\overline{\varepsilon}]^2=2.7$

后验差比值：$C=\frac{S_2}{S_1}=0.26<0.35$

小误差概率：$P=P\{|\varepsilon(k)-\overline{\varepsilon}|<0.6745\times\sqrt{39.6}\}=1>0.95$

因此，模型的精度为一级。该题可利用下面 fungry.m 程序计算

```
 % GM(1,1) 模型及检验、作图 % 输入原始数据 x0
    function  gm1 = fungry1(x0)
    'T = input('T = '); % 从键盘输入从最后一个历史数据算起的第 T 时点，
    x1 = zeros(1,length(x0));B = zeros(length(x0) - 1,2);
    yn = zeros(length(x0) - 1,1);Hatx0 = zeros(1,length(x0) + T);
    Hatx00 = zeros(1,length(x0));Hatx1 = zeros(1,length(x0) + T);
    epsilon = zeros(length(x0),1);omega = zeros(length(x0),1);
    for i = 1:length(x0)
    for j = 1 : i
        x1(i) = x1(i) + x0(j);
    end
end
for i = 1:length(x0) - 1
    B(i,1) = (- 1/2) * (x1(i) + x1(i + 1));
```

```
    B(i,2) = 1;
    yn(i) = x0(i + 1);
end
HatA = (inv(B′ * B)) * B′ * yn %GM(1,1)模型参数估计
for k = 1:length(x0) + T
    Hatx1(k) = (x0(1) - HatA(2)/HatA(1)) * exp(- HatA(1) * (k - 1)) + HatA(2)/HatA(1);
end
    Hatx0(1) = Hatx1(1);
for k = 2:length(x0) + T
    Hatx0(k) = Hatx1(k) - Hatx1(k - 1); % 累减还原得到历史数据的模拟值
end
for i = 1:length(x0) % 开始模型检验
    epsilon(i) = x0(i) - Hatx0(i);
    omega(i) = (epsilon(i)/x0(i)) * 100;
end
% x0;Hatx0;epsilon;omega; % 必要时去掉 % 得到各种数据
c = std(epsilon)/std(x0); p = 0;
for i = 1:length(x0)
    if abs(epsilon(i) - mean(epsilon)) < 0.6745 * std(x0)
        p = p + 1;
    end
end
p = p/length(x0)
if p > 0.95 & c < 0.35
    disp('the model is good,and the forecast is:'),
    disp(Hatx0(length(x0) + T))
    elseif p > 0.85 & c < 0.5
    disp('the model is eligibility,and th forecast is:'),
    disp(Hatx0(length(x0) + T))
elseif p > 0.7 & c < 0.65
    disp('the model is not good,and the forecast is:'),
    disp(Hatx0(length(x0) + T))
    else p <= 0.70 & c > 0.65
    disp('the model is bad and try again')
    end
    for i = 1:length(x0)
    Hatx00(i) = Hatx0(i);
    end
    z = 1:length(x0);
    plot(z,x0,' - ',z,Hatx00,':') % 将原始数据和模拟值画在一个图上
    text(2,x0(2),'History data:real line')
```

```
text(length(x0)/2,Hatx00(length(x0))/2,'simulation data:broken line')
end
>> fungry1(x0)
T = 1
HatA = - 0.06489, 27.93463
```

(二)GM(1,n) 模型

前面的 GM(1,1) 模型表示一阶的,一个变量的微分方程预测模型,用于一个单一的时间序列随时间变化而变化的数列预测。但在实际的变形体变形中,往往是一个时间序列与多个因素有关系,对于这样的时间序列预测问题,可以建 GM(1,n) 立模型。这表示一阶的,n 个变量的微分方程预测模型,用于建立变形量和若干影响变量之间的关系。

考虑 $x_1, x_2, \cdots, x_n$ 等 n 个变量,有 n 个数列,即

$$x_i^{(0)} = \{x_i^{(0)}(1), x_i^{(0)}(2), \cdots, x_i^{(0)}(n)\} \qquad i = 1,2,\cdots,n \tag{5-78}$$

对 $x_i^{(0)}$ 作累加生成(1-AGO)$x_i^{(1)}(k) = \sum\limits_{m=1}^{k} x_i^{(0)}(m)$,即

$$x_i^{(1)} = \{x_i^{(1)}(1), x_i^{(1)}(2), \cdots, x_i^{(1)}(n)\} = \left\{\sum_{m=1}^{1} x_i^{(0)}(m), \sum_{m=1}^{2} x_i^{(0)}(m), \cdots, \sum_{m=1}^{n} x_i^{(0)}(m)\right\} \tag{5-79}$$

类似 GM(1,1) 模型,构造一阶线性微分方程为

$$\frac{\mathrm{d}x^{(1)}}{\mathrm{d}t} + ax^{(1)} = b_1 x_2^{(1)} + b_2 x_3^{(1)} + \cdots + b_{n-1} x_n^{(1)} \tag{5-80}$$

这是一阶 n 个变量的微分方程模型,故称为 GM(1,n) 模型,记参数$\hat{\boldsymbol{a}} = (a, b_1, b_2, \cdots, b_{n-1})^{\mathrm{T}}$,按最小二乘法可求$\hat{\boldsymbol{a}} = (\boldsymbol{B}^{\mathrm{T}}\boldsymbol{B})^{-1}\boldsymbol{B}^{\mathrm{T}}\boldsymbol{y}_n$。其中

$$\boldsymbol{B} = \begin{bmatrix} -\frac{1}{2}[x_1^{(1)}(1) + x_1^{(1)}(2)] & x_2^{(1)}(2) & \cdots & x_n^{(1)}(2) \\ -\frac{1}{2}[x_1^{(1)}(2) + x_1^{(1)}(3)] & x_2^{(1)}(3) & \cdots & x_n^{(1)}(3) \\ \vdots & \vdots & \vdots & \vdots \\ -\frac{1}{2}[x_1^{(1)}(n-1) + x_1^{(1)}(n)] & x_2^{(1)}(n) & \cdots & x_n^{(1)}(n) \end{bmatrix}, \boldsymbol{y}_n = \begin{bmatrix} x_1^{(0)}(2) \\ x_1^{(0)}(3) \\ \vdots \\ x_1^{(0)}(n) \end{bmatrix} \tag{5-81}$$

由此可求得参数列$\hat{\boldsymbol{a}}$ 的唯一解,将参数$\hat{\boldsymbol{a}}$ 代回到式(5-80),则得到由 n 个变量建立起来的系统状态方程。解此方程可得

$$\hat{x}_1^{(1)}(k+1) = [x_1^{(0)}(1) - \frac{1}{a}\sum_{i=2}^{n} b_{i-1} x_i^{(1)}(k+1)]e^{-ak} + \frac{1}{a}\sum_{i=2}^{n} b_{i-1} x_i^{(1)}(k+1) \tag{5-82}$$

再累减还原,得 $x_i^{(0)}$ 的预测模型为

$$\hat{x}_1^{(0)}(k+1) = \hat{x}_1^{(1)}(k+1) - \hat{x}_1^{(1)}(k) \tag{5-83}$$

由此即可对$\hat{x}_1^{(0)}$ 进行预测。

§5-8　变形预测的神经网络模型

一般情况，变形体的变形呈非线性特征。神经网络在处理非线性问题上，具有独特的优越性，为非线性系统的建模、识别和预测提供一个崭新而有效的途径。传统的预测方法是寻求输入和输出变量之间的线性关系(即使处理非线性问题，也常用分段线性化方法)，而神经网络方法通过转换函数(传递函数)直接寻求输入和输出变量之间的非线性关系。它充分运用其较强的非线性映射能力，利用实测资料来对复杂的非线性的变形体直接建模，而不需要设计任何数学模型，通过对非线性函数的复合来逼近输入和输出之间的映射。基本思想是先用神经网络建立变形影响参数与变形之间的非线性关系，再将待测点的实测影响变形的参数输入到已训练好的网络中，即可预测变形量。

一、人工神经元网络模型概述

人工神经元网络结构和工作机理基本上是以人脑的组织结构(大脑神经元网络)和活动为背景的，它反映了人脑的某些基本特征，但并不是对人脑部分的真实再现，可以说它是某种抽象、简化或模仿。参照生物神经网络发展起来的人工神经网络现已有许多类型，但它们中的基本单元——神经元的结构是基本相同的。

(一)人工神经元

人工神经元模型是生物神经元的模拟与抽象。这里说的抽象是从数学角度而言，所谓模拟是以神经元的结构和功能而言的。图 5-9 是一种典型的人工神经网络模型。人工神经元相当于一个多输入单输出的非线性阈值器件，这里的 $x_1,x_2,\cdots,x_n$ 表示它的 n 个输入；$\omega_1,\omega_2,\cdots,\omega_n$ 表示与它相连的 n 个输入突触的连接强度，其称为权值；$\sum\omega_i x_i$ 称为激活值，表示这个人工神经元的输入总和；O 表示这个人工神经元的输出；θ 表示这个人工神经元的阈值。如果输入信号的加权和超过 θ，则人工神经被激活，这样，人工神经元的输出可描述为

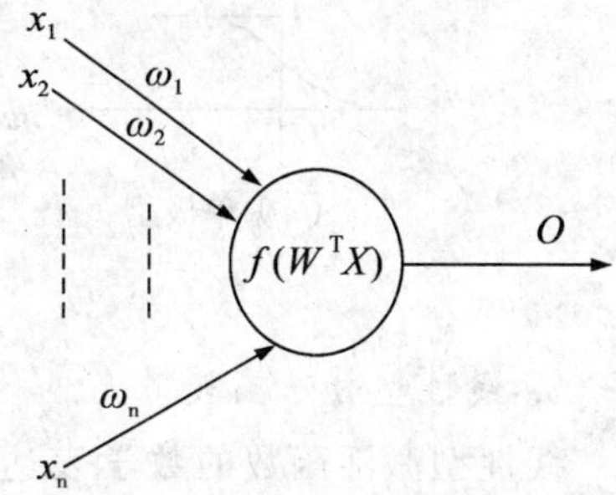

图 5-9　人工神经元网络模型

$$O=f(\sum\omega_i x_i-\theta) \tag{5-84}$$

式中，f 是表示神经元输入和输出关系的函数，称为激活函数或输出函数；令 $W=[\omega_1\quad\omega_2\quad\cdots\quad\omega_n]$ 为权矢量；$\boldsymbol{X}=[x_1\quad x_2\quad\cdots\quad x_n]$ 为输入矢量；$net=\boldsymbol{W}^{T}\boldsymbol{X}$ 是权与输入矢量的矢量积(标量)；$f(\boldsymbol{W}^{T}\boldsymbol{X})$ 是激活函数，它可以写成 $f(net)$。激活函数有多种类型，其中比较常用的可归结为 3 种形式：阈值型、S 型和线性型。

1. 阈值型激活函数

阈值型激活函数是最简单的，它是由美国心理学家麦克洛赫(McCulloch)和数学家匹茨(Pitts)于 1941 年共同提出的，因此，常称为 M—P 模型。其输出状态取两值(1,0 或 +1，−1)，分别代表人工神经元的兴奋和抑制，也可称它为阶跃响应函数。它的输入输出关系如图 5-10 所示，这个函数特性硬，它的函数表达式是非线性的。

$$f(net) = \operatorname{sgn}(net) = \begin{cases} +1 & net \geqslant 0 \\ 0 & net < 0 \end{cases} \text{或} f(net) = \operatorname{sng}(net) = \begin{cases} +1 & net \geqslant 0 \\ -1 & net < 0 \end{cases} \quad (5\text{-}85)$$

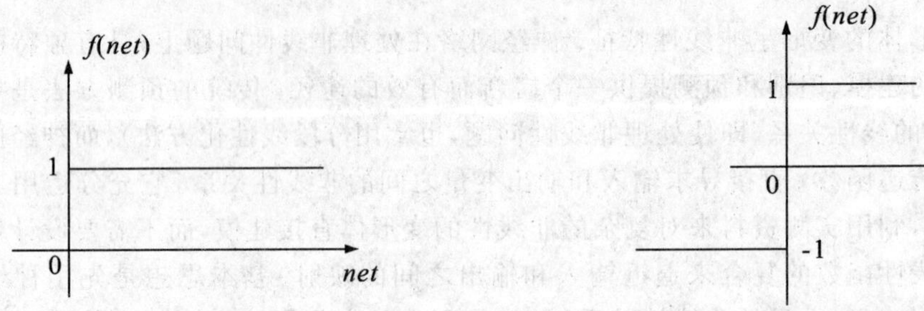

（a）单极型 （b）双极型

图 5-10 阀值型激活函数

2. S 型激活函数

S 型激活函数的输出特性比较软，其输出状态的取值范围为[0,1]或[−1,1]。它的输入输出关系如图 5-11 所示，其函数表达式为

$$f(net) = \frac{1}{1 + \exp(-net)} \text{或} f(net) = \frac{2}{1 + \exp(-net)} \quad (5\text{-}86)$$

（a）单极型 （b）双极型

图 5-11 S 型激活函数

3. 线性型激活函数

线性型激活函数的数学表达式为 $f(net) = net$，输入输出关系如图 5-12 所示。

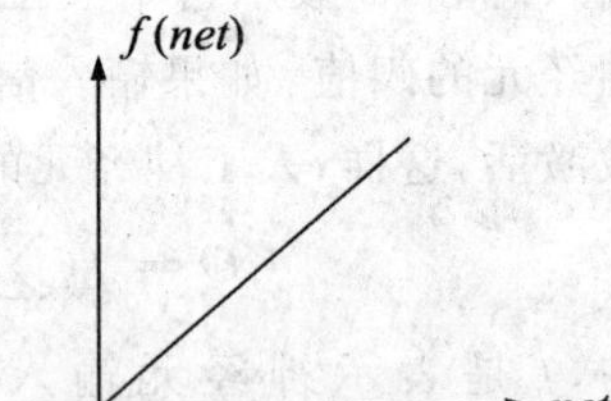

图 5-12 线性型激活函数

综上所述，人工神经元具有以下特点：人工神经元是一多输入、单输出元件，它具有非线性的输入、输出特性；它具有可塑性，其塑性变化的部分主要是权值的变化；人工神经元的输出响应是各个输入值综合作用的结果，输入分为兴奋型（正值）和抑制型（负值）。

（二）人工神经元网络模型

如果将前面介绍的人工神经元通过一定的结构组织起来，就可构成人工神经元网络。根据神经元之间连接的拓扑结构的不同，可将神经元网络分为两大类，即分层网络和相互连接型网络。

分层网络是将一个网络模型中的所有神经元按功能分为若干层，一般有输入层、中间层和输出层，各层顺序连接。输入层接受外部输入信号，并由各输入单元传送给直接相连的中间层各单元。中间层是网络的内部处理单元层，与外部无直接连接。根据处理功能的不同，中间层可以有多层也可以没有。由于中间层单元不直接与外部输入输出打交道，故常将人工神经元网络的中间层称为隐含层。输出层是网络输出运行结果并与显示设备或执行机构相连接的部分。分层网络可以细分为3种互连形式：简单的前向网络、具有反馈的前向网络以及层内有互相连接的前向网络。如图5-13(a)所示为简单前向网络结构图，输入模式由输入层进入网络，经中间层的模式变换，由输出层产生输出模式。这是最简单的分层网络结构，所谓前向网络是由分层网络逐层模式变换处理的方向而得名的。常用的BP网络就是一个典型的前向网络。图5-13(b)所示为输出层到输入层具有反馈的前向网络，反馈的回路形成闭环。图5-13(c)所示为层内有相互连接的前向网络，同一层内单元的相互连接使它们之间有彼此的牵制作用，可限制同一层内能同时激活的单元个数。相互连接的网络是指网络中任意两个单元之间都是可以相互连接的。

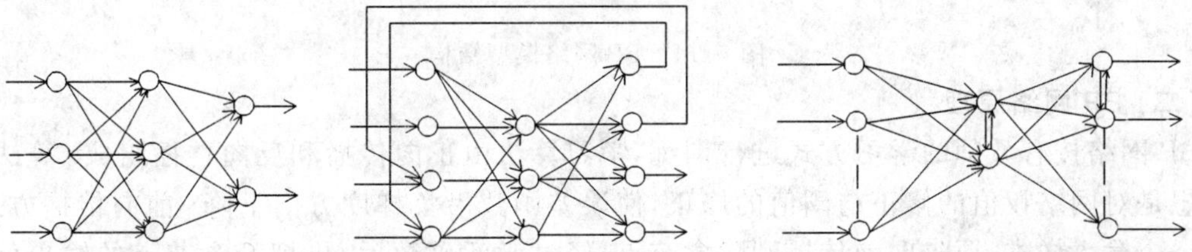

(a)前向网络　(b)反馈前向网络　(c)层内互相连接前向网络

图5-13　分层网络

(三)人工神经元的学习过程及学习规则

学习是神经系统的本能，人的神经系统是最发达的，所以人的学习能力也是最强的。人从出生开始一直在学习，首先是学说话和学走路，然后是上学学知识，工作后还需要不断的学习。模仿人的学习过程，人们提出了多种人工神经元网络的学习方式，其中主要有3种：有导师学习(监督型学习)、无导师学习(无监督型学习)和强化学习。有导师的学习是在有指导和考察的情况下进行的，如果学完了却没达到要求，那么就要继续学习；无导师型学习是靠学习者或者神经系统本身自行完成的。例如有人对神经网络在变形的预测问题感兴趣，那么他就找来许多的有关书籍来自学，这种学习没人监督，学到什么程度全靠大脑中的神经元网络的能力，最后也能把这种知识掌握到一定的程度。

学习是一个相对持久的过程，学习往往也是一个推理的过程，神经网络的学习可看作是曲线拟合的过程，数学上相当于非线性内插问题。学习的最终目的是通过有限个例子(训练样本)的学习找到隐含例子背后的规律(如函数形式)。在神经网络学习的时候要遵循一定的规则，即网络连接权值如何产生变化，将学习到的内容记忆在连接权中。人工神经元网络的学习规则主要有Hebb学习规则、感知机(Perceptron)学习规则和Delta学习规则等。

二、人工神经元BP网络

误差传播校正方法(Error Back—Propagation)是利用实际输出与期望输出之差网络的各层连接权由后向前逐层进行校正的一种计算方法，理论上这种方法可以适用于任意多层的网络，为了简便起见，下面介绍实际应用中常用的三层BP网络的误差传播学习规则。

(一) BP 网络模型

BP 网络模型结构如图 5-14 所示，网络由输入层节点、隐含层节点和输出层节点构成，各层之间各个神经元由权值实现权连接，隐含层和输出层设有阈值。由于 BP 网络有处于中间位置的隐含层，并有相应的学习规则，可训练这种网络，使其具有对线性的识别能力。

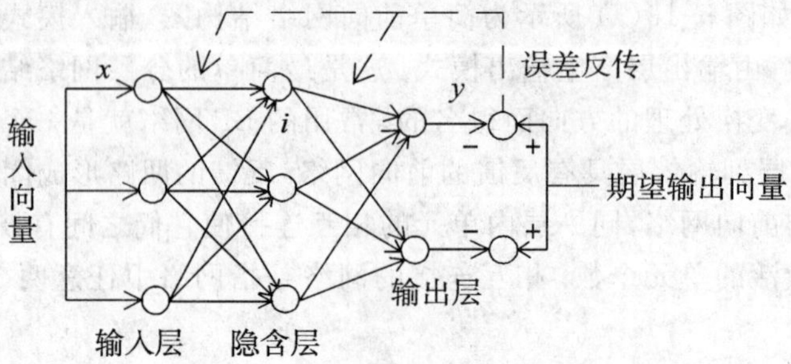

图 5-14　BP 网络模型结构

(二) BP 网络原理

BP 网络按有教师的学习方式进行训练，学习算法由正向传播和反向传播组成。算法的指导思想是对网络权值的修正与阈值的修正，使误差函数沿负梯度方向下降。前向传播方式为：对于一个输入样本，要先向前传播到隐含节点，经过激活函数后，再把隐含节点的输出信息传播到输出节点；后向传播方式为：按减少期望输出与实际输出误差的原则，从输出层经各中间层、最后到输入层逐层修正各连接权值和节点阈值。这样经过样本的不断训练，网络对输入模式响应的正确率也不断提高，直到达到精度要求，一个训练好的神经网络就形成了。当一组新的样本输入时，能立即获得对应的输出结果。在 BP 网络学习过程中，通常选取 S 型(Sigmoid)激活函数。

(三) BP 算法数学描述

设 BP 网络共有三层节点：输入节点 x_j、隐节点 y_i 和输出节点 o_l，输入节点和隐节点间的网络权值为 w_{ij}，隐节点与输出节点间的网络权值为 T_{li}，当期望节点的输出为 t_l 时，权值调整模型计算公式可由下面 4 个过程实现。

1. 输入模式顺传播

这一过程主要利用输入模式求出它所对应的实际输出，计算中间各神经元的激活值和隐节点的输出如下式

$$y_i = f(\sum_j \omega_{ij} x_j - \theta_i) = f(net_i) \tag{5-87}$$

式中，$net_i = \sum_j \omega_{ij} x_j - \theta_i$，阈值 θ_i 在学习的过程中，和权值一样也不断的被修正，同理可求得输出端的激活值和输出值为

$$o_l = f(\sum_i T_{li} y_i - \theta_l) = f(net_l) \tag{5-88}$$

式中，$net_l = \sum_i T_{li} y_i - \theta$，利用式(5-87)和式(5-88)就可计算出一个输入模式的顺传播过程。

2. 输出误差的逆传播

反向传播时，定义网络的期望输出 t_l 与实际输出 o_l 的误差平方和为目标函数，即误差的计算公式为

$$E = \frac{1}{2}\sum_{l}(t_l - o_l)^2 \tag{5-89}$$

在第一步的模式传播计算中，我们得到了网络的实际输出值，当这些实际输出值与希望的输出值不一样时或者说误差大于限定的数值时，就要对网络进行校正。这里的校正从后向前进行的，所以叫误差逆传播，计算时是从输出层到中间层，再从中间层到输入层。式(5-89)可写成

$$\begin{aligned} E &= \frac{1}{2}\sum_{l}(t_l - o_l)^2 = \frac{1}{2}\sum_{l}[t_l - f(\sum_{i} T_{li} y_i - \theta)]^2 \\ &= \frac{1}{2}\sum_{l}[t_l - f(\sum_{i} T_{li} \cdot f(\sum_{j}\omega_{ij} - \theta_i) - \theta_l]^2 \end{aligned} \tag{5-90}$$

(1) 对输出节点的公式推导

因为 E 是多个 $o_k(k = 1,2,\cdots,l,\cdots,n)$ 的函数，但只有 o_l 与 T_{li} 有关，其他各 o_k 间相互独立，所以有

$$\frac{\partial E}{\partial T_{li}} = \sum_{k=1}^{n}\frac{\partial E}{\partial o_k}\cdot\frac{\partial o_k}{\partial T_{li}} = \frac{\partial E}{\partial o_l}\cdot\frac{\partial o_l}{\partial T_{li}} \tag{5-91}$$

又知

$$\left.\begin{aligned} \frac{\partial E}{\partial o_l} &= \frac{1}{2}\sum_{k=1}^{n}[-2(t_k - o_k)\frac{\partial o_k}{\partial o_l}] = -(t_l - o_l) \\ \frac{\partial o_l}{\partial T_{li}} &= \frac{\partial o_l}{\partial net_l}\cdot\frac{\partial net_l}{\partial T_{li}} = f'(net_l)\cdot y_i \end{aligned}\right\} \tag{5-92}$$

则有

$$\frac{\partial E}{\partial T_{li}} = -(t_l - o_l)\cdot f'(net_l)\cdot y_i \tag{5-93}$$

(2) 对隐节点的公式推导

针对某个 ω_{ij}，对应一个 y_i，它与所有的 o_l 有关，故有

$$\frac{\partial E}{\partial \omega_{ij}} = \sum_{l}\sum_{i}\frac{\partial E}{\partial o_l}\cdot\frac{\partial o_l}{\partial y_i}\cdot\frac{\partial y_i}{\partial \omega_{ij}} \tag{5-94}$$

式中

$$\left.\begin{aligned} \frac{\partial E}{\partial o_l} &= \frac{1}{2}\sum_{k=1}^{n}[-2(t_k - o_k)\frac{\partial o_k}{\partial o_l}] = -(t_l - o_l) \\ \frac{\partial o_l}{\partial y_i} &= \frac{\partial o_l}{\partial net_l}\cdot\frac{\partial net_l}{\partial y_i} = f'(net_l)\cdot T_{li} \\ \frac{\partial y_i}{\partial \omega_{ij}} &= \frac{\partial y_i}{\partial net_i}\cdot\frac{\partial net_i}{\partial \omega_{ij}} = f'(net_i)\cdot x_j \end{aligned}\right\} \tag{5-95}$$

则有

$$\frac{\partial E}{\partial \omega_{ij}} = -\sum_{l}(t_l - o_l)\cdot f'(net_l)\cdot T_{li}\cdot f'(net_i)\cdot x_j \tag{5-96}$$

从式(5-94)和式(5-96)可以看出，权的修正值 ΔT_{li} 和 $\Delta\omega_{ij}$ 正比于误差函数沿梯度下降。因此，输出层到中间层连接权的校正量为

$$\Delta T_{li} = -\eta\cdot\frac{\partial E}{\partial T_{li}} = -\eta\cdot(t_l - o_l)\cdot f'(net_l) \tag{5-97}$$

中间层到输入层的校正量为

$$\Delta\omega_{ij} = -\eta' \cdot \frac{\partial E}{\partial \omega_{ij}} = -\eta' \cdot f'(net_i) \cdot \sum_l (t_l - o_l) \cdot f'(net_l) T_{li} \cdot x_j \tag{5-98}$$

3. 神经网络学习实例介绍

【例 5-6】单层感知器网络中,已知学习样本 3 个,$\boldsymbol{x}_1 = [1 \quad -2 \quad 0 \quad 1]^{\mathrm{T}}$,$t_1 = -1$,$\boldsymbol{x}_2 = [0 \quad 1.5 \quad -0.5 \quad -1]^{\mathrm{T}}$,$t_2 = -1$,$\boldsymbol{x}_3 = [-1 \quad 1 \quad 0.5 \quad -1]^{\mathrm{T}}$,$t_3 = -1$,试对单层网络进行学习。

解:

(1) 确定激活函数为双极型阈值(对称型阶跃)函数,即

$$f(x) = \begin{cases} +1, x \geqslant 0 \\ -1, x < 0 \end{cases}$$

权值调整公式为

$$w(t+1) = w(t) + \eta \cdot (t_p - o_p) \cdot x_p$$

(2) 设置参数,阈值 $\theta = 0$,学习速率 $\eta = 0.1$,初始权阵 $W_0 = [1 \quad -1 \quad 0 \quad 0.5]^{\mathrm{T}}$。

(3) 先对样本 1 进行学习,输入 x,期望输出 t_1。$net_1 = \boldsymbol{W}_0^{\mathrm{T}} \cdot \boldsymbol{x}_1 = 2.5$,$o_1 = f(net_1) = 1$,(期望输出 $t_1 = -1$) 更新权:$\boldsymbol{W}_1 = \boldsymbol{W}_0 + \eta \cdot (t_1 - o_1) \cdot \boldsymbol{x}_1 = [0.8 \quad -0.6 \quad 0 \quad 0.7]^{\mathrm{T}}$。

(4) 然后对样本 2 进行学习,输入 $\boldsymbol{x}_2$,期望输出 t_2。$net_2 = \boldsymbol{W}_1^{\mathrm{T}} \cdot \boldsymbol{x}_2 = -1.6$,$o_2 = f(net_2) = -1$,(期望输出 $t_2 = -1$) 更新权:$\boldsymbol{W}_2 = \boldsymbol{W}_1 + \eta \cdot (t_2 - o_2) \cdot \boldsymbol{x}_2 = [0.8 \quad -0.6 \quad 0 \quad 0.7]^{\mathrm{T}}$。

(5) 再对样本 3 进行学习,输入 $\boldsymbol{x}_3$,期望输出 t_3。$net_3 = \boldsymbol{W}_2^{\mathrm{T}} \cdot \boldsymbol{x}_3 = -2.1$,$o_3 = f(net_3) = -1$,(期望输出 $t_3 = 1$) 更新权:$W_3 = \boldsymbol{W}_2 + \eta \cdot (t_3 - o_3) \cdot x_3 = [0.6 \quad -0.4 \quad 0.1 \quad 0.5]^{\mathrm{T}}$。

(6) 此时,再回到第 3) 步,用更新的权阵 $\boldsymbol{W}_3$ 重新对样本 1 进行学习,依次进行循环迭代,直至找到一个权阵 $\boldsymbol{W}_k$,使其同时满足 $o_1 = t_1$,$o_2 = t_2$,$o_3 = t_3$。当然,如果找不到使以上 3 式同时成立的权阵 $\boldsymbol{W}_k$,则称其不收敛。

(四) 深基坑变形 BP 预测方法应用

影响深基坑变形的因素具有复杂性和多变性,采用人工神经网络预测变形需要充分考虑各因素的影响,以便提高预测的精度。根据实际情况,可建立如下非线性预测模型 $y = f(t, h, \nu)$ 式中,y 为时段水平位移,t 为时段天数,h 为开挖深度,ν 为开挖速率。

1. 网络输入层、输出层的确定

网络的输入节点矩阵可以表示为 $\begin{bmatrix} t_1 & h_1 & \nu_1 \\ t_2 & h_2 & \nu_2 \\ \vdots & \vdots & \vdots \\ t_n & h_n & \nu_n \end{bmatrix}$, 输出节点的矩阵为$[\boldsymbol{y}]$

2. 网络隐含层节点的确定

网络隐含层节点数决定神经网络的性能,对于一个非线性函数,要求网络具有一定隐含层。隐含层数太大,不但增加了网络的学习计算量,还使网络的泛化能力下降(不能识别未学过的样本值,容错性差);隐含层数太小,又不能以较高的精度逼近非线性函数。因此,需要合理地选择网络的隐含层。根据 Kolmogorov 定理,对于任意连续函数,可以用有一个三层网络来精确地实现它,网络的输入层有 m 个单元,隐含层有 $2m+1$ 个单元,输出层有 n 个单元。确定出隐含层节点数的理论值后,再通过试凑法对$(l+\varepsilon, 1+\varepsilon)$ 区间内的数值进行对比(l 为理论隐含层节点数,$\varepsilon \in N$),从而得到神经网络模型最佳隐含层节点数。

3. 实测数据和有关资料

表 5-14　某点水平位移实测数据和相关资料

序号	观测日期	时段天数	开挖总天数 /d	开挖深度 /m	开挖速率 m/d	时段水平位移 /mm	累计水平位移 /mm
1	9—21	10	10	2.40	0.15	3.6	3.6
2	9—24	3	13	3.10	0.23	3.1	6.7
3	9—27	3	16	4.90	0.60	11.1	17.8
4	9—29	2	18	7.20	1.15	21.6	39.4
5	10—6	7	25	7.80	0.09	3.6	43.0
6	10—8	2	27	8.80	0.50	5.8	48.8
7	10—12	4	31	9.10	0.07	1.3	50.1
8	10—14	2	33	9.50	0.20	2.2	52.3
9	10—18	4	37	9.80	0.08	0.7	53.0
10	10—20	2	39	10.10	0.15	6.8	59.8
11	10—30	10	49	10.10	0.00	6.5	66.3
12	11—2	3	52	10.10	0.00	0.1	66.4
13	11—5	3	55	10.10	0.00	5.6	72.0
14	11—9	4	59	10.10	0.00	0.2	72.2
15	11—19	10	69	10.10	0.00	1.7	73.9
16	11—22	3	72	10.10	0.00	0.2	74.1

4. 样本数据归一化

针对BP网络本身的特性，样本数据的选取对收敛速度、预测精度有很大影响，网络每层神经元节点的激活函数大多采用 Sigmoid 函数，过大或过小的输入量将导致输出量函数曲线的饱和。因此，为了使输入量起到较强的作用，避免函数两端的饱和区域，必须对网络的输入量进行归一化处理。通常在网络结构基础上增设两个数据转换层采用，对于标准的 Sigmoid 函数，输入输出范围为[0,1]，一般选[0.1,0.9]或[0.2,0.8]。计算公式为

$$x_p = \frac{x - x_{\min}}{x_{\max} - x_{\min}} \tag{5-99}$$

式中，x 未经处理的神经网络输入值，x_p 经过平滑处理后的神经网络输入值，$x_{\min}$ 为网络输入最小量，$x_{\max}$ 为网络输入的最大量。

5. Matlab 实现

为了利用 BP 网络预测变形，可在 Matlab 命令窗口键入如下数据和函数命令

```
≫x = [10,2.4,0.15;13,3.10,0.23;16,4.9,0.6;18,7.2,1.15;25,7.8,0.09;27,8.8,0.5;
31,9.1,0.07;33,9.5,0.2;37,9.8,0.08;39,10.1,0.15;49,10.1,0;52,10.1,0;55,10.1,0;59,10.1,0;
69,10.1,0;72,10.1,0];
≫y = [3.6,6.7,17.8,39.4,43,48.8,50.1,52.3,53,59.8,66.3,66.4,72,72.2,73.9,74.1];
≫[px,minx,maxx,py,miny,maxy] = premnmx(x,y);
≫net = newff(minmax(x),[15,1],{'tansig','purelin'},'trainlm');
≫net = train(net,px,py);
≫y1 = sim(net,px);[y2] = postmnmx((y1,miny,maxy)
≫[m,b,r] = postreg(y2,y);
```

几点说明如下。

(1) 为了避免变量之间各指标数值差异太悬殊，而导致小数值被大数值所淹没，利用 premnmx 函数对各样本进行归一化处理，最后输出值再利用 postmnmx 恢复；

(2) 输入层节点数为样本数据变量个数，本例为 3，隐含层节点通过网络训练，认为取 15 效果最好，故网络结构为 3-15-1；

(3) 为了验证利用 BP 神经网络所设计预测模型的有效性，用 postreg 函数对网络训练样本的实际输出和理想输出进行线性回归分析；

(4) 改变学习样本的个数得到不同的预测结果(见表 5-15)，表明短期预测有效。

表 5-15 神经网络方法预测结果

序号	实测	预测(1～7 学习)	预测(1～9 学习)	预测(1～11 学习)	预测(1～13 学习)
8	52.3	53.3	—	—	—
9	53.0	54.2	—	—	—
10	59.8	56.5	58.5	—	—
11	66.3	54.9	61.5	—	—
12	66.4	55.2	61.8	67.8	—
13	72.0	54.1	58.5	70.8	—
14	72.2	54.0	58.4	72.6	73.6
15	73.9	52.4	56.6	76.2	75.3
16	74.1	52.7	56.9	77.7	76.6

第六章　工程建筑物变形监测

工程建筑物由于天然与人为的因素将产生各种变形，了解变形状况，分析变形原因，预测未来变形，对于预防事故，保证建筑物正常使用是很重要的。因此，为了不影响建筑物的正常使用，保证生产安全，必须在兴建工程建筑物之前、建设过程中以及交付使用期间，对建筑物进行变形监测。

§6-1　概　述

工程建筑物的兴建，改变了地面原有的状态，并且对于建筑物的地基施加了一定的外力，这就必然会引起地基及其周围地层的变形。建筑物本身及其基础，也由于地基的变形及其外部荷载与内部应力的作用而产生变形。对于基础而言，主要监测内容是均匀沉降与不均匀沉降。由沉降监测资料可以计算基础的绝对沉降值、平均沉降值。基础的不均匀沉降可以导致建筑物的扭转，当不均匀沉降产生的应力超过建筑物的容许应力时，可以导致建筑物产生裂缝。从某种意义上说，建筑物本身产生的倾斜与裂缝，其起因是基础不均匀沉降。均匀沉降不会使建筑物出现断裂、裂缝和缺口等现象，但绝对值过大的均匀沉降也会引起一些麻烦，例如，建筑物的地下部分的地面可能下降到地下水位以下，因而使建筑物的地下部分被淹没。

一、建筑物变形监测的概念

建筑物变形监测是测定建筑物及其地基在建筑物荷载和外力作用下随时间变形的工作。在进行监测时，一般在建筑物特征部位埋设变形监测标志，在变形影响范围之外埋设基准点，定期测量监测点相对于基准点的变形。从历次监测结果的比较中了解变形随时间发展的情况。监测周期随单位时间内变形量的大小而定，变形量较大时，监测周期宜短些；变形量减小建筑物趋向稳定时，监测周期宜相应放长。“变形”是个总体概念，既包括地基沉降、回弹，也包括建筑物的裂缝、倾斜、位移及扭曲等。

建筑物的变形按时间长短分为：长周期变形 —— 由于建筑物自重引起的沉降和倾斜等；短周期变形 —— 由于温度的变化（如日照）所引起的建筑物变形等；瞬时变形 —— 由于风振动引起高大建筑物的变形等。在高层建筑物变形监测中，除了要监测建筑物在某一期间内的静态变形值，如定期沉降监测值，还要监测建筑物在某瞬间的动态变形，如风振引起的变形。

二、建筑物沉降变形的特点和原因

（一）变形特点

在荷载的影响下，基础下土层的压缩是逐步实现的，因此，基础的沉降量亦是逐渐增加的。一般认为，建筑在砂土类土层上的建筑物，其沉降在施工期间已大部分完成；而建筑在黏土类土层上的基础，其沉降在施工期间只完成了 1 部分。对于砂土层上基础的沉降过程可分为 4 个阶段：第 1 阶段是在施工期间，随着基础上压力的增加，沉降速度很大，年沉降量达 20 ～

70mm；第 2 阶段，沉降速度就显著变慢，年沉降量大约为 20mm；第 3 阶段为平稳下沉阶段，其速度大约为每年 1 ～ 2mm；第 4 阶段沉降曲线几乎是水平的，也就是说到了沉降停止的阶段。

建筑物的沉降速度主要取决于地基土的孔隙中向外排出空气和水的速度，砂及其他粗粒土的沉降完成的较快，而饱水的黏土沉降完成的较慢。建在砂质粉土上的天然地基的建筑物的沉降量较小，达到稳定时间较短，沉降速度快，在施工期间的沉降量约占最终沉降量的 70％。如金山石化总厂工房，最终沉降量仅为 2 ～ 3cm。相反，建筑在软黏土上的天然地基的建筑物沉降量较大，达到稳定时间较长，施工期间沉降量约占最终沉降量的 25％。如上海某学院的大楼，其最终沉降量为 22.7cm，而每次监测的阶段沉降量为 10mm 左右。沉降速度一般分加速沉降、等速沉降和减速沉降三种，后者是建筑物趋于稳定的标志。

（二）变形原因

各种工程建筑物都要求坚固稳定，以延长其使用年限，但在压缩性的地基上建造建筑物时，从施工开始地基就会逐渐下沉，其沉降原因有下列因素的影响。

1. *荷载影响*

当在砂土或黏土的地基上，兴建大型的现代化厂房、高炉、水塔及烟囱时，由于荷载的逐渐增加，土层被逐渐压缩，地基下沉，因而引起建筑物的沉降。

2. *地下水影响*

地下水的升降对建筑物的沉降影响很大。例如上海地区由 20 世纪 50 年代和 60 年代初地面沉降监测的结果表明，地面沉降量每年约为几厘米。

3. *地震影响*

地震之后会出现大面积的地面升降现象。例如 1966 年 3 月邢台地震后表明，有的地区地面升高 7cm，有的地方则下沉 30cm 多。

4. *地下开采影响*

地下开采，地面下沉现象比较严重。例如本溪市由于地下采煤，造成个别地区地表下沉 2m 多。

5. *外界动力的影响*

由于爆破、重载运输或连续性的机械振动，也会引起建筑物的下沉。例如抚顺某锻纲车间在 5 吨的锻锤作用下，有 4 个角柱从 1966 年到 1969 年下沉了近 5cm。

6. *其他影响*

地基土的冻融、建筑物附近附加荷重、打桩、降水、基坑开挖、盾构和顶管穿越等，都会导致建筑物的沉降。如济南某厂烟囱高 44m，底部直径 5.12m，基础直径 10.22m，埋深 2.8m，自重 950 吨，由于在烟囱东侧增建 100 吨的锅炉房，造成烟囱向其方向严重倾斜。

三、建筑物变形监测内容、周期及精度要求

建筑物的变形监测内容包括沉降监测、水平位移监测、倾斜监测、裂缝和挠度监测。通常所说的建筑物变形监测是指沉降监测，建筑物沉降量一般不大，在短期内不会产生显著的变化，因而要进行长期而细致的沉降监测。沉降监测工作一般在基础施工完毕后或基础垫层浇灌后开始，一直到沉降稳定为止，都要定期进行监测，以便得出地基和基础最全面的质量指标，由所得资料可以选择加固地基和基础的方法。要达到变形监测的预期目的，必须通过对监测对象的分析，提出监测的精度，合适的监测频次，制定相应的监测方案。

(一) 监测内容

1. 建筑物沉降监测

建筑物的沉降是地基、基础和上层结构共同作用的结果。此项监测资料的积累是研究解决地基沉降问题和改进地基设计的重要手段,同时,通过监测来分析相对沉降是否有差异,以监视建筑物的安全。

2. 建筑物水平位移监测

指建筑物整体平面移动,其原因主要是基础受到水平应力的影响,如地基处于滑坡地带或受地震影响。测定平面位置随时间变化的移动量,以监视建筑物的安全或采取加固措施。

3. 建筑物倾斜监测

高大建筑物上部和基础的整体刚度较大,地基倾斜(差异沉降)即反映出上部主体的倾斜,监测目的是验证地基沉降的差异和监视建筑物的安全。

4. 建筑物裂缝监测

当建筑物基础局部产生不均匀沉降时,其墙体往往出现裂缝。系统地进行裂缝变化监测,根据裂缝监测和沉降监测资料,来分析变形的特征和原因,采取措施保证建筑物的安全。

5. 建筑物挠度监测

这是测定建筑物构件受力后的弯曲程度,对于平置的构件,在两端及中间设置沉降点进行沉降监测,根据测得某时间段内这 3 点的沉降量,计算其挠度;对于直立的构件,要设置上、中、下 3 个位移监测点,进行位移监测,利用 3 点的位移量可算出其挠度。

(二) 监测周期

沉降监测周期应能反映出建筑物的沉降变形规律。如砂类土层上的建筑物,沉降在施工期间已大部分完成。根据这种情况,沉降监测周期应是变化的。在施工过程中,频率应大些,一般有三天、七天、半月三种周期;到竣工使用时,频率可小些,一般有一个月、两个月、半年与一年等不同的周期。在施工期间也可以按荷载增加的过程进行安排监测,即从监测点埋设稳定后进行第一次监测,当荷载增加 25% 时监测一次,以后每增加 15% 监测一次。建筑物使用阶段的观测次数,应视地基土类型和沉降速度大小而定。除有特殊要求外,一般情况下,可在第 1 年监测 4 次,第 2 年 2 次,第 3 年后每年 1 次,直至稳定为止。观测期限一般不少于如下规定:砂土地基 2 年,膨胀土地基 3 年,黏土地基 5 年,软土地基 10 年。

在监测过程中,如有基础附近地面荷载突然增减、基础四周大量积水、长时间连续降雨等情况,均应及时增加观测次数。当建筑物突然发生大量沉降、不均匀沉降或严重裂缝时,应立即进行逐日或几天一次的连续观测。沉降是否进入稳定阶段,应由沉降量与时间关系曲线判定。对重点观测和科研观测工程,若最后三个周期观测中,每周期沉降量不大于 $2\sqrt{2}$ 倍测量中误差,可认为已经进入稳定阶段。一般观测工程若沉降速度小于 0.01 ~ 0.04mm/d,可认为已进入稳定阶段,具体取值宜根据各地区地基土的压缩性确定。当建筑物又出现变形或产生可能出现第二次沉降的原因时,应对它重新进行监测。这些原因一般是,在建筑物附近建新的建筑物,如打桩、降水和基坑开挖;修建削弱地基承载力的地下工程,如盾构或顶管在下面穿越;建筑物进行加层及大修或纠偏处理等。在这种情况下,监测周期要视对建筑物沉降有影响的因素所产生的效应而定。

(三) 监测精度

在建筑物的变形监测中,由于其监测内容主要是基础沉降和建筑物本身的倾斜,其监测精度应根据建筑物的允许沉降值、允许倾斜度和允许相对弯矩来决定，同时也应考虑其沉降速度。建筑物的允许变形值大多是由设计单位提供的，测量单位可直接套用。根据允许变形值，可按 1/10 ～ 1/20 的要求来确定变形监测精度。《工程测量规范》规定了沉降观测的等级划分及精度要求，见表 6-1。《建筑变形测量规程》也规定了建筑变形测量的等级划分及其精度要求，见表 6-2。

表 6-1　沉降观测等级划分及精度要求

等级	变形点的高程中误差 /mm	相邻变形点的高程中误差 /mm	适用范围
一等	±0.3	±0.1	变形特别敏感的高层建筑、工业建筑、高耸构筑物、重要古建筑和精密工程设施等
二等	±0.5	±0.3	变形比较敏感的高层建筑、工业建筑、高耸构筑物、古建筑和重要工程设施等
三等	±1.0	±0.5	一般性高层建筑、工业建筑、高耸构筑物和滑坡监测等
四等	±2.0	±1.0	观测精度要求较低的建筑物、构筑物和滑坡检测等

表 6-2　建筑变形测量等级划分及精度要求

等级	观测点测站高程中误差 /mm	适用范围
特级	⩽0.05	特高精度要求的特种精密工程和重要科研项目变形观测
一级	⩽0.15	高精度要求的大型建筑物和科研项目变形观测
二级	⩽0.50	中等精度要求的建筑物和科研项目变形观测
三级	⩽1.50	低精度要求的建筑物变形观测

从表 6-1 和表 6-2 可以看出，两种规范衡量精度的标准不一样，无论根据哪种规范，即使只需满足两种规范中最低等级的精度要求，建筑工程沉降监测也必须采用国家一、二等精密水准测量的方法。

§6-2　高程控制网的建立及沉降监测

工程建筑物的沉降变形监测是采用重复精密水准测量的方法进行的，为此应建立高精度的水准测量控制网。其具体作法是：在建筑物的外围布设成一条闭合水准环型路线，再由水准环中的固定的基准点测定各监测点的高程，这样每隔一定周期进行一次精密水准测量，将测量的外业成果用严密平差方法，求出各水准点和沉降监测点的高程最或然值。某一沉降监测点的沉降量即为首次监测求得的高程与该次复测后求得的高程之差。由此可见，用这种方法求得的沉降量中，除该点本身的沉降量外，尚受到两次水准测量误差的影响。因此，在分析沉降监测精度的同时，还要研究有关水准测精度问题。

一、沉降监测控制网布设

沉降变形监测水准基点必须数量足够、点位适当。监测点的设置：一是便于测出建筑物基础的沉降和倾斜等；二是便于现场观测；三是便于保存，并不受损坏。在沉降监测之前，为了消除区域性的地面沉降影响，必须妥善布置基准点、工作基点和沉降监测点的三级布点，或布设水准基点和沉降监测点的两级布点。对于建筑物较少的测区，宜将基准点连同监测点按单一层次布设；对于建筑物多且分散的测区，宜按两个层次布网，即由基准组成的控制网，监测点与所连测的监测点组成扩展网。根据监测精度要求，沉降监测控制网应布设成网形最合理、测站数最少的监测环路（图 6-1(a)），亦可布设成附合水准路线（图 6-1(b)），或布设成闭合水准路线（图 6-1(c)）。

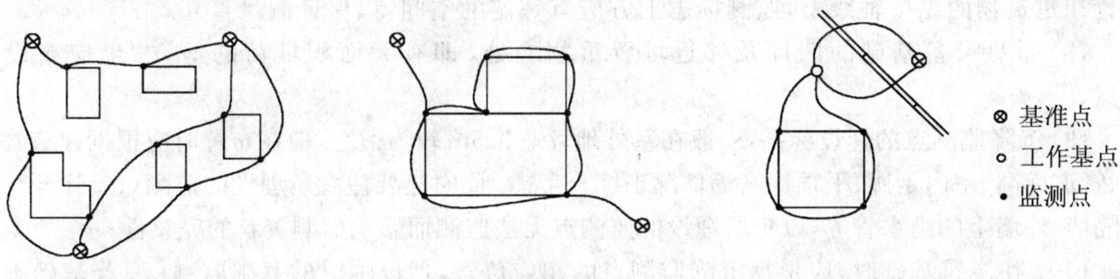

(a) 环形路线　(b) 符合路线　(c) 闭合路线

图 6-1　沉降监测网布设形式

在整个监测网中，通常应有 3 个埋设足够深的水准基点，其余的可埋设为地下或墙上。施测时，可选择一些稳定性较好的监测点作为水准路线基点与水准网统一监测和平差。由于施测时不可能将所有的监测点纳入水准线路内，故大部分监测点只能采用中视法测定，而水准转点则会影响成果精度，所以选择一些监测点作为水准转点极为重要。

（一）水准基点布设

布设水准基点时，必须考虑以下因素。

(1) 应布设在拟监测的建筑物之间，距离一般为 20 ～ 40m，工业与民用建筑物应不小于 15m，较大型并略有振动的工业建筑物应不小于 25m，高层建筑物应不小于 30m；

(2) 监测单独的建筑物时，至少布设 3 个水准基点，以便互相检核判断水准点高程有无变动。对占地面积大于 $5000m^2$ 或高层建筑物，则应适当增加水准基点的个数；

(3) 当设置水准基点处有基岩漏出时，可以用水泥砂浆直接将水准点浇注在岩层中，一般水准点应埋设在冻土线（各地区不同，如哈尔滨 1.99m，上海 0.06m）以下 0.5m 处；

(4) 各类水准基点应避开交通干道、地下管线、仓库堆栈、水源地、河岸、松软填土、滑坡地段、机器振动区，以及其他能使标石、标志遭受腐蚀和破坏的地点。

（二）监测点布设

布设监测点时，应根据建筑物的大小、基础形式、结构特征及地质条件等因素确定。一般可根据下列几方面布置。

(1) 监测点应布置在建筑物沉降变化较显著的地方，并要考虑到在施工期间和竣工后，能顺利进行监测的地方；

(2) 在建筑物的四周角点、中点及内部承重墙（柱）上均需埋设监测点，并应沿房屋周长每隔 10 ～ 12m 设置一个监测点，但工业厂房的每根柱子均应埋设监测点；

(3) 由于相邻影响的关系，在高层和低层建筑物、新老建筑物连接处，以及在相接处的两边都应布设监测点；

(4) 在人工加固地基与天然地基交接和基础砌深相差悬殊处以及在相接处的两边都应布设监测点；

(5) 当基础形式不同时，需在情况变化处埋设监测点，地基土质不均匀，可压缩性土层的厚度变化不一等情况需适当埋设监测点；

(6) 在振动中心基础上要布设监测点，对于烟囱、水塔等刚性整体基础上，应不少于 3 个监测点；

(7) 当宽度大于 15m 的建筑物在设置内墙体监测标志时，应设在承重墙上，并且要尽可能布置在建筑物的纵横轴线上，监测标志上方应有一定的空间，以保证测尺直立；

(8) 重型设备基础的四周及邻近堆置重物之处，即有大面积堆荷的地方，也应布设监测点；

(9) 沉降监测点的埋设标高，一般在室外地坪＋0.5m 较为适宜，但在布置时应根据建筑物层高、管道标高、室内走廊、平顶标高等情况来综合考虑。同时还要注意所埋设的监测点要让开柱间横隔墙、外墙上的雨水管等，以免所埋设的监测点无法监测而影响监测资料的完整性；

(10) 在浇筑基础时，应根据沉降监测点的相应位置，埋设临时的基础监测点。若基础本身荷载很大，可能在基础施工时就产生一定的沉降，即应埋设临时的垫层监测点，或基础杯口上的临时监测点，待永久监测点埋设完毕后，立即将高程引到永久监测点上。在监测期间，如发现监测点被损坏，应立即补上。

二、水准基点的标志和埋设

水准基点的标志构造，要根据埋设地区的地质条件，应尽量埋设在基岩上，或者深埋于原状土内，决不允许埋设在人工土内。由于人工土有时可达数米深，所以选点时应谨慎勘察，对于重要建筑工程，例如电站、大坝等，基准点应力求埋设在基岩中。对于一般厂房的沉降监测，可参照水准测量规范中三、四等水准的规定进行标志设计与埋设；对于高精度的变形监测，需设计和选择专门的水准基点标志。

(一) 地面岩石标

如果地面土层很浅，地表有完整的基岩露头时，可埋设基岩标制点。先清理上部的覆盖物，并除去岩石的风化层，然后在新鲜的基岩上开凿一个适当深度的岩坑。在此岩坑内凿一深度大于 0.1m 的岩孔，岩孔内必须用水洗净，以 1∶2 的水泥沙浆灌注，并埋入加保护盖的标志。当基岩露头在地面以下深度不超过 1.5m 时，可在基岩中开凿一深度小于 0.5m 的岩坑，浇灌钢筋混凝土柱石。如图 6-2 所示。

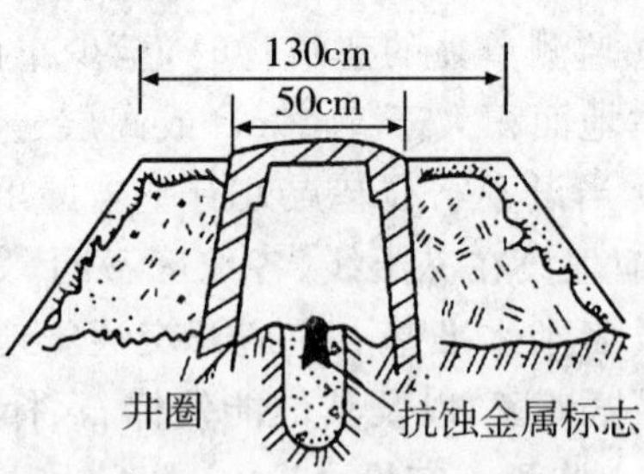

图 6-2　地面岩石标

(二) 下水井式混凝土标

用于土层较厚的地方，测点标志用不锈钢或陶瓷镶嵌在柱石上。为了防止雨水灌进水准基点井里，井台须高出地面 0.2m。当柱石顶面距离地面深度过大时，标石可由柱石和底盘组成，并在上面加混凝土标志保护盖，在保护盖上加覆盖物。如图 6-3 所示。

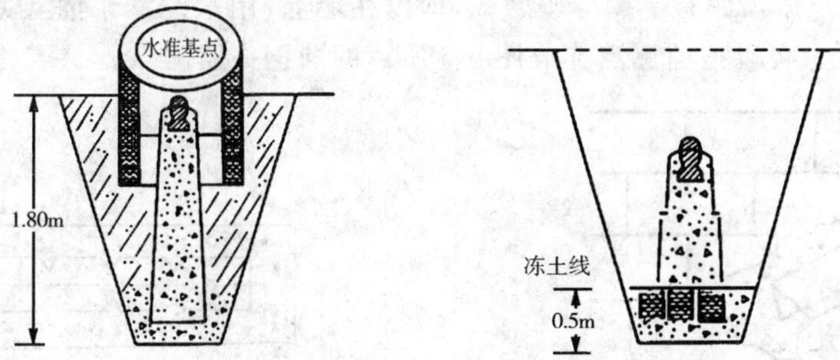

图 6-3　埋在土地基中的混凝土标

（三）深埋钢管标

当地表覆盖的第四纪冲积层较厚时，且基岩埋藏深度过大时，采用钻孔穿过土层和风化岩层埋设钢管标志，这类标适于平坦地区，可采用图 6-4 所示的钻孔深埋钢管标志。施工时，先用钻机把钻孔钻到新鲜岩层以内 2.0m 深处，以直径大于 70mm 的细钢管埋入基岩内，即图中的内钢管。在管子下部的 2m 范围内钻有若干个排浆孔，以便于自管内灌入水泥沙浆，并从孔中排出沙浆使钢管与基岩紧密结合。在内套管外面套一个直径大于 130mm 的外钢管。在套外钢管前，应在内钢管下部缠上带黄油的麻布，并在适当位置给内钢管套上橡皮圈，在内钢管顶端焊上不绣纲标志，在内管、外管之间不同高度处埋设若干电阻温度计，用以测定管内温度。为了保证点位的稳定，标志头应尽量埋在地面以下，尽量减少地面温度变化对水准基点的影响。

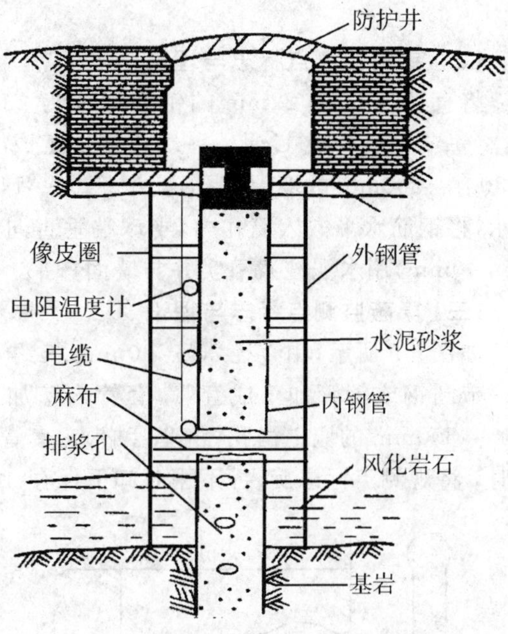

图 6-4　钻孔深埋钢管标志

为了检查水准基点本身的变化，通常以 3 点为一组方式布点。地形条件许可时，宜组成每边长 100m 的等边三角形，每个点埋设标志，定期测定 3 点高程变化状况。若地形条件困难，也可把三点布成直线连接图形。

三、沉降监测点的标志与埋设

沉降监测点的标志可根据不同的建筑结构类型和建筑材料，采用墙（柱）标志、基础标志和隐蔽性标志等形式。各类标志的立尺部位应加工成半球形或有明显的突出点，并涂上防腐剂。

（一）角钢或圆钢头监测点标志与埋设

将 30mm×30mm×5mm 的角钢锯成长为 160～180mm 的节，在离地面 300～500mm 的

墙上凿一个孔，深 120 ～ 140mm。将角钢嵌入孔内，并使角钢与墙面斜成 60° 角，角钢漏出墙面约 40mm，角顶向上。角顶如有毛刺应予磨光，埋设在墙上，用水泥沙浆灌实并与墙抹平，如图 6-5 所示。为了美观也可以把监测点作成图 6-6 所示的圆钢头监测点。

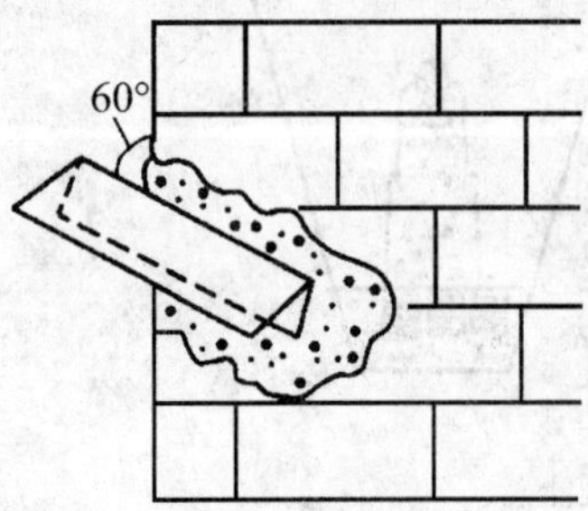

图 6-5　角钢监测点

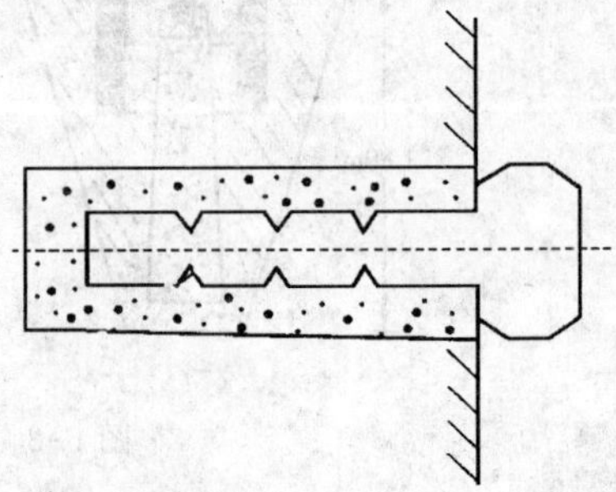

图 6-6　圆钢头监测点

(二) 钢筋监测点标志与埋设

将直径为 18 ～ 22mm 的钢筋锯成为 230 ～ 250mm 的节，将每节钢筋弯成 U 形，一端顶部加工成半球形。在离地面 300 ～ 500mm 的墙上凿孔，孔深 120 ～ 140mm。如图 6-7 所示，将钢筋水平嵌入墙孔内，半球端垂直向上，钢筋露出墙面约 40mm，用水泥沙浆灌实并与墙面抹平。

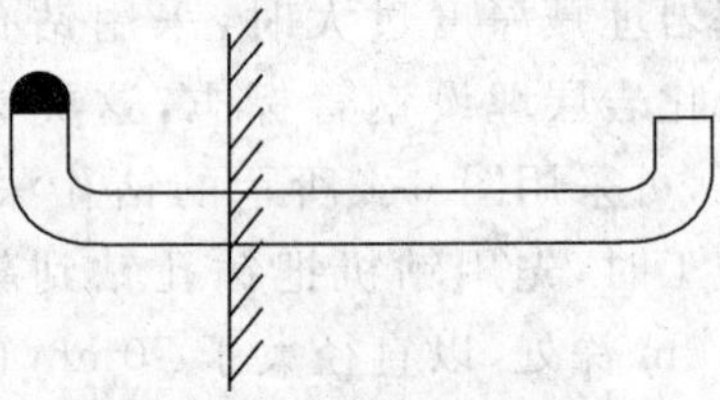

图 6-7　钢筋监测点

(三) 隐蔽监测点标志与埋设

如图 6-8 所示，用直径 20 ～ 30mm，长约 300mm 的圆钢，一端加工成球状，另一端套丝。另用一节圆钢或钢管加工成套管，套管内壁加工丝扣，与监测点标志的螺丝相配合。在距地面 300 ～ 500mm 的墙上凿孔，将套管嵌入，套管口与墙面齐，用水泥砂浆灌实并与墙面抹平。使用时，将观测点标志旋入，不用时卸下保存。

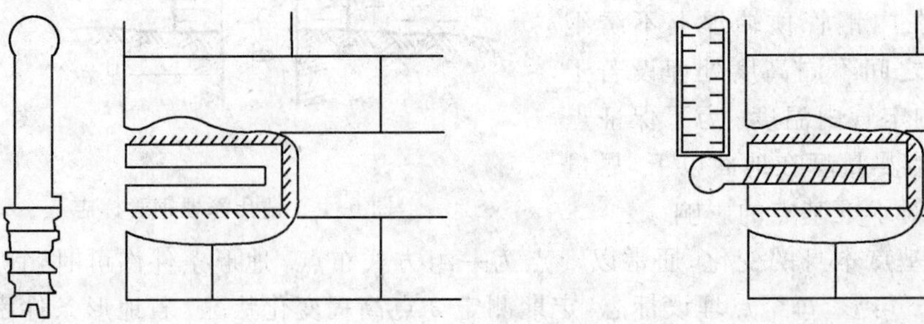

图 6-8　隐蔽监测点

(四) 隐蔽观测点标志与埋设

将直径为 14 ～ 20mm 的螺纹钢锯成约为 60mm 的节，顶端加工成半球状，埋入地坪，用水泥砂浆灌实抹平。

(五) 钢柱观测点标志与埋设

将 30mm × 30mm × 5mm 的角钢锯成长约 60mm 的节，将其一端割成 60° 角，将角钢焊在钢柱上，焊接位置距地面 300 ～ 500mm。

四、沉降监测

(一) 监测时间确定

在沉降监测时间方面，施工期间的沉降监测次数，通常不得少于 4 次，以便得出荷载和沉降的关系，一般参照下列工程类型分别进行。

1. 工业建筑

包括装配式钢筋混凝土结构，砖砌外墙的单层或多层工业厂房。各柱上沉降监测点在柱子安装就位固定后进行第 1 次监测；屋架、屋面板吊装完毕后监测 1 次；外墙高度在 10m 以下，砌到顶时监测 1 次；外墙高度大于 10m 时，砌到 10m 监测 1 次，以后每砌 5m 监测 1 次；土建工程完工时监测 1 次；吊装试转前后各监测 1 次，吊车试运行时，应按设计最大负荷情况下进行，最好将吊车装满后，在每一柱边停留一段时间，再进行监测。

2. 民用建筑

每施工完毕一层后，应进行 1 次监测，房屋完工后交付使用前再监测 1 次。楼层荷载较大的建筑物，应在每加 1 次荷载前后各监测 1 次。

3. 水塔或油罐

在试水前后各监测 1 次，必要时，在试水过程中根据要求进行监测。施工完毕正式交付使用后的监测是：第一年内每月测 1 次，以后可根据沉降速率适当延长，一般每 2 ～ 6 月监测 1 次，直至沉降相对稳定。

(二) 监测技术要求

在沉降监测之前，为了消除区域性的地面沉降影响，必须妥善布置基准点、工作基点和沉降监测点。沉降监测工作是定期测量所设置的监测点对工作基点的高差，并将不同时间的高程加以比较，准确、及时地测出建筑物地基全部或局部的变形值。每次沉降监测结束后，均须采用环形闭合方法或往返闭合方法进行检查。平时依次监测的资料应妥善保管，每次外业工作后应立即进行内业处理，添入沉降量对比一览表内。根据各监测点的沉降量计算建筑物的平均沉降量、相对弯曲和相对倾斜等指标。最后应将监测资料、结果和图表，按工程项目建立技术档案，存档保管。沉降监测通常采用一、二等水准测量完成，施测时视线长、高度和视距差见表 6-3，水准测量外业限差见表 6-4。

表 6-3　精密水准测量规定

等级	视线长度 /m		前后视距差 /m	视线高度 /m	
	仪器类型	视距		视线长 ＞ 20	视线长 ＜ 20
一等	DS_{05}	⩽ 35	⩽ 0.5	⩾ 0.8	⩾ 0.5
二等	DS_{05}	⩽ 60	⩽ 1.0	⩾ 0.5	⩾ 0.3
	DS_1	⩽ 50			

表 6-4　精密水准测量外业限差

等级	检测已测测段高差的差	路线测段往返测高差不符值	附合路线闭合差	环线闭合差
一等	$\pm 3\sqrt{R}$	$\pm 2\sqrt{R}$	$\pm 2\sqrt{R}$	$\pm 2\sqrt{R}$
二等	$\pm 6\sqrt{R}$	$\pm 4\sqrt{R}$	$\pm 4\sqrt{R}$	$\pm 4\sqrt{R}$

(三)建筑工程监测一些具体问题探讨

1. 设置测站

国家一、二等精密水准测量要求在设置测站时,前后视距差对于一等不得超过0.5m,对于二等不得超过1.0m。监测一栋建筑物时,在视线长度要求范围内,往往在一个测站上同时可以看到至少5～6个沉降监测点,在这个测站上测完5～6个沉降点,工作效率较高,但前后视距差必然会超限。然而,严格按照《规范》前后视距差的要求,则只得在两两沉降点之间都设置测站。一方面,测站设置越多,产生观测误差的可能也就越多;另一方面,我们知道前后视距差的限制目的是为了减少因仪器i角引起的误差,倘若在观测之前,将仪器i角严格校正,接近于零,则前后视距差即使很大,也不会产生误差。因此,这一前后视距差的要求对于建筑工程沉降监测是不适宜的。

2. 观测顺序

国家一、二等精密水准测量要求在一个测站上的观测顺序,对于往测奇数站为:后(上丝、下丝、中丝)、前(上丝、下丝、中丝)、前(辅助中丝)、后(辅助中丝);对于往测偶数站为:前(上丝、下丝、中丝)、后(上丝、下丝、中丝)、后(辅助中丝)、前(辅助中丝)。返测时顺序恰好相反。这一观测顺序对于一、二等长水准路线的测量非常必要,它大大消除与观测时间长短成比例的观测误差。但对于建筑工程来讲,一般情况下,基准点离建筑物上沉降监测点较近(通常不超过300m),与时间长短有关的误差(如尺垫下沉、仪器下沉等)并不显著,基本上可以忽略不计。另外,观测水准尺上丝、下丝的主要目的是为了计算视距,如果取消视距差的规定,则上、下丝观测即为多余。故对于建筑工程的沉降监测,每一测站上观测顺序为后(基本中丝)、后(辅助中丝)、前(基本中丝)、前(辅助中丝)。

3. 平差计算

无论是国家标准还是行业标准,都对沉降观测的高差中误差作了要求:一个是相邻变形点高差中误差;另一个是测站高差中误差。这两个精度指标实际含义基本相同。为此,必须首先计算观测路线上单位长度的偶然中误差,如将基准点和沉降监测点连成一个闭合环,通过平差计算不难算得观测路线上的单位长度偶然中误差,然后计算测站(或相邻变形点)高差中误差。除此之外,平差计算的另一个任务是计算各沉降点的高程值。建筑工程沉降监测有其特殊性,一般情况下,由于建筑物只下沉,不会上升,即通过沉降观测和平差计算所得沉降监测点的高程值一般不得大于上1次的高程值。但是,如果按照规范要求作平差计算,对各沉降点的高程进行误差分配或改正,有可能出现沉降点上升的情况,这显然是不合理的。因此,为了避免这一现象的出现,可通过平差计算求得测站(或相邻变形点)的高差中误差,但不要对沉降点的实测高程进行误差改正。当然,有时因观测误差的影响,也有可能造成沉降点的实测高程值大于上一次的高程值,鉴于建筑工程沉降监测的路线往往很短,如果出现这种情况,则无条件返工重测即可。

4. 基准点布设

《建筑变形测量规范》对监测的期限规定如下:砂土地基2年,膨胀土地基3年,黏土地基5年,软土地基10年。可见基准点的长久稳定是十分重要的。然而,为了减小因路线长度引起的观测误差,建筑工程沉降监测所用的基准点,往往设置在离工地较近的旧有建筑物外墙上,并且采用相对高程系统。由于有关规范标准没有明确规定沉降监测所用的基准点必须与国家一、二等水准点联测,这样时间久了,旧有建筑物可能被拆迁,基准点将遭到破坏。一旦基准点被破坏，则监测工作将无法继续进行。因此，为了保证沉降监测工作的长期连续性，设置在工地附近的基准点只能作为工作基点，它必须与市内较近的国家一、二等水准点进行联测，从而得到沉降监测点在国家统一高程系统中的高程值。这样，即使工作基点和与之联测的基准点都遭破坏，也仍可用国家统一高程系统中的其他基准点恢复联测。

5. 沉降监测点布设

《规范》中对沉降监测点布设只规定平面位置，而对沉降点的纵向位置未作规定。一般情况下，从纵向位置考虑，沉降点布设在主体的 ±0.00 以上较合适，但有时这样布设会使得沉降点标志易遭破坏甚至使监测工作无法进行。例如，对于带裙楼房的高层建筑，其主体上的沉降监测点若布设在 ±0.00 以上的首层外墙上，则由于裙房将高层建筑主体的首层外墙包围，工程竣工后，在裙房内的主体沉降点将难以观测到。另外，有些工程外墙用大理石或蘑菇石装饰，则其外墙上的沉降点标志将不可避免地被破坏，即使再恢复，也影响工程外墙的美观。鉴于上述情况，对于有地下室的建筑，尤其是高层建筑，则应明确规定将沉降监测点布设在地下室。

§6-3　变形监测平面控制网的建立

大型工程建筑物由于本身的自重、混凝土的收缩、土料的沉陷及温度变化等原因，将使建筑物本身产生平面位置相对移动。如果工程建筑物建造在地基处于滑坡地带，或受地震影响，当基础受到水平方向应力作用时，将产生建筑物的整体移动，即绝对位移。相对位移监测的目的是为了监视建筑物的安全，由于相对位移往往是由于地基产生不均匀沉降引起的，所以相对位移是与倾斜同时发生的、是小范围的和局部的。因此，相对位移监测可采用物理方法、近景摄影测量方法及大地测量方法。如高大建筑物因风振影响进行顶部位移测量时，可采用激光位移计、电子水准器倾斜仪和 GPS 等监测。绝对位移监测的目的，不仅是监视建筑物的安全，更重要的是为了研究整体变形的过程和原因。绝对位移往往是大面积的整体移动，因此绝对位移的监测，多数采用大地测量方法和摄影测量方法。采用大地测量方法进行变形监测的平面控制网，大多都是小型的、专用的和高精度的变形监测网，通常由 3 种点（基准点、工作基点和监测点）和两种等级的网（由工作基点和基准点构成的首级网以及由工作基点和监测点构成的次级网）组成。

一、建立平面监测网的原则

由于变形监测控制网是范围小、精度高的专用控制网，所以在进行设计、布网和监测时应考虑以下原则。

（一）监测网基准选择

变形监测网应为独立控制网。在测量控制网的分级布网与逐级控制中，高级控制点要作为次级控制网的起始数据，则高级网的测量误差即形成次级网的起始数据误差。一般认为，起始数据误差相对于本级网的测量误差是比较小的。但是对于要求精度较高的变形监测控制网来说，对含有起始数据误差的变形监测网，即使监测精度再高、采取的平差方法再严密，也是不能达到预期的精度要求的。因此，变形监测往应是独立控制网。

(二) 监测网点位的选择

变形监测网点的埋设，应以工程的地质条件为依据，埋设的位置最好能选在沉降影响之外，尤其是基准点一定要这样做。对于工作基点要定期检测其位置是否变动。但在布网时，又要考虑不能将基准点处于网的边缘，因为从测量误差传播理论和点位误差椭圆的分析知道，通常是联系越直接、距离越短，则精度越高。

(三) 监测网图形的选择

由于变形监测是查明建筑物随时间变化的微小量，因此布网的图形应与工程建筑物的形状相适应。同时，由于变形监测网的测定精度要求都为毫米级，所以要考虑哪些点位在特定方向上的精度要求要高一些，应有所侧重。实践证明，对于由等边三角形所组成的规则网形，当边长在 200m 以内时，测角网具有较好的点位精度；对于不同的网形及不同的边长，可采用三边网或边角网。但为了提高精度，在网中可适当加测一些对角方向，以增加网的强度，有利于精度的改善。在变形监测中，由于边短，所以要尽可能地减少测站和目标的对中误差，测站点应建造具有强制对中的观测墩，用以安置仪器。

(四) 监测网技术要求

对于各种变形方案，其共同特点是每次观测的方式不变，求出变形点的位移，即两期间的坐标差。确定坐标差所要求的精度是进行控制网精度估算的基础，只有以必要的观测精度进行测量才能保证其变形值的真实性。水平位移监测网的精度，应能满足变形点观测精度的要求。在设计监测网时，要根据变形点的观测精度，预估对监测网的精度要求，并选择适宜的观测等级和方法。水平位移监测的等级和主要技术要求见表 6-5 所示。

表 6-5　监测网的等级和技术要求

等级	相邻基准点的点位中误差 /mm	平均边长 /m	测角中误差 /(″)	最弱边相对中误差	作业要求
一等	1.5	< 300	0.7	⩽ 1/250 000	按国家一等三角要求施测
		< 150	1.0	⩽ 1/120 000	按国家二等三角要求施测
二等	3.0	< 300	1.0	⩽ 1/120 000	按国家二等三角要求施测
		< 150	1.8	⩽ 1/70 000	按国家三等三角要求施测
三等	6.0	< 350	1.8	⩽ 1/70 000	按国家三等三角要求施测
		< 200	2.5	⩽ 1/40 000	按国家四等三角要求施测
四等	12.0	< 400	2.5	⩽ 1/40 000	按国家四等三角要求施测

二、平面监测网的工程实例

某码头上布设变形监测网，为了监视诸墩在海流、风浪、潮汐以及油轮停靠时对码头施加应力作用下变形情况，验证设计并为今后改进设计提供数据，要求测量外侧 24 个桥墩的变形量。因此，在每个墩上设置了个位移监测点，如图 6-9 所示。基准点(A、,B,C,D 和 E) 设置在岸上，C 点在二层楼的屋顶平台上，其余 4 点均在海岸边山坡的基岩上。如果要从基准点直接用前方交会法测量这 24 个监测点坐标，会遇到很多困难。主要由于基准点距观测点太远(500 ～

1200m，平均 800m），如果要求监测点误差为 ±5mm，则测量交会角误差 0.8″，显然，为达到这么高的精度要用精密仪器，实测较多测回，从而工作代价很高。其次，虽然视线在开阔的水面上通过，几何通视条件良好，但实际上每天早晨有雾，有时雾到 10 时左右才散，遇到下雪天视线也看不远。因此，并不是随时都有光学通视条件。监测时，在一些较大的桥墩上布置了 7 个工作基点（F,G,H,I,J,K 和 L）。5 个基准点与 7 个工作基点组成三角网，用此三角网测定工作基点相对于基准点的位移量，而用角度前方交会法测量监测点相对于工作基点的位移量。计划对变形监测三角网 1 ～ 3 年复测次，要求测定工作基点的精度小于 3mm，而测角精度设计为 1″，为此必须增加图形强度。如图 6-10 所示。在这个变形监测控制网中设计了大量对角线观测方向。

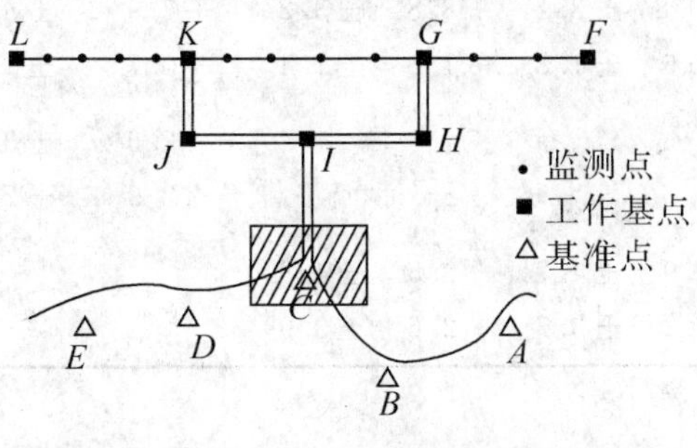

图 6-9　监测网点布设

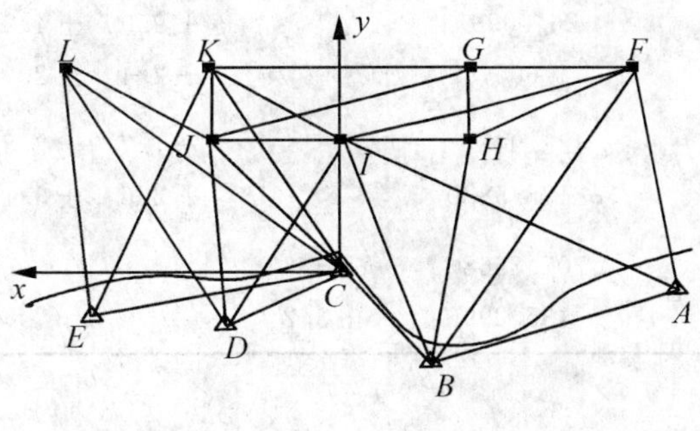

图 6-10　变形监测三角网

事实表明，增加多余观测方向不仅有助于提高精度，还显著提高了网的可靠性，有利于对观测值进行分析 。例如，第二次复测时有个三角形闭合差偏大，经分析发现它们都与一条边有关，这一条边的两侧三角形闭合差符号呈系统性差异。因此，断定该边两方向观测值存疑，实地调查时，发现视线紧挨着一钢质标语牌通过，可能引起旁折光，采取措施后重测，得到了满意的结果。

用 T_3 经纬仪以全圆测回法监测 6 测回，预期测角中误差小于 1.8″。首次监测成果平差以 C,D 两点为已知点（用测距仪测定 CD 边长为 427.654m），先令它们的坐标 $x_C=0,y_C=0,x_D=427.654,y_D=0$。经平差计算求得各点坐标后，再把全网进行平移和旋转，以使与施工坐标系统一致。施工坐标系统的 $+y$ 轴通过引桥中心向南，$+x$ 轴指向东，复测时不重复测量基线，仅进行角度监测。复测成果以岸上 5 个基准点为已知点进行平差计算，求得工作基点及监测点的新坐标，从新坐标与原坐标的差中分析桥墩是否产生位移。位移监测点的坐标，由 7 个工作基点用多方向前方交会法测定。工作基点离观测点距离近，平均约 100m，用 J_2 级仪器测 2 ～ 4 个测回，可达到 2.5″ ～ 4″ 的测角精度，则可使监测点相对于工作基点的误差为 2mm。有一次，发生轮船不正常碰撞桥梁的事故，测量人员马上从工作基点上设站交会了有关位移监测点的位置，几个小时后就拿出计算成果，表明桥墩并没有产生位移。

在图 6-10 监测网中，监测方向总数 95 个 ，最短边长 98m，最长 1140m，平均为 580m。平差计算时，以岸上 5 个基准点为起始点进行全网平差，求得单位权中误差为 ±1.27″。计算中发现起始点坐标有误差，为了查明是哪个起始点，每次在 5 个基准点中选两个作为起始点，求得其他 3 个点坐标，把这些计算结果与首次监测坐标比较后得到坐标差，结果查明 C 点产生了位移，其原因主要是方向变化较大，计算结果见表 6-6 所示。

表 6-6　平差计算结果

点号	首次观测成果		复测成果							
			A,E 为起点		A,D 为起点		B,D 为起点		B,E 为起点	
	x_0 / y_0	m_{x_0} / m_{y_0}	Δx / Δy	m_x / m_y	Δx / Δy	m_x / m_y	Δx / Δy	m_x / m_y	Δx / Δy	m_x / m_y
A	−866.0944	±6.2					−6.9	±4.3	−4.8	±4.4
	7.1515	±3.1					+3.3	±4.2	+3.4	±4.4
B	−395.9867	±3.6	+3.8	±3.8	+4.8	±2.9				
	−244.9259	±2.6	−1.7	±2.9	−1.0	±2.5				
C	26.0099		+9.9	±4.2	+10.8	±3.1	+8.8	±3.2	+7.9	±3.8
	4.6957		−2.4	±2.4	−0.6	±1.8	+1.0	±1.4	−0.7	±1.9
D	428.9481		−1.7	±3.8					−2.6	±3.6
	−138.5830		+2.6	±3.1					−2.0	±2.9
E	707.7668	±3.6			+1.9	±4.7	+3.5	±4.8		
	−135.2996	±3.2			+3.2	±3.7	+2.6	±3.9		

§6-4　水平位移监测方法

水平位移监测是建筑物变形监测的另一项重要内容，它比沉降观测要困难，精度要求也高。监测点的水平位移观测有多种方法，最常用的有角度交会法、极坐标法、导线法、视准线法和引张线法等，应根据条件选用适当的方法。

一、交会法

(一) 前方交会法

在变形点上不便于架设仪器时，多采用前方交会法。如图6-11所示，A,B 为平面基准点，P 为变形点，由于点 A,B 的坐标为已知，在观测了水平角 α,β 后，即可求算 P 点的坐标。对于不同的周期，点 P 纵横坐标变化量就是点 P 的水平位移。点坐标可按下式计算

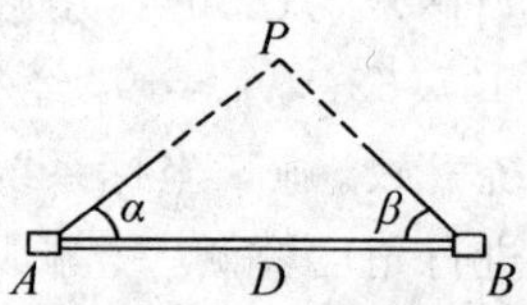

图 6-11　前方交会

$$
\left.\begin{aligned}
x_p &= \frac{x_A\cot\beta + x_B\cot\alpha - y_A + y_B}{\cot\alpha + \cot\beta} \\
y_p &= \frac{y_A\cot\beta + y_B\cot\alpha + x_A - x_B}{\cot\alpha + \cot\beta}
\end{aligned}\right\} \tag{6-1}
$$

点 P 位中误差的估算公式为

$$
m_p = \frac{m_\beta \cdot D\sqrt{\sin^2\alpha + \sin^2\beta}}{\rho\sin^2(\alpha+\beta)} \tag{6-2}
$$

式中，m_β 为测角中误差，D 为两已知点间的距离。采用这种方法时，交会角度宜为 60° ～ 120°，以保证交会精度。

对于多期观测，可以用式(6-1) 式的微分法直接求前方交会位移值

$$\left.\begin{aligned}\Delta x &= -A\cdot \mathrm{d}\alpha + B\cdot \mathrm{d}\beta\\ \Delta y &= -C\cdot \mathrm{d}\alpha + D\cdot \mathrm{d}\beta\end{aligned}\right\}\tag{6-3}$$

式中，$\mathrm{d}\alpha$ 为的某次观测值与首次观测值之差；$\mathrm{d}\beta$ 为 β 角的某次观测值与首次观测值之差。A，B，C 和 D 为首次观测后算得的常数

$$A=\frac{D\cdot\sin^2\beta}{\sin^2\gamma},B=\frac{D\cdot\sin^2\alpha}{\sin^2\gamma},C=\frac{D\cdot\sin\beta\cos\beta}{\sin^2\gamma},D=\frac{\mathrm{Din}\alpha\cos\alpha}{\sin^2\gamma}$$

观测点的位移值为

$$\Delta l=\sqrt{\Delta x^2+\Delta y^2}\tag{6-4}$$

由于变形监测多采用观测墩、强制对中装置和有利于照准的觇标，观测中可由同一观测员用同一仪器按同一观测方案进行观测。因而，前方交会方向中误差可以达到的精度将高于一般工程和控制测量中的方向观测精度。一般来说，当图形较好（交会角接近 90°）、交会边长 100m 左右时，用 DJ_1 仪器观测 6 个测回，位移值测定中误差将不超过 ±1mm。

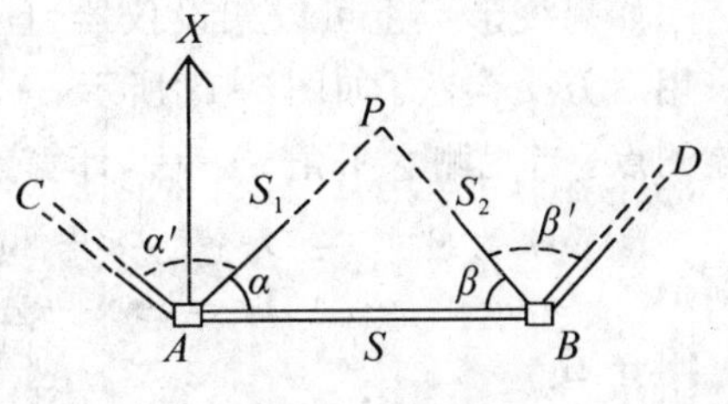

图 6-12　特殊前方交会

当点 A 和点 B 不通视时，由于 α，β 不能直接测量，为此必须测量连接角 α' 和 β'，如图 6-12 所示。则 α 和 β 通过解算可以求得

$$\left.\begin{aligned}\alpha &= (\alpha_{BA}-\alpha_{CA})-\alpha'\\ \beta &= (\alpha_{DB}-\alpha_{AB})-\beta'\end{aligned}\right\}\tag{6-5}$$

为了计算点 P 的坐标，现以点 A 为独立坐标系的原点，AB 方向为 y 轴，则点 P 的初始坐标按下式计算

$$\left.\begin{aligned}x_p &= S_1\cdot\sin\alpha = S_2\cdot\sin\beta\\ y_p &= S_1\cdot\cos\alpha = S_2\cdot\sin\beta\cdot\cot\alpha\end{aligned}\right\}\tag{6-6}$$

或

$$\left.\begin{aligned}x_p &= S\cdot\sin\alpha\cdot\sin\beta/\sin(\alpha+\beta)\\ y_p &= S\cdot\sin\alpha\cdot\sin\beta/\sin(\alpha+\beta)\end{aligned}\right\}\tag{6-7}$$

经过整理得

$$\left.\begin{aligned}x_p &= \frac{S}{\cot\alpha+\cot\beta}\\ y_p &= \frac{S}{\cot\alpha\cdot\cot\beta+1}\end{aligned}\right\}\tag{6-8}$$

（二）自由设站法

如图 6-13 所示，仪器架设便于监测的位置，通过测定位于变形区影响范围之外两个固定已知目标，即测站 P 到两个已知点 $P_1(x_1,y_1)$，$P_2(x_2,y_2)$ 之间的夹角 β_0 和距离值 S_1，S_2，即可计算测站坐标，进而可测算各监测点的坐标。P_1P_2 之间的距离和方位角可由坐标反算出，计算 β_1 和测站点 P 的坐标如下式

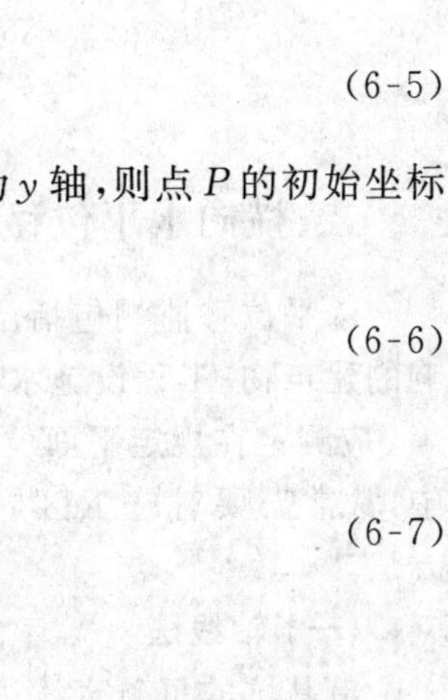

图 6-13　自由设站

$$\left.\begin{aligned}\beta_1 &= \sin^{-1}\frac{S_2}{S_0\cdot\sin\beta_0}\\ x_p &= x_1 + S_1\cdot\cos(\alpha_{p_1p_2}+\beta_1)\\ y_p &= y_1 + S_1\cdot\sin(\alpha_{p_1p_2}+\beta_1)\end{aligned}\right\}\tag{6-9}$$

计算各监测点坐标为

$$\left.\begin{aligned}x_i &= x_p + S_i\cdot\cos\alpha_i\\ y_i &= y_p + S_i\cdot\sin\alpha_i\end{aligned}\right\}\tag{6-10}$$

(三) 后方交会法

如果变形点上可以架设仪器，且与3个平面基准点通视，可采用后方交会法。如图6-14所示，A,B和C为基准点，P为变形监测点。当观测水平角α,β后，计算点P的坐标

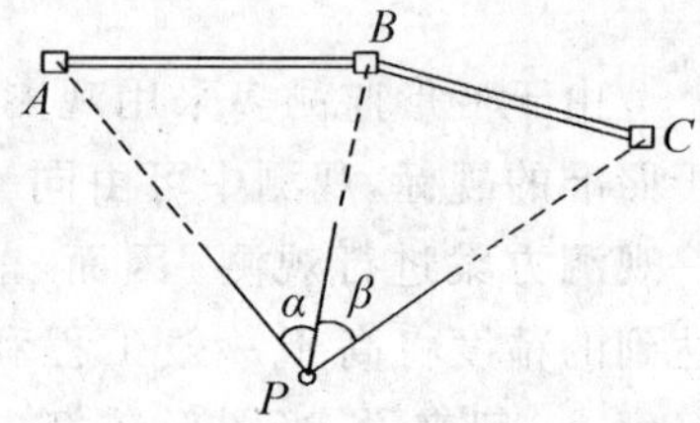

图 6-14　后方交会

$$\left.\begin{aligned}x_p &= x_B + \Delta x_{BP} = x_B + (a-kb)/(1+k)^2\\ y_p &= y_B + \Delta y_{BP} = y_B + k\Delta x_{BP}\end{aligned}\right\}\tag{6-11}$$

其中

$$\left.\begin{aligned}a &= (x_A - x_B) + (y_A - y_B)\cot\alpha\\ b &= -(y_A - y_B) + (x_A - x_B)\cot\alpha\\ c &= -(x_c - x_B) + (y_C - y_B)\cot\beta\\ d &= -(y_C - y_B) + (x_C - x_B)\cot\beta\\ k &= (a+c)/(b+d)\end{aligned}\right\}\tag{6-12}$$

二、横向水平位移监测法

水平位移监测包括位于特殊地区的建筑物地基基础水平位移、受高层建筑物基础施工影响的建筑物、工程设施水平位移、挡土墙和大面积堆载等工程中所需要的地基土深层侧向位移等。应测定在规定平面位置上随时间变化的位移量和位移速度。在基坑的开挖或打桩的过程中，常常需要对施工区周边的横向水平位移进行监测，下面介绍几种简易的水平位移监测方法。

(一) 轴线法

沿基坑的每条直线边建一轴线，并在直线边上布设水平位移点。轴线法不需要测角，也不需要测距，只需将轴线用经纬仪投射到位移点的旁边，即可量取位移点离轴线的偏距，通过两次偏距的比较来发现水平位移量。这种方法方便直观，但此法要求仪器架设在变形区外，并且测站与位移点不宜太远。

(二) 视准线小角法

视准线小角法与轴线法有些类似，也是沿基坑的每一周边建立一条轴线(即一个固定的方向)，通过测量固定方向与测站至位移点方向的小角变化$\Delta\beta$，并测得测站至位移点的距离L，从而计算出观测点的位移量$\Delta = \Delta\beta\cdot L/\rho$。此法也要求仪器架设在变形区外，且测站与位移点不宜太远。

(三) 监测点设站法

此法将仪器架设在位移点上，通过测得测站上两端固定目标的夹角变化，就可计算测站点的位移量Δ

$$\Delta = \frac{S_1 \cdot S_2}{S_1 + S_2} \cdot \frac{\Delta\beta}{\rho} \tag{6-13}$$

(四)单站改正法

在以上方法的基础上,可将视准线小角法与观测点设站法结合使用。这种方法只需仪器一次设站加改正来完成所有监测点的位移计算。如图 6-15 所示,在施工影响之外的坚固建筑物上设置了两个标志点 A,点 B。为了避免行人和车辆阻挡视线,点 A 和点 B 两标志设在较高的墙面上,每次监测时,先测量 $\angle APB$ 的变化量,求得点 P 的横向位移。再测量 $\angle APi$ 的变化量,从而求得各监测点 i 的横向位移,其各点横向水平位移计算公式为

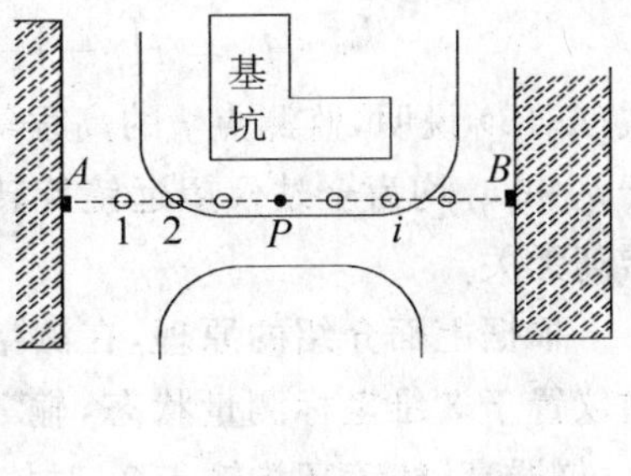

图 6-15　测点布设示意图

$$\left.\begin{aligned}
\Delta P &= -\frac{S_{PA} \cdot S_{PB}}{S_{PA} + S_{PB}} \cdot \frac{\Delta\beta_P}{\rho} \\
\Delta 1 &= -\frac{S_{P1}}{\rho}\Delta\beta_1 + \left(1 - \frac{S_{P1}}{S_{PA}}\right)\Delta P \\
\Delta 2 &= -\frac{S_{P2}}{\rho}\Delta\beta_2 + \left(1 - \frac{S_{P2}}{S_{PA}}\right)\cdot \Delta P \\
&\cdots \quad \cdots \quad \cdots \quad \cdots \\
\Delta i &= -\frac{S_{Pi}}{\rho}\Delta\beta_i + \left(1 + \frac{S_{Pi}}{S_{PA}}\right)\cdot \Delta P \\
\Delta n &= -\frac{S_{Pn}}{\rho}\Delta\beta_n + \left(1 + \frac{S_{Pn}}{S_{PA}}\right)\cdot \Delta P
\end{aligned}\right\} \tag{6-14}$$

对于每个施工区,在测站和位移点设定后,就可求得各点之间的大致距离,从而可先算得各点系数,以后只要测得角度变化 $\Delta\beta$ 即可算得位移量。水平位移的符号相对基坑而言,向内为正,向外为负。

三、全站仪 3 维监测法

随着全站仪的普及,应用 3 维变形监测方法的场合越来越多。该法除了在高边坡监测中使用外,也经常用于大型工程建筑物的变形监测中。如房屋、桥梁和体育馆网架工程、礼堂屋架工程、机场屋架工程以及大型工程结构测试等场合。该法操作简单、精度高。通常在变形区域外,埋设基准点,由常规控制测量得到基准点的 3 维坐标。设置测站要尽可能的少,最好只设一个站,并使其到后视基准点和各监测点的距离大致相等,然后将反光镜固定在监测点上或在各监测点上粘贴平面反射标志(即丙烯脂胶片)。测站要求设置强制归心设备,以减少偏心误差的影响,可保证每次监测时平面基准位置的一致性。

(一)3 维变形监测原理

了减少量测仪器高误差对成果的影响,提高高程测量精度,可采用无仪器高作业方法。其基本原理是,假设测站基准点高程为 H_0,仪器高为 i,定向基准点高程为 H_1,目标高为 0,则有

$$H_1 = H_0 + i + S_1 \cdot \cos V_1 = H_0 + i + h_1 \tag{6-15}$$

或

$$H_0 = H_1 - i - h_1 \tag{6-16}$$

若仪器高 i 不变，则监测点 j 的高程传递表达式为

$$H_j = H_0 + i + S_j \cdot \cos V_j = H_0 + i + h_j \tag{6-17}$$

将式(6-16) 代入式(6-17) 得

$$H_j = H_1 - i - h_1 + i + h_j = H_1 - h_1 + h_j = H_1 + \Delta h_{1j} \tag{6-18}$$

式(6-18) 说明，监测点 j 的高程等于定向基准点高程 H_1 加上定向点到监测点的间接高差。由于 h_1 和 h_j 均为全站仪望远镜旋转中心到目标的高差，并不涉及仪器高，故间接高差 Δ_{1j} 也与仪器高无关。

根据上面介绍的原理，在测量时，先测量测站基准点到定向基准点间的高差 h_1，然后将全站仪置于 3 维坐标测量状态，输入测站点的坐标(x_0, y_0, z_0)，其中等于测站基准点高程减去 h_1，仪器高、棱镜高均输入 0。对仪器设置好已知数据后，即可进入 3 维坐标测量状态，测量各监测点的 3 维坐标，通过比较本次前次的坐标后，就可得到各监测点的 3 维位移量。

(二)3 维监测精度分析

全站仪测定空间某点的 3 维坐标计算公式为

$$\left.\begin{aligned} x_p &= x_0 + S \cdot \sin V \cdot \cos\alpha \\ y_p &= y_0 + S \cdot \sin V \cdot \sin\alpha \\ z_p &= z_0 + S \cdot \cos V + i \end{aligned}\right\} \tag{6-19}$$

式中，V 为垂直角，α 为方位角。设 $m_\alpha = m_V = m_0, m_s = a + b \cdot D$，因采用无仪器高作业法，故 $m_i = 0$。根据误差传播定律得

$$\left.\begin{aligned} m_{xp}^2 &= \sin^2 V \cdot \cos^2\alpha \cdot m_S^2 + S^2 \cdot \sin^2 V \cdot \sin\alpha \cdot m_\alpha^2 + S^2 \cdot \cos^2 V \cdot \cos^2\alpha \cdot m_V^2 \\ m_{yp}^2 &= \sin^2 V \cdot \sin^2\alpha \cdot m_S^2 + S^2 \cdot \sin^2 V \cdot \cos^2\alpha \cdot m_\alpha^2 + S^2 \cdot \cos^2 V \cdot \sin^2\alpha \cdot m_V^2 \\ m_{zp}^2 &= \cos^2 V \cdot m_S^2 + S^2 \cdot \sin^2 V \cdot m_V^2 \end{aligned}\right\} \tag{6-20}$$

因为 $m_p^2 = m_{xp}^2 + m_{yp}^2$，所以有

$$m_p^2 = \sin^2 V \cdot m_S^2 + S^2 \cdot m_0^2 \tag{6-21}$$

对于全站仪，采用盘左、盘右坐标取平均，设 $m_0 = 2''$，$m_S = 3 + 2\text{ppm} \cdot D$ 代入式(6-20) 计算，结果见表 6-7。

表 6-7 全站仪监测精度表

m_p/m_{z_p}/mm　V　S/m	60°	70°	80°	90°
60	2.01/1.22	2.16/0.95	2.26/0.72	2.29/0.62
70	2.05/1.27	2.21/1.02	2.31/0.81	2.33/0.72
80	2.10/1.32	2.26/1.09	2.35/0.90	2.38/0.78
90	2.16/1.38	2.31/1.16	2.40/0.99	2.43/0.93
100	2.21/1.44	2.36/1.24	2.45/1.10	2.49/1.03

在测试中，平均天顶距为 70°，最大视距为 70m，则监测点采用盘左、盘右取平均的平面点位中误差和高程中误差为 $m_p = \pm 2.21$mm，$m_{z_p} = \pm 1.02$mm。若采用半测回值，则 $m_p = \pm 3.12$mm，$m_{z_p} = \pm 1.44$mm。

§6-5　倾斜监测

建筑物的倾斜给使用带来安全隐患，所以应对其采取监测手段，及时提出预警信息。如图6-16所示。倾斜测量是用经纬仪、水准仪或其他专用仪器测量建筑物倾斜度随时间而变化的工作。一般在建筑物立面上设置上下两个监测标志，它们的高差为h，用经纬仪把上标志中心位置投影到下标志附近，量取它与下标志中心之间的水平距离x，则两标志中心连线的倾斜度$i=x/h$。定期地重复监测，就可得到在某时间内建筑物倾斜度的变化情况。测定建筑物的倾斜方法有两类：一类是直接测定建筑物的倾斜；另一类是通过测量建筑物基础沉降的方法来确定建筑物倾斜。对于烟囱等独立构筑物，可从附近一条固定基线出发，用前方交会法测量上、下两处水平截面中心的坐标，从而推算独立构筑物在两个坐标轴方向的倾斜度。也可以在建筑物的基础上设置一些沉降点，进行沉降监测。设为某两沉降点在某段时间内沉降量差数，S为其间的平距，则$\Delta i=\Delta h/S$就是该时间段内建筑物在该方向上倾斜度的变化。

图6-16　建筑物倾斜及测量

一、直接测定建筑物倾斜的方法

直接测定建筑物倾斜最简单的方法是悬吊垂球，根据其偏差值可直接确定建筑物的倾斜，但是由于有时在建筑物上面无法固定悬挂垂球的钢丝，因此，对于高层建筑、水塔和烟囱等，可采用经纬仪投影、测水平角的方法、光学垂准和激光铅直的方法来测定它们的倾斜。

（一）垂准线法

垂准线法的建立可以利用悬吊垂球法，也可以利用激光铅锤仪（或称激光垂准仪）法。利用垂球时，在高处的某点，如墙角、建筑物的几何中心处悬挂垂球，垂球线的长度应使垂球尖端刚刚不与底部接触，用尺子量出垂球尖至高处点在底部的理论投影位置的距离，即为高处该点的倾斜量；激光沿垂仪是利用一条铅垂视线来测量建筑物的倾斜量。如图6-17所示，在铅垂仪的目镜处加装一个激光器，则形成一条铅垂的可见光束，称为激光铅垂线。观测时，在建筑物的底部安置仪器，激光铅垂仪发出的可见光直接指向建筑物的顶部，在顶部直接量取相应点的偏转距离。

图6-17　激光沿垂仪

（二）经纬仪投影法

如图6-18(a)所示，根据建筑物的设计，A点与B点位于同一竖直线上，建筑物的高度为h，当建筑物发生倾斜时，则A点相对于B点沿水平方向移动了某一距离a，则该建筑物的倾斜

为

$$i = \tan\alpha = \frac{a}{h} \tag{6-22}$$

为了确定建筑物的倾斜，必须量出 a 和 h 的数值。其中 h 的数值一般为已知，当 h 未知时，则可对着建筑物设置一条基线，用三角测量的方法测定。这时经纬仪应设置在离建筑物较远的地方(最好大于 $1.5h$)，以减少仪器纵轴不垂直的影响。对于 a 值而言，如果 A' 是屋角上的标志，可用经纬仪将其投影到 B 点的水平面上而量取。投影时，经纬仪要在固定测站上很好地对中，并严格整平。用盘左、盘右两个度盘位置往下投影，取其中点，以视线瞄准中点，并量取 B 点对视线方向的垂直偏离值 a_1，再将经纬仪移到与原观测方向约成 90° 方向上，用同样的方法可以求得对视线垂直方向的 a_2 值。然后和矢量相加的办法，即可求得该建筑物的偏斜值 a。如图 6-18(b) 所示。

(三) 测水平角的方法

如图 6-19 所示，测定烟囱的倾斜度。在距离烟囱 50～100m 处，在互相垂直方向上标定两个固定标志作为测站。在烟囱上标出作为观测用的标志点 1,2,3,4,5,6,7 和 8，同时选择通视良好的远方不动点 M 和 N 为方向点。然后从测站用经纬仪测量水平角(1)、(2)、(3) 和(4)，并计算半和角 $a = [(2)+(3)]/2$，$b = [(1)+(4)]/2$。a，b 分别表示烟囱上部中心和勒脚部分中心方向，根据 a 和 b 的方向差，可计算偏歪分量 a_1。同样在测站 B 上观测水平角(5)、(6)、(7) 和(8)，重复上述计算，得到另一偏歪分量 a_2。用矢量相加的方法求得烟囱上部相对于勒脚部分的歪斜值 a，还可根据相似三角形原理计算烟囱上部相对于基础底座的歪斜值 $a' = (h_1 + h_2) \cdot a/h_1$。利用式(6-22) 即可算出烟囱的倾斜度。对于高耸圆形沟筑物(如烟囱、水塔等)，当顶部或中部设置标志不便时，可用照准视线直接切其边缘认定的位置或高度角控制的位置作为观测点位。

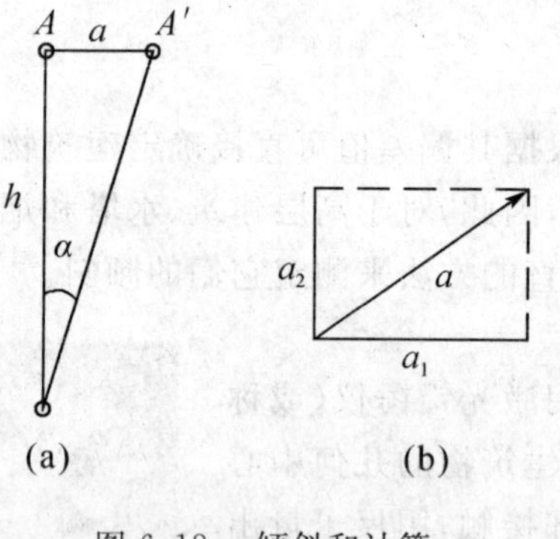

图 6-18 倾斜和计算

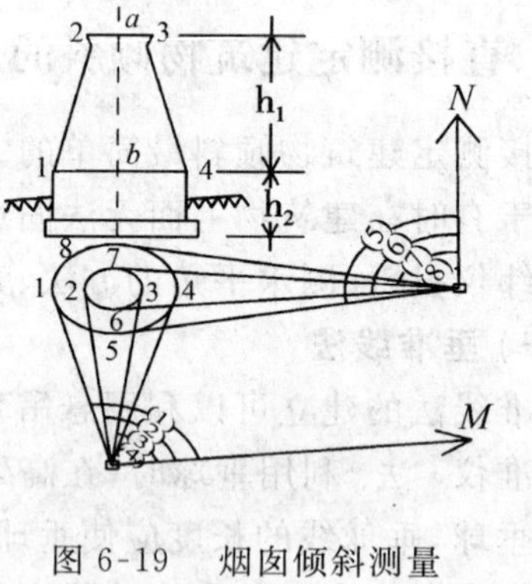

图 6-19 烟囱倾斜测量

二、测定建筑物基础相对沉降的方法

如果建筑物是刚性的，可通过测定基础不同部位相对沉降量来间接求算建筑物的倾斜度。一般常用几何水准测量、液体静力水准测量及气泡式倾斜测量方法。

(一) 精密水准测量方法

建筑物沉降量一般不大，在短期内部会产生显著变化，因而要进行长期而细致的沉降监测。沉降监测工作一般在基础施工完毕后或基础垫层浇灌后开始，一直到沉降稳定为止。为尽量使系统误差不变，以便系统误差在沉降值中得以消除，沉降监测宜采取以下措施。

(1) 监测路线、测站点和立尺点尽量固定，使往返测在同一路线上进行；

(2) 尽量缩短二等水准环线和路线的长度，以缩短监测时间；

(3) 不同周期监测应固定所使用的仪器、标尺，并尽可能由同一监测员进行相应测段的监测；

(4) 在沉降较大的地区，应在短时间内完成一个闭合环的监测，以确保监测数据的可靠。

(二) 液体静力水准测量方法

除了用几何水准测定建筑物的垂直位移外，近年来，在监测基础沉降、建筑物地基和工艺设备的变形时，液体静力水准测量方法(如图 6-20 所示)日益得到广泛的应用。这种方法的主要优点是能用比较简单和有效的方法实现测量的全部自动化。并且不受距离限制，距离越长，测定倾斜度精度越高。

图 6-20　液体静力仪

其测原理是：在相连接的两个容器里盛有均匀液体，液体的表面处于同一水平面。利用两容器内液面的读数可求得两观测点间的高差，与两点间距离之比，即为倾斜度。该测量误差主要来源于外界的温度变化，特别是监测头附近局部温度变化。为了削弱温度的影响，应使连接软管下垂量最小；减小监测头中液柱高度；液体静力仪器尽量远离强大的辐射源。为了消除温度的影响，可采用测定监测头中液体的温度，并对测量结果施加相应得改正数方法。若在 40 ～ 50mm 的最小液柱高的情况下，欲使液体水平面的测量误差不超过 0.1mm，则温度的读数精度不要低于 0.5 度。目前，在高精度液体静力水准测量中往往采用恒温系统。

(三) 气泡式倾斜仪测量

如图 6-21 所示，气泡式倾斜仪由一个高灵敏度的气泡水准管和一套精密的测微器组成。测微器包括测微杆、读数盘和指标。气泡水准管固定在支架上，支架可绕转轴转动，支架下有一弹簧片，在底板下有置放装置。测量时，将倾斜仪安置在需要的位置上，转动读数盘，使测微杆向上或向下移动，直至水准气泡居中为止，此时在读数盘上的读数，即为该处的倾斜度。

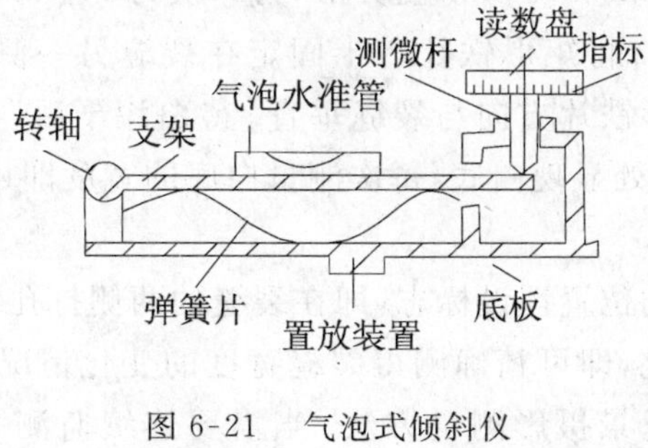

图 6-21　气泡式倾斜仪

图 6-22　数字倾斜仪

我国制造的气泡式倾斜仪，灵敏度为 2″，总的观测范围为 1°。气泡式倾斜仪适用于观测较大的倾斜角或量测局部位置的变形，如可用来测定设备基础和平台的倾斜。利用电子水准器代替水准管可以实现自动化监测，如图 6-22 所示的数字倾斜仪，测量范围为 200″ 电子水准器，其倾斜测定中误差为 ±2″。倾斜仪和电子水准器虽有明显的优点，当建筑物变形范围很大，工作测点很多时，这类仪器就不如水准仪灵活。因此，变形监测的常用方法是几何水准测量。

§6-6 建筑物裂缝与挠度观测

一、裂缝监测

建筑物由于受不均匀沉降、地基处理不当、地表和建筑物相对滑动和设计问题等影响，而导致局部出现过大的拉应力，以及混凝土受浇灌、养护、水温、气温或其他外界因素的影响，墙体均会产生裂缝。建筑物的倾斜允许值与结构体系、结构材料、构件的连接结构、建筑物的使用、荷载和自振周期等有关。所以建筑物的允许倾斜应按地区不同而有所区别，对上海软土地基建筑，其允许变形量可为 50 ～ 60cm，这对建筑物的结构无太大影响。但北京一般为第四纪土层上的建筑，其允许沉降量为 8 ～ 10cm，否则就可能产生裂缝。当在建筑物中发现了裂缝现象，为了观察其现状和变化，应对其进行监测。

（一）裂缝观测的标志

对需要观测的裂缝应进行统一的编号，每条裂缝至少应布设两组观测标志，一组在裂缝最宽处，另一组在裂缝末端。

1. 石膏标志

在裂缝两端抹一层石膏，长约 250mm，宽约 50mm，厚约 10mm。石膏干固后，用红漆喷一层宽约 5mm 的横线，横线跨越裂缝两侧且垂直于裂缝。若裂缝继续扩张，则石膏开裂，每次测量红线处裂缝的宽度。

2. 薄铁片标志

用厚约 0.5mm 的薄铁片两块，一块为 100mm×100mm 的方形，另一块为 150mm×50mm 的矩形。将方形铁片固定在裂缝一侧，喷以白漆；将矩形铁片一半固定在裂缝另一侧，使铁片另一半跨过裂缝搭盖在方形铁片之上，并使矩形铁片方向与裂缝垂直。待白漆干后，再对两块铁片同喷红漆。若裂缝继续扩张，则两铁片搭盖处显现白底，每次测量白底的宽度即可。

3. 金属标志

对于重要的裂缝，也可以选用其有代表性的位置埋设标志，即在裂缝的两侧打孔埋设金属标志点，定期用游标卡尺量出两点间的距离变化，即可精确测得裂缝宽度的变化情况。对于面积较大且不便于人工测量的众多裂缝宜采用近景摄影测量方法。当需要连续监测裂缝变化时，还可采用裂缝计或传感器自动测记方法。

（二）裂缝观测周期

裂缝观测的周期应视其裂缝变化速度而定，通常开始半月 1 次，以后一月 1 次。当发现裂缝加大时，应增加观测次数，直至几天1次或逐日1次的连续观测。裂缝观测时，其宽度应量至0.1mm，每次观测应量出裂缝位置、形态和尺寸，注明日期和附照片资料。

二、挠度观测

挠度是指建（构）筑物或其构件在水平方向或竖直方向上的弯曲值。例如桥的梁部在中间会产生弯曲，高耸建筑物会产生侧向弯曲。

（一）平置构件

对于平置的构件，在两端及中间设置3个沉降点进行沉降监测，可以测得在某时间段内3个点的沉降量，分别为 h_a，h_b 和 h_c，则构件的挠度值为

$$\tau = \frac{1}{2}(h_a + h_c - 2h_b) \cdot \frac{1}{S_{ac}} \tag{6-23}$$

式中，h_a、h_c 为构件两端点的沉降量，h_b 为构件中间点的沉降量，S_{ac} 为两端点间的平距。监测时，在选定位置安装挂尺螺栓，使挂钩朝上，用尺卡卡住水准尺上端，在尺卡顶端焊一铁环，挂在挂尺螺栓的挂钩上，使水准尺离地面0.3m左右，定期对监测点进行观测。

（二）直立构件

对于直立的构件，要设置上、中、下3个位移监测点进行位移监测，则利用3点的位移量求出挠度大小。在这种情况下，把在建筑物垂直面内各不同高程点相对于底点的水平位移称为挠度。监测时，常采用正垂线法，即从建筑物顶部悬挂一根铅垂线，直通到底部，在铅垂线的不同高程上设置测点，借助光学式或机械式的坐标仪表量测出各点与铅垂线最低点之间的相对位移。任意点的挠度等于顶点与铅垂线最低点的相对位移减去任意点与铅垂线最低点的相对位移。

§6-7 日照和风振变形监测

塔式建筑物在温度荷载和风荷载作用下会产生来回摆动，因而需要对建筑物进行动态监测，即日照和风振观测。

一、日照变形监测

建筑物的日照变形因建筑的类型、结构、材料以及阳光照射方位、高度不同而不同。例如湖北的一座高183m电视塔，一昼夜之间的变形值达到130mm；广州的一座高100多米高层建筑顶部位移只有20mm；四川某饭店的高18m现浇混凝土单柱柱顶向阳面与背面温差时，顶部位移达到50mm。这些情况说明日照变形的因素比较复杂，同时，如此显著的变形，对建筑结构的抗弯、抗扭和抗拉性能也不会没有影响。在目前现行建筑设计规范尚未规定日照变形的控制指标情况下，对日照变形观测应根据观测项目的不同条件与要求采用适宜的观测方法，以尽可能达到的精度来施测。

国内开展日照变形观测，从20世纪70年代开始，已日益增多，其中多数采用经纬仪投点法、交会法和测水平角法。其精度情况见表6-8所示。

表 6-8 日照变形监测精度

观测方法	仪器类	监测点的点位中误差 /mm
投点法	DJ_1 或 DJ_2	±0.5～1.0
交会法、测水平角法	DJ_1 或 DJ_2	±1.0～2.0

经纬仪主要应用于混凝土单柱和要求不高的建筑物。当从建筑物或单柱外部观测时，监测点应布设在受热面的顶部或受热面的上部不同高度处与底部适中位置，单柱亦可直接照准底部与顶部中心线位置。用投点法观测时，测站点应选在于监测点连线成直角的两条方向上，其中一条宜与受热面垂直，距监测点的距离约为照准目标高度的 1.5 倍处，要埋设标石。用测角前方交会时，应从两个测站对监测点的观测同步进行。日照变形测量时间，宜选在夏季的高温天进行。一般监测项目，可在白天时间段进行，从日出前开始，日落后停止，每隔1小时观测1次；对于有科研要求的重要建筑物，可在全天 24 小时内，每隔 1 小时观测 1 次。每次观测的时候，要测出建筑物阳面与背面的温度，并测定风速和风向。

当利用建筑物内部竖向通道观测时，应以通道底部中心位置作为测站点，以通道顶部正垂直对应于测点的位置作为监测点，采用激光铅垂仪观测。在测站上安置激光铅垂仪，在监测点上安置接收靶。每次观测时，从接收靶读取或量出顶部监测点的水平位移值和位移方向，亦可借助附在接收靶的标示光点设施，直接获得各次观测的激光中心轨迹图，然后反转其方向，即为实时日照曲线变形图。

二、风振变形监测

高层建筑物在风荷载作用下会产生来回摆动，如美国纽约 102 层的帝国大厦，在风荷载作用下，最大摆动达7.6cm。对于风振观测，是一项具有高难度的动态变形监测，要在高层建筑受到强风作用的时间段，连续同步测定建筑物顶部风速、风向、墙面风压以及顶部水平位移。风振监测结果是建立合理的风荷设计方案的重要手段，依此了解建筑物风荷及风压反映的实际情况，以实测数据获取风压分布、体型系数及风振系数，以与风洞试验结果互为补充来验证结构设计的侧向刚度。因此，在风振观测的实施中，测量人员必须与设计单位密切配合，共同商量确定施测方案和研究施测中的有关技术问题。通常，风振变形监测可采用如下方法完成。

(一) 激光位移计自动测记法

位移计安装在建筑物底层或地下室地板上，接收装置可设在顶层或需要观测的楼层，激光通道可利用楼梯间梯井，测试室宜选在靠近顶部的楼层内。当位移计发射激光时，从测试室的光线示波器上可直接获取位移图像及有关参数，并自动记录。

(二) 长周期拾振器测记法

将拾振器设在建筑物顶部楼面中间，由测试室内的光线示波器记录观测结果。

(三) 双轴自动电子测斜仪(电子水枪)测记法

测试位置应选在振动敏感的位置，仪器的轴 x 与 y 轴(水枪方向)应与建筑物的纵横轴线一致，并用罗盘定向，根据观测数据计算出建筑物的振动周期和顶部水平位移值。

(四) 加速度计法

将加速度传感器安装在建筑物顶部，测定建筑物在振动时的加速度，通过加速度积分求解位移值。

(五)GPS动态差分载波相位法

将一台GPS接收机安置在距待测建筑物一段距离且相对稳定的基准站上,另一台接收机的天线安装在待测建筑物的楼顶。接收机周围以上无建筑物遮挡或反射物。每台接收机至少同时接收6颗以上卫星的信号,数据采集频率不应低于10Hz。两台接收机同步记录15～20min数据作为一测段,具体测段数视要求确定。通过专门软件对接收数据进行动态差分后处理,根据获得的WGS-84大地坐标即可以求得相应的位移值。

(六)经纬仪测角前方交会或方向差交会法

此法适用于缺少自动记录设备和观测要求不高时建筑物顶部水平位移的测定,作业中应采取措施防止仪器受到强风影响。

风振位移的观测精度,如用自动测计法,应视所使用仪器设备的性能和精确程度要求具体确定;如用经纬仪,观测点相对测站点的点位中误差不应大于±15mm。

三、GPS技术监测高层建筑风振变形实例

某大楼高121.30m,地面上29层。为确保建筑物的结构安全,建筑物在落成后检测在风荷载作用下的动态特征,以确保大楼的安全使用。利用GPS技术对该建筑物的动态特征进行监测。

(一)监测方案

为获得该建筑物在风荷载作用下动态监测数据,在该大楼封顶后,应用GPS动态定位模式进行监测。观测时采用Trimble4800双频GPS接收机3台套,其中一台接收机设置在离大楼200多米稳定的地面点上,作为基准站,另两台安置在楼顶,作为监测点,如图6-23所示。分两个时间段观测,时间见表6-9,接收机采样频率设置10Hz,按动态定位观测模式连续观测时间长度分别为30min和15min,并同步测定气象条件。

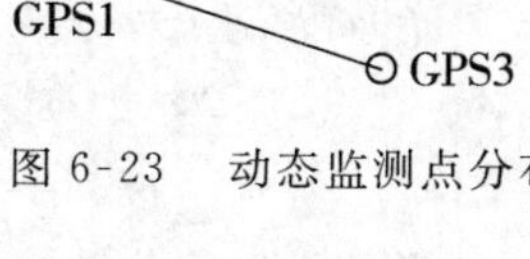

图6-23　动态监测点分布

表6-9　气象条件

时间	风向	风速
12:00	WS54°	1.5m/s
12:15	WS48°	1.5m/s
12:40	WS36°	1.5m/s
12:42	WS28°	1.5m/s

(二)监测数据处理

在GPS动态定位中,快速准确求定"整周未知数"的整数解较GPS静态定位具有更重要的意义。由于动态定位的短时间观测中,卫星位置相对接收机位置变化非常小,此时,准确求定整周未知数具有相当难度。静态整周未知数确定方法有交换天线法、已知基线法、快速静态整周未知数解算等方法。本次采用在运动过程中求解整周未知数的方法,即OTF(on the fly ambiguity resolution)法。数据处理思路:将GPS1点作为地面固定基准,获得监测点GPS2和GPS3在WGS-84坐标下每个历元的3维大地坐标(B,L,H)。然后,进行投影变换到高斯平面

上，获得点的 3 维坐标（x,y,z）数据序列（非平稳信号）。取 GPS1 和 GPS3 的 GPS 同步观测数据进行处理后的结果进行作图分析，图 6-24 为监测点 GPS3 相对于基准点 GPS1 的 3 维数据序列的时程曲线。

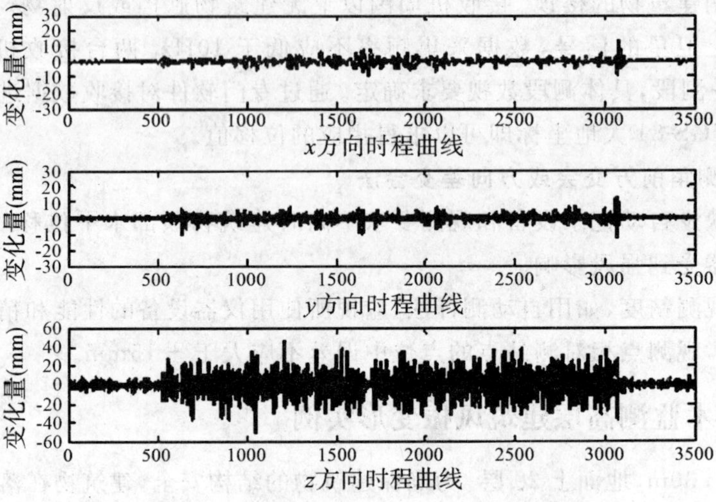

图 6-24　GPS3 相对于 GPS1 的 3 维时程曲线

从图 6-24 中可看出，整个时程曲线的变化量，x、y 方向在左右，最大不超过 ± 3cm，垂直方向一般在 ± 3cm，最大不超过 ± 6cm。这样的时程曲线结果符合动态 GPS 测量的正常精度，表明 GPS 观测质量是好的，数据处理结果可靠。其他的观测数据，均具有类似数据处理结果。

第七章　基坑工程施工监测

深基坑工程不但可以提高土地的空间利用率，同时也为高层建筑抗震和抗风等结构提供了保障。近年来，高层建筑地下室、地铁工程、市政道路立交桥、市政污水排放工程、地下商业街和人防工程越来越多，这些工程的基坑深度一般是，二层地下室为 8 ～ 10m、三层地下室为 12 ～ 15m、四层地下室为 15 ～ 18m。目前国内高层建筑地下室最深为六层，基坑深度为 30m 左右(国家大剧院基坑深度 32.5m)。随着基坑的面积和深度向大而深方向发展，工程事故颇多。因此，在深基坑工程中采用监测技术和动态信息化施工技术是非常必要的。

§7-1　基坑监测概述

一、基坑监测的意义

20 世纪 90 年代初期，基坑失稳引起的工程事故比较常见，随着工程经验的积累，这种事故越来越少。但由于支护结构及被支护土体的过大变形而引起邻近建筑物和管线破坏仍然时有发生，而事实上大部分基坑围护的目的也就是出于保护邻近建筑物和管线。因此，基坑开挖过程中进行周密监测(见图 7-1)，当 建筑物和管线的变形在正常的范围内时，可保证基坑的顺利施工；在变形接近警戒值时，及时采取对建筑物和管线进行保护的技术措施。

图 7-1　基坑监测示意图

(一) 监测的重要性

在基坑开挖过程中，基坑内外土体将由原来的静止土压力状态向被动和主动土压力状态转变，应力状态的改变引起围护结构承受荷载并导致围护结构和土体的变形。围护结构的内力(围护桩和墙的内力、支撑的轴力或土锚拉力等）和变形(深基坑坑内土体的隆起、基坑支护结构及其周围土体的沉降和侧向位移等）中的任一量值超过容许的范围，将造成基坑的失稳破坏或对周围环境造成不利影响。深基坑开挖工程往往在建筑密集的市中心，施工场地四周有建筑物和地下管线，基坑开挖所引起的土体变形将在一定程度上改变这些建筑物和地下管线的正常状态。当土体变形过大时，会造成邻近结构和设施的失效或破坏。同时，基坑相邻的建筑物又相当于较重的集中荷载，基坑周围的管线常引起地表水的渗漏，这些因素又是导致土体变形加聚的原因。基坑工程设置于力学性质相当复杂的地层中，在基坑围护结构和变形预估时，一是基坑围护体系所承受的土压力等荷载存在着较大的不确定性；二是对地层和围护结构一般都作了较多的简化和假定，与工程实际有一定的差异；三是基坑开挖与围护结构施工中，存在着时间和空间上的延迟过程，以及降雨、地面堆载和挖机撞击等偶然因素的作用。由于这些因素的影响，使得在基坑工程设计时，对结构内力计算以及结构和土体变形的预估与工程实际情况有较大的差异。因此，在基坑施工过程中，只有对基坑支护结构、基坑周围的土体和相邻的构筑物进行全面、系统的监测，才能对基坑工程的安全性和对周围环境的影响程度有全面的了解，以确保工程的顺利进行。在出现异常情况及时反馈，并采取必要的工程应急措施。

（二）监测的目的

1. 检验设计的各种假设和参数的正确性，指导基坑开挖和支护结构的施工

基坑支护结构设计尚处在半理论半经验的状态，土压力计算大多采用经典的侧向土压力公式，与现场实测值相比较有一定的差异，还没有成熟的方法计算基坑周围土体的变化，因此，在施工过程中，需要知道现场实际的受力和变形情况。基坑施工总是从点到面，从上到下分工况局部实施，可以根据由局部和前一工况的开挖产生的应力和变形实测值与预估值的分析，验证原设计和施工方案正确性。同时，可对基坑开挖到下一个施工工况时的受力和变形的数值和趋势进行预测，并根据受力和变形实测和预测结果与设计时采用的值进行比较，必要时调整施工工艺或修改设计参数。

2. 确保基坑支护结构和相邻建筑物的安全

在深基坑开挖和支护的过程中，必须保证支护结构和被支护土体的稳定性，避免因其过大的变形而引起邻近建筑物的倾斜、开裂或管线的渗漏等。从理论上说，如果基坑围护工程的设计是合理的，那么表征土体和支护系统力学形态的一切物理量都随时间而渐趋稳定。反之，如果监测表征土体和支护系统力学形态特点的一种或几种物理量，其变化随时间而不是渐趋稳定的，则可以断定土体和支护系统不稳定，支护必须加强或修改设计参数。在基坑破坏前，往往会在基坑侧向的不同部位上出现较大的变形，或变形速率明显增大。

3. 积累工程经验，为提高基坑工程的设计和施工整体水平提供依据

支护结构上所承受的土压力及其分布，受地质条件、支护方式、支护结构刚度、基坑平面几何形状、开挖深度和施工工艺等的影响，并直接与侧向位移有关，而基坑的侧向位移又与挖土的空间顺序、施工进度等时间和空间因素等有复杂的关系，现行设计分析理论尚未完全成熟。基坑围护的设计和施工，应该在充分借鉴现有成功经验和吸取失败教训的基础上，根据自身的特点，在技术方案上有所创新和完善。现场监测的数据是结构和土层在工程施工中的真实反应，是各种复杂因素影响和作用下基坑系统的综合体现。

二、深基坑工程支护形式

基坑支护结构的主要作用是挡土，使基坑开挖和深基础结构的施工过程中，能安全顺利的

进行，并保证在深基础施工期间对邻近建筑物和周围的地上和地下工程不产生危害。一般深基坑的支护结构是临时性的，当基础施工完毕即失去作用。深基坑施工的技术有：地下连续墙、排桩支护、锚固支护、深层搅拌支护、喷网锚支护和逆作法施工等。各种方法都不是万能的，都要结合土质条件、基坑的深度和地下水情况因地制宜实施，不能盲目进行施工。现将应用较多的支护形式简述如下。

（一）地下连续墙

地下连续性施工工艺在世界范围内得到推广，主要优点有：除岩溶地区和承压水很高的沙砾层需结合其他辅助措施外，适用于各种土质；施工时候，振动小噪声低，并对邻近结构没什么影响；可在各种复杂条件下进行施工。该法不足之处在于：如果施工现场管理不善，会造成现场泥浆滥和泥泞，且施工过程尚需对废泥浆进行处理。在泥水分离技术不完善时，会给施工带来烦麻。现浇的地下连续墙（图 7-2）的墙面虽可保证一定的垂直度，但不够光滑。如对墙面的光滑度要求高，尚需加工处理或另外衬壁；地下连续墙如只是施工期间作支护结构，则造价较高，不够经济；墙身接缝处的抗渗和防漏能力有待进一步提高。

（二）排桩支护

由于地下连续墙工程浩大，所以有的基坑支护开始采用排桩支护，见图 7-3 所示。一般采用冲孔、钻孔灌注桩，较多的是采用挖孔桩作排桩支护。桩与桩之间有疏排布置和密排布置两种，为降低造价和施工方便，目前多数采用疏排布置方案。桩与桩之间土体用砖砌体支挡。这种排桩支护施工简单，不需要专用设备，而且工程造价又比地下连续墙低，所以在深基坑支护中有不少基坑采用。但这种排桩支护的缺点同以往采用的钢桩类似，随基坑深度的增加，常常出现基坑支护失稳等事故。

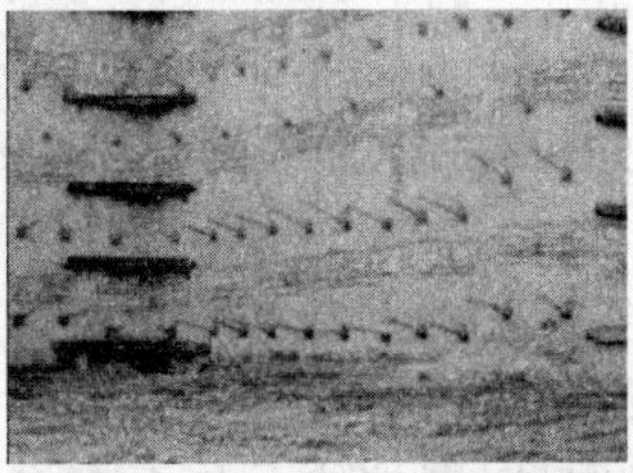

图 7-2　地下连续墙支护图

图 7-3　排桩支护图

（三）锚固支护

锚固支护就是在排桩支护之后，在桩顶增设一条锁扣梁，有的在桩顶适当位置增设锚杆，使悬臂桩改变其受力性能。但往往由于基坑较深，又与众多因素的相互影响，如土的性质、地下水的动向和现场管理等因素的影响，使锚固支护出现的事故也很多。

（四）水泥土搅拌桩

水泥土的搅拌桩支护主要是将基坑坑壁的土层，在开挖前用水泥和固化剂进行搅拌改性，提高土的强度，也可形成壁状或格栅状的地下水泥土桩、墙的隔水帷幕，阻止地下水浸入。实践证明，提高土的强度对深基坑开挖有一定的保护作用，但阻止地下水主要不是解决承压水，而是解决土层中的局部滞水。深基坑支护中采用水泥搅拌桩，虽然造价不高，但基坑开挖深度不宜大于 7m。往往仅能在基坑辅助防治线上起作用，直接开挖面上还需要采用其他支护措施。

(五) 喷锚网支护

如图 7-4 所示，喷锚网支护是喷射混凝土、锚杆、钢筋网联合支护的简称。该支护作为一种先进的支护(加固) 技术，国内外在岩土质高边坡和大跨度地下工程中，特别是不良地质条件下，现已进行了广泛而成功的应用。但是，作为一种支护深基坑边坡的有效方法，用"喷、锚、网"取代老式桩、板、墙、管、撑活桩锚、板锚、墙锚和撑锚等。它不需要一根桩、一块板和一根撑，完全摒弃传统的被动支护概念，而紧跟深基坑的开挖面，随挖随支，主动支护土体。

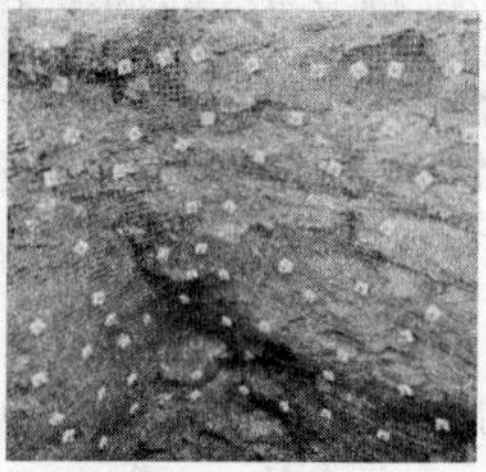

图 7-4　喷锚网支护

§7-2　深基坑工程监测方法

深基坑工程的监测工作包括两个方面，支护结构的监测和周围环境的监测。支护结构需监测挡土墙顶的位移、倾斜、主钢筋应力、土压力、孔隙水压力、压顶梁、腰梁及内支撑轴力、应变、立柱的沉降与隆起、锚杆的锚固力等。周围环境需监测开挖影响范围内的建筑物、地下管线和土体的沉降、倾斜、水平位移，以及土体内的水位等。根据前期开挖中监测到的应力、变形数据，与设计中支护结构受力和变形进行比较，对原设计进行评价，判断基坑在目前开挖工况下的安全状况，并通过反分析，预测下一步工况下支护结构变形和稳定状况，为优化设计提供可靠的信息，并对后续开挖及支护方案提出建议，对施工过程中可能发生的险情报警，确保基坑工程的安全。

一、支护结构的监测

支护结构包括围护桩墙、支撑、围檩和圈梁、立柱、坑内土层五部分，监测方法介绍如下。

(一) 肉眼观察

肉眼观察是不借助任何测量仪器，而用肉眼凭经验观察获得对判断基坑稳定和环境安全性有用的信息。这是一项十分重要的工作，需在进行其他使用仪器的项目前由有一定工程经验的监测人员进行。主要观察围护结构和支撑体系的施工质量、围护体系是否有渗漏水及其渗漏水的位置和多少、施工条件的改变情况、坑边堆载的变化、管道渗漏和施工用水的不适当排放以及降雨等气候条件的变化等对基坑稳定性和环境安全性关系密切的信息。同时需密切注意基坑周围的地面裂缝、围护结构和支撑体系的工作失常情况、邻近建筑物和构筑物的裂缝、流土或局部管涌现象等工程隐患的早期发现，以便发现隐患苗头及时处理，并及时交流信息和资料，同时，记录施工进度与施工工况。这些内容都要详细地记录在监测日记中，重要的信息则需写在监测报表的备注栏内，发现重要的工程隐患则要专门出监测备忘录。

(二) 支护结构桩墙顶沉降和水平位移监测

沉降监测方法主要采用精密水准测量，在一个测区内，应布设 3 个以上水准基点，并且要求距基坑开挖深度 5 倍距离以外稳定的地方。在基坑水平位移监测中，有条件的场地，用视准线法比较简便。采用视准线法测量时，需沿欲测量的基坑边线设置一条视准线，在该线两端设置工作基点(深埋式)，在基线上沿基坑边线按照需要设置若干测点(10 ～ 15m 布设一个)。基坑有支撑时，测点宜设置在两根支撑的跨中，也可用小角度法利用 J_2 经纬仪监测出各测点的侧向水平位移。各测点最好设置在基坑圈梁、压顶等较易固定的地方，这样设置方便，不易损坏，而且真实反映基坑侧向变形。工作基点设置在基坑一定距离的稳定地段，对于有支撑的地下连续墙或大孔径灌注桩这类围护结构，基坑角点的水平位移通常较小，这时可以将基坑角点设为临时工作基点。在每个工况内可以用临时工作基点监测，变换工况时，要检测临时工作基点的侧向水平位移，再用此结果对各测点的侧向水平位移值作校正。基坑开挖期间每隔 2 ～ 3 天监测 1 次，位移速率达到 5 ～ 10mm/d 时，每天监测 1 ～ 2 次。由于基坑工程场地一般比较小，施工障碍物多，而且基坑边线也并非都是直线，因此，视准线的建立比较困难，在这种情况下可用前方交会法。前方交会法是在距基坑一定距离的稳定地段设置一条交会基线，或者设置两个或多个工作基点，以此为基准，用交会法测出各测点的位移量。

（三）深层水平位移监测

深层水平位移就是测量围护桩墙和土体在不同深度上的点的水平位移，通常采用测斜仪测量。将围护桩墙在不同深度上的点的水平位移按一定比例绘制出水平位移随深度变化的曲线，即围护桩墙深层挠曲线。测斜仪由侧斜管、测斜探头和数字式测读仪三部分组成，测斜管在基坑开挖前埋设于围护桩墙和土体内，测斜管内有四条十字型对称分布的凹形导槽，作为测斜仪滑轮上下滑行轨道。测量时，使测斜探头的导向滑轮卡在测斜管内壁的导槽中，沿槽滚动将测斜探头放入测斜管，并由引出的导线将测斜管的倾斜角或其正弦值显示在测读仪上。测斜管可以测单向位移，也可以测双向位移。测双向位移时由两个方向的测量值求出其矢量和，得位移最大值方向。

1. 测斜管埋设

测斜管有绑扎埋设和钻孔埋设两种：前者主要用于桩墙体深层挠曲测试，埋设时将测斜管在现场组装后绑扎固定在桩墙钢筋笼上，随钢筋笼一起下到孔槽内，并将其浇灌在混凝土中，浇灌之前应封装好管底底盖并在测斜管内注满清水，防止测斜管在浇筑混凝土时浮起，并防止水泥浆渗入管内。后者首先在土层中预钻孔，孔径略大于所选用测斜管的外径，然后将倾斜管封好底盖逐节组装逐节放入钻孔内，并同时在测斜管内注满清水，直到放到预定的标高为止。随后在测斜管与钻孔之间的空隙内回填细砂，或用水泥和黏土拌合的材料固定测斜管，配合比取决于土层的物理力学性质。

2. 测斜管测量

将测斜头插入测斜管，使滑轮卡在导槽上，缓慢下至孔底。测量自孔底开始，自下而上沿导槽全长每隔一定距离测读一次。每次测量时，应将测头稳定在某一位置上。测量完毕后，测头旋入插入同一对导槽，按以上方法重复测量。两次测量的各测点应在同一位置上，此时各测点的两个读数应数值接近、符号相反，如果测量数据有疑问，应及时复测。基坑工程中，通常只需监测垂直于基坑边线方向的水平位移，但对于基坑阳角的部位，就有必要测量两个方向的深层水平位移。此时，可用同样的方法测另一导槽的水平位移。有些测读仪可以同时测出两个相互垂直方向的深层水平位移。深层水平位移的初始值应是基坑开挖之前连续 3 次测量无明显差异读数的平均值，或取开挖前最后 1 次的测量值作为初始值。测斜管孔口需布设地表水平位移监测点，以便必要时根据孔口水平位移量对深层水平位移量进行校正。测斜管沿基坑周边一般每隔 15 ～ 20m 布设一根，基坑周边有重要建筑物和地下管线时，应加密测点。基坑开挖期间，每隔 3 ～ 5 天观测 1 次，位移速率较大，且呈增长趋势时，监测频率应加密到一天 1 次，及时提供支护结构水平位移时间的变化曲线，必要时尽快报警。

(四)土体分层沉降测试

土体分层沉降是指离地面不同深度处土层内的点的沉降或隆起，通常用磁性分层沉降仪量测，如图 7-5 所示 。用钻机在预定位置钻孔，取出的土层分别堆放，钻到孔底标高略低于欲测量土层的标高。提起套管 300 ～ 400mm，将导管放入，引导管可逐节连接直至略深于预定的最底部的监测点的深度位置。然后，在引导管与孔壁间用膨胀黏土球填充及捣实到最低的沉降环位置，再用一只铅质开口送筒装上沉降环，套在引导管上。沿引导管送至预埋位置，再用直径 50mm 的硬质塑料管把沉降环推出并压入土中，弹开沉降钢环卡子，使沉降环的弹性卡子牢固地嵌入土中，提起套管至待埋沉降环以上 300 ～ 400mm，待钻孔内回填该层土做的土球至要埋的一个沉降环标高处，再用如上步骤推入上一标高的沉降环，直至埋完全部沉降环。固定孔口，做好孔口的保护装置，并测出孔口标高和各磁性沉降钢环的初始标高，测量精度可达 1mm。

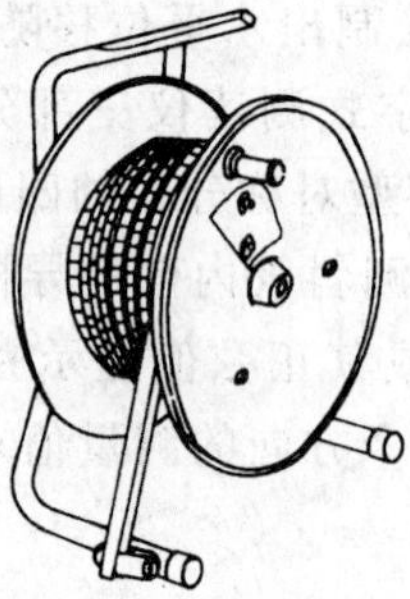

(a) 磁性沉降仪

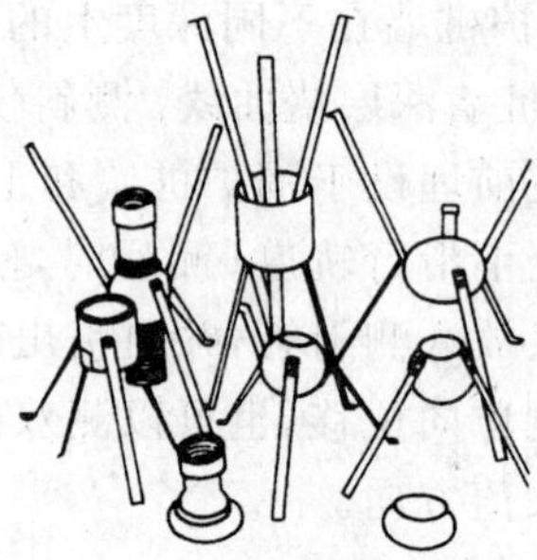

(b) 磁性沉降标

图 7-5 磁性分层沉降仪原理图

(五)基坑回弹监测

基坑回弹是基坑开挖对坑底土层的卸荷过程引起基坑地面及坑外一定范围内土体的回弹变形或隆起。深大基坑的回弹量对基坑本身和邻近建筑物都有较大影响，因此，需作基坑回弹监测。基坑回弹监测可采用回弹监测标和深层沉降标两种，当分层环埋设于基坑开挖面以下时所监测到的土层隆起就是土层回弹量。

1. 回弹监测标及其埋设

如图 7-6 所示，其埋设方法如下。

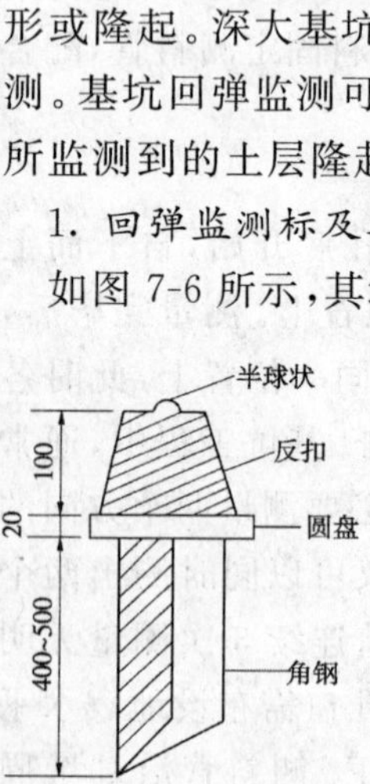

图 7-6 回弹监测标

(1) 钻孔至基坑设计标高以下 200mm，将回弹标旋入钻杆下端，顺钻孔徐徐放至孔底，并压入孔底土中 400 ～ 500mm，即将回弹标尾部压入土中，旋开钻杆，使回弹标脱离钻杆，提起钻杆；

(2) 放入辅助测杆，用辅助测杆上的测头进行水准测量，确定回弹标顶面标高；

(3) 监测完毕后，将辅助测杆、保护管(套管) 提出地面，用砂或素土将钻孔回填，为了便于开挖后找到回弹标，可先用白灰填 500mm 左右。

用回弹标监测回弹一般在基坑开挖之前测读初读数，在基坑开挖到设计标高后再测读 1 次，在浇筑基础底板混凝土之前再监测 1 次。

2. 深层沉降标及其埋设

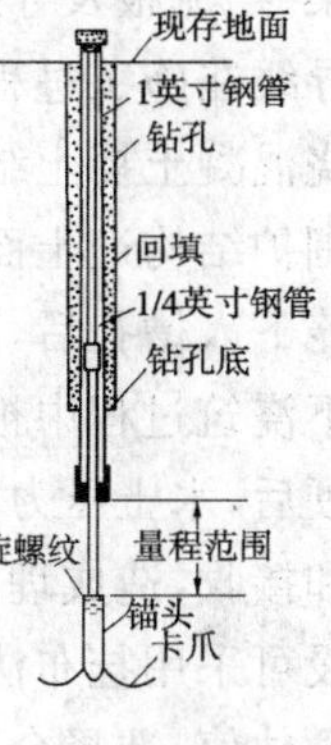

图 7-7　深层监测标

深层沉降监测标由一个三卡锚头、一根 1/4 英寸的内管和一根 1 英 寸的外管组成，内管和外管都是钢管。内管连接在锚头上，可在外管中自由滑动，如图 7-7 所示，用光学仪器测量内管顶部的标高，标高的变化就相当于锚头位置土层的沉降或隆起。其具体埋设如下：① 用钻机在预定位置钻孔，孔底标高略高于欲测量土层的标高约 1 个锚头高度；② 将 1/4 英寸钢管旋在锚头顶部外侧螺纹连接器上，用管钳旋紧。将锚头顶部外侧的左螺旋纹用黄油润滑后，与 1 英寸钢管底部的左旋螺纹相连，但不必太紧；③ 将装配好的深层沉降标慢慢地放入钻孔内，并逐步加长，直到放入孔底，，用外管将锚头压入预测土层的指定标高位置；④ 在孔口临时固定外管，将内管压下约 150mm，此时锚头上的 3 个卡子会向外弹，卡在土层里，卡子一旦弹开就不会再缩回；⑤ 顺时针旋转外管，使外管与锚头分离，上提外管，使外管底部与锚头之间的距离稍大于预估的土层隆起量；⑥ 固定外管，将外管与钻孔之间的空隙填实，做好测点的保护装置。

孔口一般以高出地面 200 ～ 1000mm 为宜，当地表下降及孔口回弹使孔口高出地表太多时，应将其往下截。回弹监测点应根据基坑形状及工程地质条件布设，布点原则是以最少的测点测出所需的各纵横断面的回弹量。

(六) 土压力与孔隙水压力监测

土压力是基坑支护结构周围的土体传递给档土构筑物的压力，也称支护结构与土体的接触压力，或由自重及基坑开挖后土体中应力重分布引起的土体内部的应力。通常采用在量测位置上埋设压力传感器来进行监测。土压力传感器工程上称之为土压力盒，常用的土压力盒有钢弦式和电阻式等。测点布置密度可沿土体深度每隔 2 ～ 3m 布置一个土压力盒。在埋设主动土压力部位的压力盒时，其敏感膜应对准桩后，并应施加较大的初压力，否则可能测不到主动土压力变化的全过程，甚至测不到数据。在埋设被动侧土压力盒时，其敏感膜面应对准桩前，注意不宜施加较大的初压力，否则，后期土压力值超量程。敏感面所接触的土壤应平整密实，最好用细砂或细土填平压实。

1. 土压力传感器的埋设

对于作用在挡土建(构) 筑物表面的土压力盒应镶嵌在挡土构筑物内，使其应力膜与构筑物表面平齐，土压力盒后面应具有良好的刚性支撑，在土压力作用下尽量不产生位移，以保证测量的可靠性。对于钢板桩或钢筋混凝土预制构件挡土结构，施工时多用打入或振动压入方式。土压力盒及导线只能在施工前安装在构件上，安装结构可采用图 7-8 所示。

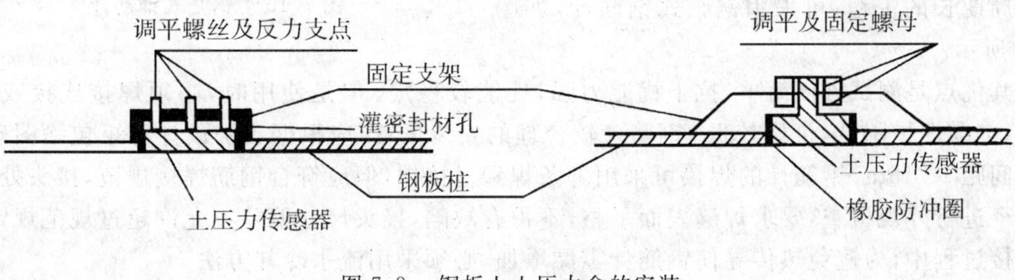

图 7-8　钢板上土压力盒的安装

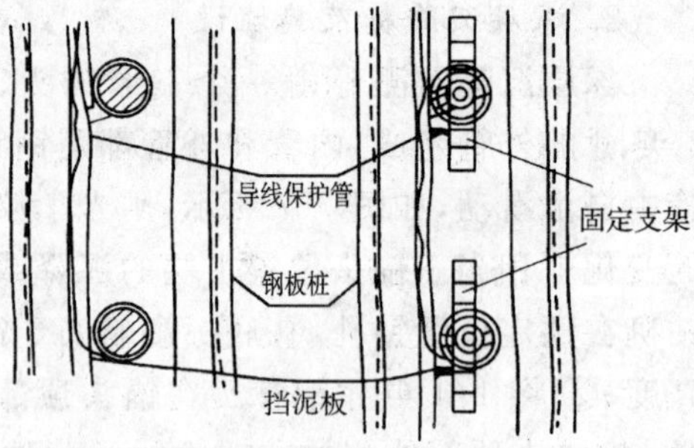

图 7-9　钢板桩导线保护管设置

土压力盒用固定支架安装在预制构件上，固定支架、挡泥板及导线保护管（见图 7-9）使土压力盒和导线在施工过程中免受损坏。对于地下连续墙等现浇混凝土挡土结构，土压力传感器安装时需紧贴在围护结构迎土面上。但由于土压力传感器如随钢筋笼下入槽孔后，其面向土层的表面钢膜很容易在水下浇筑过程中被混凝土材料所包裹，混凝土凝固结硬后，水土压力根本无法直接被压力传感器所感应和接收，造成埋设失败。这种情况下土压力盒的埋设可采用挂布法、活塞压入法和弹入法。选择土压力盒时，应参照桩墙测点标高水土压力的计算预估值，选择合适的测试量程，以充分提高量测精度。土压力盒实测的压力为土压力和孔隙水压力的总和，应当扣除孔隙水压力计实测的压力值，才是实际的土压力值。

2. 孔隙水压力测试

孔隙水压力采用振弦式压力计测试，用数字式钢弦频率接收仪测读数据。孔隙水压力计沿深度方向每隔 2 ～ 3m 埋设 1 个，可隔 5 ～ 10 天测试 1 次。孔隙水压力计不能埋在止水帷幕中，必须埋在土层中，钻孔埋设时，应采用中、细砂充填，不能采用注浆封孔。孔隙水压力量测结果可用于固结计算及有限应力法的稳定性分析，在打桩、堆载预压法地基加固的施工速度控制，基坑开挖、沉井下沉和降水等引起的地表沉降的控制中具有十分重要的作用。应根据埋置位置的深度、孔隙水压力变化幅度等确定埋设孔隙水压力计的量程。孔隙水压力计的安装与埋设应在水中进行，滤水石不得与大气接触，一旦与大气接触，滤水石应重新排气。埋设方法有压入法和钻孔法。

（七）支挡结构内力监测

采用钢筋混凝土材料制作的围护支挡构件，其内力或轴力通常是在钢筋混凝土中埋设钢筋计或混凝土应变计进行监测。用钢筋计或混凝土应变计沿桩身钢筋、冠梁和腰梁中较大应力断面处监测主钢筋应力或混凝土应变，对监测应力和设计值进行比较，判断桩身、冠梁、腰梁内应力是否超过设计值。由于混凝土应变计在测试过程中，应变计导线自接上仪器后，在整个测试过程中不允许拆卸，以免引起接触电阻的变化，而现场往往受到施工干扰，因此，混凝土应变计较少使用。对基坑面积较大，测试桩位分散，测试周期长的工程，可采用钢弦式钢筋计，如图 7-10 所示。

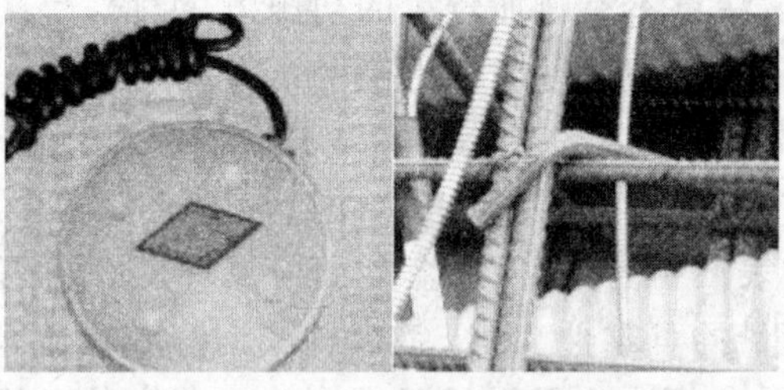

图 7-10　钢弦式钢筋计

其优点是测试方便简单，抗干扰能力强，性能较稳定。但是使用时，必须焊接连接或套筒连接，电缆保护困难，价格较贵。钢筋计较合理的安装位置，应根据支护设计弯矩包络图确定，布置间距 2 ～ 3m。钢筋计的焊接可采用绑条焊和对接焊，但应符合钢筋焊接规范，接头处清渣后逐个进行外观检查，要求焊缝表面平整，不得有缺陷，接头尺寸偏差不允许超过规范规定值。在焊接过程中，为避免热传导使钢筋计零漂增加，必须采用流水冷却方法。

在焊接钢筋和吊装钢筋笼时，应避免造成钢筋计较大的初始应力。焊接时由于不对中，或钢筋笼吊装时挤压，都会给钢筋计施加较大的初始应力，给监测带来不利影响。当初始应力为数值较大的拉应力或压应力时，都会使测量范围变小，初始应力过大时，钢筋桩测试初期或测试过程中可能失效。对于钢支撑，在支撑施加预应力前，将钢筋应力计焊接在钢管外壁，对于混凝土支撑，在钢筋笼绑扎时，将钢筋计焊接在主钢筋上，随基坑开挖，量测支撑轴力的变化，钢筋计应布置在主支撑梁端头附近。基坑开挖期间，每隔 3 ～ 5 天监测 1 次，支护结构变形速率较大时，每隔 1 ～ 2 天监测 1 次，当量测应力超过设计值时，应及时报警。通过埋设在钢筋混凝土结构中的钢筋计，可以量测：围护结构沿深度方向的弯矩；基坑支撑结构的轴力和弯矩；圈梁获围檩的平面弯矩；结构底板所受的弯矩。

(八) 土层锚杆试验和监测

人工挖孔排桩加预应力锚杆在基坑中广泛使用，这类锚杆一般采用多束钢绞线。锚杆张拉时所产生的预应力，由于张拉工艺和材料等原因，产生预应力损失。根据大量工程监测数据统计，锚头锁定时预应力损失为 10% ～ 30% 左右，为保证锚杆张拉时达到设计的预应力值，必须进行超张拉，通过在锚头位置安装锚固力传感器，测定锚杆锁定时的锚固力及开挖过程中锚固力的变化，从而确定锚杆是否处于正常工作状态及是否达到了极限破坏状态。

1. 锚杆试验

土层锚杆试验分基本试验、验收试验和蠕变试验 3 种。新型锚杆或已有锚杆用于未曾应用过的土层都需要做至少 3 个锚杆基本试验；对于塑性指数大于 17 的淤泥及淤泥质土层中的锚杆应至少进行 8 组蠕变试验，锚杆施工后需抽取 5% 且不少于 3 根锚杆进行验收试验。用于试验的锚杆，其锚杆参数、材料和施工工艺必须与工程锚杆相同。

2. 锚杆监测

在基坑开挖过程中，锚杆要在受力状态下工作数月，为了检查锚杆在整个施工期间是否按设计预定的方式起作用，有必要选择一定数量的锚杆作长期监测，锚杆监测一般仅监测锚杆拉力的变化。

二、周围环境监测

基坑开挖必定会引起邻近基坑周围土体的变形，过量的变形将影响邻近建筑物和市政管线的正常使用，甚至导致破坏。因此，必须在基坑施工期间对它们的变形进行监测。其目的是根据监测数据及时调整开挖速度和支护措施，以保护邻近建筑物和管线不因过量变形而影响它们的正常使用功能或遭破坏；对邻近建筑物和管线的实际变形提供实测数据，并对邻近建筑物的安全作出评价，使基坑开挖顺利进行。相邻环境监测的范围宜从基坑边线起到开挖深度 2 ～ 3 倍的距离，监测周期应从基坑开挖开始，至地下室施工结束为止。

(一) 邻近建筑物沉降监测

在深基坑开挖过程中，为了掌握邻近建筑物的沉降情况，应进行沉降监测。在被监测建筑物的首层柱上设置测点，在开挖影响范围外的建筑物柱上埋设基准点或通过钻孔至基岩内设置深埋式基准点。基准点个数 2 ～ 3 个，测点布置间距 15 ～ 20m 为宜。采用精密水准仪，测出监测点的高程，再计算沉降量。在基坑开挖期间，一般每隔 5 ～ 7 天观测 1 次，沉降速率较大，相邻柱基之间的差异沉降超过地基规范规定的稳定标准时，应每天观测 1 次，基坑有塌陷危险时，应连续 24 小时观测。

(二)邻近道路和地下管线沉降监测

邻近道路和地下管线的沉降观测方法也是采用精密水准仪观测。测点布置应根据管线的材料、管节的长度和接头的方式而定。对于承插式和法兰式接头,一般需在接头处布置沉降监测点,测点直接固定在管道上,观测频率同邻近建筑物沉降监测一致。

(三)边坡土体位移和沉降监测

边坡土体位移采用测斜仪监测,在土体中埋设测斜管,在基坑开挖前,测试2～3次作初读数,开挖过程中,监测频率与挡土桩一致。对土体深层部分埋设分层沉降标,通过对土地位移和沉降监测,可及时掌握基坑边坡的稳定性,当边坡潜在滑裂面出现险情预兆时应及时作出报警。

(四)地下水位测试

地下水位采用电极传感器进行监测。水位监测钻孔深度必须达到隔水层,钻孔中应安装带滤网的硬塑料管。一般情况下,每隔3～5天监测1次。当发现基坑侧壁明显渗漏或沿基坑底产生管涌时,每天观测1～2次。地下水位的变化对基坑支护结构的稳定性有很大的影响,暴雨或地表水强补给引起的地下水位快速上升,对支护结构产生的土压力将增加较大,严重时导致支护结构破坏。地下水位明显下降,可能在开挖面以上发生渗漏,也可能在坑底发生渗流。

(五)裂缝观察

经验表明,每天进行肉眼巡视观察是非常重要的,巡视内容包括支护桩墙、支撑梁、冠梁、腰梁结构及邻近地面、道路、建筑物的裂缝、沉陷发生和发展情况,裂缝的快速增多和纵深发展往往是事故发生的预兆。一旦发生裂缝,应在裂缝两侧作出标记,定期量测裂缝的宽度。

以上监测项目中,支护结构的水平位移、邻近建筑物及地下管线的沉降等是必不可少的,其余项目可根据基坑工程安全等级、场地的地质条件及周围环境状况等作出合理的选择。

§7-3 基坑工程监测方案设计

基坑监测方案设计必须建立在对工程场地地质条件、基坑围护设计和施工方案、以及基坑工程相邻环境详尽的调查基础之上,同时还需与工程建设单位、施工单位、监理单位、设计单位,以及管线主管单位和道路监察部门充分协商。一份高质量的监测方案是取得项目成功的一半,这不仅提高了项目的竞争力,更重要的是拟定了周密详尽的计划,保证了后续工作有条不紊顺利开展。

一、基坑监测方案设计的内容和步骤

(一)监测方案设计的主要内容

(1)监测项目的确定;

(2)监测方法和仪器的确定,监测元件量程和监测精度的确定;

(3)施测部位和测点布置的确定;

(4)监测周期、预警值和报警制度等实施计划的制定。

(二)监测方案设计的主要步骤

(1)收集和阅读工程地质勘查报告、围护结构和建筑工程主体结构的设计图纸(±0.00以下部分)及其施工组织设计、较详细的综合平面位置图、综合管线图等,以掌握工程场地工程地质条件、围护和主体结构、周围环境的有关材料；

(2) 现场踏勘，重点掌握地下管线走向、相邻构筑物状况，以及它们与围护结构的相互关系；

(3) 拟定监测方案初稿，提交委托单位审阅，同意后由建设单位主持由市政道路监察部门、邻近建筑物业主、以及有关地下管线(煤气、电力、电讯、上水和下水等) 单位参加的协调会议，形成会议纪要；

(4) 根据会议纪要精神，对监测方案初稿进行修改，形成正式监测方案。

二、基坑监测内容和方法的确定

基坑工程施工现场监测的内容分为三大部分，即围护结构和支撑体系、周围地层和相邻环境。围护结构主要是围护桩墙和圈梁(压顶)，支撑体系包括支撑或土层锚杆、围檩和立柱等部分。相邻环境中包括相邻土层、地下管线和相邻房屋等三部分。对一个具体工程，监测项目应根据其具体的特点来确定，主要取决于工程的规模、重要程度、地质条件及业主的财力。确定监测内容的原则是监测简单易行、结果可靠、成本低，便于施工实测。监测元件要能尽量靠近工作面的安设。此外，所选择的被测物理量要概念明确，量值显著，数据易于分析，易于实现反馈。其中的位移监测是最直接易行的，因而应作为施工监测的重要项目，同时支撑的内力和锚杆的拉力也是施工监测的重要项目。

基坑工程监测方案的制定应充分满足如下要求：确保基坑工程安全和质量，对基坑周围的环境进行有效的保护，检验设计所采取的各种假设和参数的正确性，并为改进设计、提高工程整体水平提供依据。上海市政工程建设规范《地基基础设计规范》(DGJ08—11—1999) 建议基坑工程施工监测项目可参照表 7-1 选择，项目选择时考虑了支护结构的形式和周围环境。

表 7-1　基坑工程的施工监测项目

序号	监测项目	水泥土围护墙	围护结构施工	基坑开挖板式支护体系	放坡开挖
1	围护墙(边坡)顶水平位移		○	○	○
2	立柱沉降			○	
3	围护墙侧向位移		*	○	
4	土体深层侧向位移		*	*	*
5	支撑或锚杆轴力			○	
6	基坑内外地下水位		○	○	○
7	空隙水压力		*	*	*
8	围护墙体土压力			*	
9	坑底隆起(回弹)			*	
10	邻近建筑物裂缝监测	*	*	○	*
11	邻近建筑物沉降	○	○	○	○
12	邻近地下管线水平、竖向位移	○	○	○	○

注：○ 表示必须监测；* 表示选择监测

对于一个具体基坑工程，可以根据地质、结构和围护环境以及允许的经费投入等有目的、有侧重地选择其中的一部分。“必须监测”和“选择监测”两个监测重要档次，是参照当前工程界通常做法归纳总结的划分，对工程应具有一定的指导意义。其中“必须监测”表示每个基坑工程的基本监测项目，“选择监测”则可视工程的重要程度和施工难度考虑采用。近年编制颁布的基坑工程设计施工规程一般都按破坏后果和工程复杂程度将工程区分为若干等级，由工程所属的等级来要求和选择相应的监测内容。表 7-2 是国家行业标准《建筑基坑支护技术规程》JGJ120—99 规定的基坑侧壁安全等级重要性系数，以及据此等级确定的基坑监测项目表。

表 7-2　基坑工程等级划分及变形监控允许值

	安全等级	一级	二级	三级
	破坏后果	很严重	一般	不严重
	重要性系数 γ_0	1.10	1.00	0.90
监测项目	支护结构水平位移	○	○	○
	周围建筑物、地下管线变形	○	○	*
	地下水位	○	○	*
	桩、墙内力	○	*	▲
	锚杆拉力	○	*	▲
	支撑轴力	○	*	▲
	立柱变形	○	*	▲
	土体分层竖向位移	○	*	▲
	支护结构界面上侧向压力	*	▲	▲

注：1) 破坏系数指支护结构破坏、土体失稳或过大变形对基坑周边环境和地下结构施工影响程度；

2) 有特殊要求的建筑基坑侧壁安全等级可根据具体情况另行确定；

3) ○ 表示必测，* 表示应测，▲ 表示可测。

监测方法和仪表的确定主要取决于场地工程地质条件和力学性质，以及测量的环境条件。通常在软弱地层中的基坑工程，对于地层变形和结构内力，由于量值较大，可以采用精度稍低的仪器和装置；对于地层压力和结构变形，则量值较小，应采用精度稍高的仪器；而在较硬土层的基坑中，则与此相反，对于地层变形和结构内力，量值较小，应采用精度稍高的仪器；对于地层压力，则量值较大，可采用精度稍低的仪器和装置。当基坑干燥无水时，电测仪表往往能工作得很好；在地下水发育的地层中，用电阻式电测仪表就较为困难，常采用钢弦式传感器。仪器选择前，需要首先估算各物理量的变化范围，并根据测试重要性程度确定测试仪器的精度和分辨率。各监测项目的监测仪器的选择见表 7-3 所示。

表 7-3　基坑工程监测仪器的选择

监测对象		监测项目	监测元件与仪器
围护结构	围护桩墙	桩墙顶水平位移与沉降	经纬仪、水准仪
		桩墙深层挠曲	测斜仪
		桩墙内力	钢筋应力传感器、频率仪
		桩墙水土压力	压力盒、孔隙水压力探头、频率仪
	水平支撑	轴力	钢筋应力传感器、位移计、频率仪
	圈梁、围檩	内力	钢筋应力传感器、频率仪
		水平位移	经纬仪
	立柱	垂直沉降	水准仪
	坑底土层	垂直隆起	水准仪
	坑内地下水	水位	监测井、孔隙水压力探头、频率仪
相邻环境	相邻地层	分层沉降	分层沉降仪、频率仪
		水平位移	经纬仪
	地下管线	垂直沉降	水准仪
		水平位移	经纬仪
	相邻房屋	垂直沉降	水准仪
		倾斜	经纬仪
		裂缝	裂缝监测仪
	坑外地下水	水位	监测井、孔隙水压力探头、频率仪
		分层水压	孔隙水压力探头、频率仪

三、施测位置及监测点布置原则

监测点布置涉及各监测内容中元件或探头的埋设位置和数量，应根据基坑工程的受力特点及由基坑开挖引起的基坑结构及周围环境的变形规律来布设。

(一)桩墙顶水平位移和沉降

桩墙顶水平位移和垂直沉降是基坑工程中最直接、最重要的监测内容。监测点一般布置在将围护桩墙连接起来的混凝土圈梁上，水泥搅拌桩、土钉墙、放坡开挖时的上部压顶上。采用铆钉枪打入铝钉，或钻孔埋设膨胀螺丝，也有涂红漆等作为标记的。测点的间距一般取为 8～15m，可以等距离布设，亦可根据现场通视条件、地面堆载等具体情况随机布置。测点间距的确定主要考虑能够据此描绘出基坑围护结构的变形曲线。对于水平位移变化剧烈的区域，测点可以适当加密。有水平支撑时，测点应布置在两根支撑的中间部位。立柱沉降监测点应直接布置在立柱桩上方的支撑面上，对多根支撑交汇受力复杂处的立柱应作重点监测，用作施工栈桥处的立柱也应重点监测。

(二) 桩墙深层侧向位移

桩墙深层侧向位移监测，亦称桩墙测斜。通常在基坑每边上一个，一般应布设在围护结构每边的跨中处。对于较短的边线也可不布设，而对于较大的边线可增至 2 ～ 3 个。原则上，在长边上应每隔 30 ～ 40m 布设 1 个测斜孔。监测深度一般取与围护桩墙深度一致，并延伸至地表，在深度方向的测点间距为 0.5 ～ 1.0m。

(三) 结构内力

对于设置内力支撑的基坑工程，一般可选择部分典型支撑进行轴力变化监测，以掌握支撑系统的受力状况，这对于有预加轴力的钢支撑来说，显得尤为重要。支撑轴力的测点布置主要由平面、立面和断面三方面因素所决定的。平面指设置于同一标高，即同一道支撑内量测杆件的选择，原则上应参照基坑围护设计方案中各道支撑内力计算结果，选择轴力最大的杆件进行监测。在缺乏计算资料的情况下，通常可选择平面净跨较大的支撑杆件布设测点。立面指基坑竖直方向不同标高处设置各道支撑的监测选择，由于基坑开挖、支撑设置和拆除是一个动态发展过程，各道支撑的轴力存在着量的差异，在各施工阶段都起着不同的作用。因而，需对各道支撑都应监测，并且各道支撑的测点应设置在同一平面位置，这样从轴力与时间曲线上就可以清晰地观察到各道支撑设置、受力和拆除过程中的内在相互关系，对切实掌握水平支撑受力规律很有指导意义。轴力监测断面应布设在支撑的跨中部位，对监测轴力的重要支撑，宜同时监测其两端和中部的沉降和位移。采用钢筋应力传感器量测支撑轴力，需要确定量测断面内测试元件的布设数量和位置。实际量测结果表明，由于支撑杆件的自重，以及各种施工荷载的作用，水平支撑的受力相当复杂，除轴向压力外，尚存在垂直方向和水平方向作用的荷载，就其受力形态而言应为双向压弯扭构件。为了能真实反映出支撑杆件的受力状况，测试断面内一般配置 4 个钢筋计。

围护桩墙的内力监测应设置在围护结构体系中受力有代表性的位置的钢筋混凝土支护桩或地下连续墙的主受力钢筋上。在监测点的竖向位置的布置方面应考虑如下因素：计算的最大弯矩所在的位置和反弯点位置、各土层的分界面、结构变截面或配筋率改变的截面位置，结构内支撑及拉锚所在位置。采用土层锚杆的围护体系，每道土层锚杆中都必须选择两根以上的锚杆进行监测，选择在围护结构体系中受力有代表性的典型锚杆进行监测。在每道土层锚杆中，若锚杆长度不同、锚杆形式不同、锚杆穿越的土层不同，则通常要在每种不同的情况下布设 2 个以上的土层锚杆监测点。

(四) 土体分层沉降和水土压力测点布设

土体分层沉降和水土压力监测应设置在围护结构体系中受力有代表性的位置，土体分层沉降和孔隙水压力计测孔应紧邻围护桩墙埋设，土压力盒应尽量在施工围护桩墙时埋设在土体与围护桩墙的接触面上。在监测点的竖向位置上主要布置在：计算的最大弯矩所在的位置和反弯点位置、计算水土压力最大的位置、结构变截面或配筋率改变的截面位置，结构内支撑及拉锚所在位置。这与围护桩墙内力测点布设的位置基本相同。土体分层沉降还应在各土层的分界面布测点，当土层厚度较大时，在土层中部增加测点，孔隙水压力计一般布设在土层中部。

(五) 土体回弹

回弹测点宜按下列要求在有代表性的位置和方向上布设。在基坑中央和距坑底边缘 1/4 坑底宽度处及特征变形点必须设置，方形、圆形基坑可按单向对称布点，矩形基坑可按纵横向布点，复合矩形基坑可多向布点，地质情况复杂时应适当增加点数；基坑外的观测点，应在所选坑内方向线上的一定距离（基坑深度的 1.5 ～ 2.0 倍）布设；当所选点遇到地下管线或其他建筑物时，可将观测点移到与之对应方向线的空位上；在基坑外相对稳定或不受施工影响的地点，选设工作水准点，以及为寻找标志用的定位点。

（六）坑外地下水位

建筑在高地下水位的基坑工程，围护结构止水能力的优劣对于相邻地层和房屋的沉降控制至关重要。开展基坑降水期间坑外地下水位的下降监测，其目的就在于检验基坑止水帷幕的实际效果，必要时适当采取灌水补给措施，以避免基坑施工对相邻环境的不利影响。坑外地下水位一般通过监测井监测，井内设置带孔塑料管，并用砂石充填管壁外侧。监测井布设位置较为随意，只要设置在止水帷幕以外即可。如能参照搅拌桩施工搭接、相邻房屋与地下管线相对密集位置布设则更能满足环境保护的要求。监测井不必埋设很深，管底标高一般在常年水位以下 4 ～ 5m 即可。

（七）环境监测

环境监测应包括基坑开外 3 倍深度以内的范围，建筑物以沉降监测为主，测点应布设在墙角、柱身（特别是能够反映独立基础及条形基础差异沉降的柱身），门边等外形凸出部位，除了在靠近基坑一侧要布设测点外，在另外几侧也应设测点，以作比较，测点的间距应能反映建筑物各部分的不均匀沉降为宜，建筑物上沉降和倾斜监测点的布设原则可参见 §6-2。管线上测点布设的数量和间距应听取管线主管部门的意见，并考虑管线的重要性及对变形的敏感性，如上水管承接式接头一般应按 2 ～ 3 个节点设置 1 个监测点，管线越长，在相同位移下产生的变形和附加弯矩就越小，因而测点间距可大些，在有弯头和丁字形接头处，对变形比较敏感，测点间距就要小些。在测点布设时，应尽量将桩墙深层侧向位移、支撑轴力和围护结构内力、土体分层沉降和水土压力等测点布置在相近的范围内，形成若干系统监测断面，以使监测结果互相对照，相互检验。

四、监测期限和频率

基坑工程施工的宗旨在于确保工程快速安全顺利施筑完成。为了完成这一任务，施工监测工作基本上伴随基坑开挖和地下结构施工的全过程，即从基坑开挖第一批土直至地下结构施工到 ± 0.00 标高。现场施工监测工作一般需连续开展 6 ～ 8 个月，基坑越大，监测期限则越长。

在基坑开挖前可以埋设的各监测项目，必须在基坑开挖前埋设并读取初读数。初读数是监测的基点，需复校无误后才能确定，通常是在连续 3 次测量无明显差异时，取其中 1 次的测量值作为初始读数，否则应继续测读。埋设在土层中的元件如土压力盒、孔隙水压力计、测斜管和分层沉降环等最好在基坑开挖一周前埋设，以使被扰动的土有一定的间歇时间，从而使初读数有足够的稳定的过程。混凝土支撑内的钢筋计、钢支撑轴力计、土层锚杆的轴力计及锚杆应力计等需随施工进度而埋设的元件，在埋设后读取初读数。

围护墙顶水平位移和沉降、围护墙深层侧向位移监测贯穿基坑开挖到主体结构施工到 ± 0.00 标高的全过程，监测频率为：① 从基坑开始开挖到浇注完成主体结构底板，每天监测 1 次；② 浇筑完主体结构底板到主体结构施工到 ± 0.00 标高，每周监测 2 ～ 3 次；③ 各道支撑拆除后的 3 天至 1 周，每天监测 1 次。内支撑轴力和锚杆拉力的监测期限从支撑和锚杆施工到全部支撑拆除实现换撑，每天监测1次。土体分层沉降、深层沉降表测回弹、水土压力、围护墙体内力监测一般也贯穿基坑开挖到主体结构做到±0.00标高的全过程，监测频率为：①基坑每天开挖其深度的1/5～1/4，或在每道内支撑（或锚杆）施工间隔的时间内测读2～3次，必要时可加密到每周监测1～2次；②基坑开挖的设计深度到浇筑完主体结构底板，每周监测3～4次；③浇筑完主体结构底板到全部支撑拆除实现换撑，每周监测1次。

地下水位监测的期限是整个降水期间，或从基坑开挖到浇筑完主体结构底板，每天监测1次。当围护结构有渗漏水现象时，要加强监测。当基坑周围有道路、地下管线和建筑物较近需要监测时，从围护桩墙施工到主体结构做到±0.00标高这段期限都需要进行监测，周围环境的沉降和水平位移需每天监测1次。建筑物倾斜和裂缝的监测频率为每周监测1～2次。如为了保护周围环境而埋设孔隙水压力计、土体深层沉降和侧向位移等监测项目，在围护桩墙施工时的监测频率为每天1次，基坑开挖时的监测频率与围护桩墙内力监测频率一致。

现场施工监测的频率因随监测项目的性质、施工速度和基坑状况而变化。实施过程中尚需根据基坑开挖和围护施筑情况、所测物理量的变化速率等作适当调整。当所监测的物理量的绝对值或增加速率明显增大时，应加密观测次数，反之，则可适当减少观测次数。当有事故征兆时应连续监测。测读的数据必须在现场整理，对监测数据有疑虑可及时复测，当数据接近或达到报警值时应尽快通知有关单位，以便施工单位尽快采取应急措施。监测日报表最好当天提交，最迟不能超过次日上午，以便施工单位尽快据此安排和调整生产进度。监测数据不准确，不能及时提供信息反馈去指导施工就失去监控的意义。

五、预警值和预警制度

（一）预警值的确定

基坑工程施工监测的预警值就是设定一个定量化指标系统，在其容许的范围之内认为工程是安全的，并对周围环境不产生有害影响，否则认为工程是非稳定或危险的，并将对周围环境产生有害影响。建立合理的基坑工程监测的预警值是一项十分复杂的研究课题，工程的重要性越高，其预警值的建立越困难，预警值的确定应根据下列原则。

（1）满足现行的相应规范、规程要求，大多是位移或变形控制值；

（2）对于围护结构和支撑内力、锚杆拉力等，不超过设计计算预估值；

（3）根据各保护对象的主管部门提出的要求；

（4）在满足监控和环境安全的前提下，综合考虑工程质量、施工进度、技术措施和经济等因素。

确定预警值时，还要综合考虑基坑的规模、工程地质和水文地质条件、周围环境的重要性程度以及基坑的施工方案等因素。确定预警值主要参照现行的相关规范和规程规定值、经验类比值以及设计预估值这三个方面的数据。随着基坑工程经验的积累和增多，各地区的工程管理部门陆续以地区规范、规程等形式对基坑工程预警值作了规定，其中大多是最大允许位移或变形值。上海市和深圳市基坑设计规程规定将基坑工程按破坏后果和工程复杂程度区分为三个等级，各级基坑变形的设计和控制值见表7-4所示。

确定变形控制标准时，应考虑变形的时空效应，并控制监测值得变化速率。一级工程宜控制在2mm/d之内，二级工程控制在3mm/d之内。当变化速率突然增加或连续保持高速率时，应及时分析原因，采取相应对策。工程建设行业标准《建筑基坑工程技术规范》JG120—99确定重力式挡墙最大水平位移的预估值见表 7-5 所示。

表 7-4　基坑工程等级划分及变形监控允许值

安全等级		一级		二级		三级
破坏程度		很严重		严重		不严重
工程复杂程度	基坑深度 /m	>14		$9\sim14$		<9
	地下水埋深 /m	<2		$2\sim5$		>5
	软土层厚度 /m	>5		$2\sim5$		<2
	基坑边缘与临近已有建筑物浅基础或重要管线边缘净距 /m	$0.5h$		$0.5h\sim1.0h$		$>1.0h$
变形要求		监控	设计	监控	设计	
上海	墙顶位移 /mm	30	50	60	100	宜按二级基坑标准控制，当环境条件许可时可以适当放宽。
	墙体最大位移 /mm	60	80	90	120	
	地面最大沉降 /mm	30	50	60	100	
	最大差异沉降	6/1000		12/1000		
深圳	墙体最大水平位移 /mm　排桩、地下连续墙、土钉墙	$0.0025H$		$0.0050H$		$0.0100H$
	墙体最大水平位移 /mm　钢板桩和深层搅拌桩	—		$0.0100H$		$0.0200H$

表 7-5　重力式挡墙最大水平位移预估值

墙的纵向长度 /m	$\leqslant30$	$30\sim50$	>50
良好地基	$(0.005\sim0.01)H$	$(0.010\sim0.015)H$	$>0.015H$
一般地基	$(0.015\sim0.02)H$	$(0.02\sim0.025)H$	$>0.025H$
软弱地基	$(0.025\sim0.035)H$	$(0.035\sim0.045)H$	$>0.045H$

注：H 为挡墙墙高

深圳市建设局对深圳地区深基坑地下连续墙作出了稳定判别标准，见表 7-6 所示。表中给出的判别标准有两个特点，首先是各物理量的控制值均为相对量，例如水平位移与开挖深度的几何比值等，采用无量纲数值，不仅易记，同时亦不宜搞错。其次是给出了安全、注意和危险三种指标，一种比一种需要引起重视，符合工地施工工程技术人员的思维方式。

表 7-6　深圳地区深基坑地下连续墙安全性判别标准

监测项目	安全或危险判别		安全性判别		
		判别标准	危险	注意	安全
水土侧压	设计时应用侧压力	$F_1=\dfrac{\text{设计用侧压力}}{\text{实测侧压力(或预测值)}}$	$F_1\leqslant0.8$	$0.8\leqslant F_1\leqslant1.2$	$F_1>1.2$
墙体变位	墙体变位与开挖深度比	$F_2=\dfrac{\text{实测(或预测)变位}}{\text{开挖深度}}$	$F_2>1.2\%$ $F_2>0.7\%$	$0.4\%\leqslant F_2\leqslant1.2\%$ $0.2\%\leqslant F_2\leqslant0.7\%$	$F_2<0.4\%$ $F_2<0.2\%$

墙体	钢筋拉应力	$F_3 = \dfrac{\text{钢筋抗拉强度}}{\text{实测(或预测)拉应力}}$	$F_3 < 0.8$	$0.8 \leqslant F_3 \leqslant 1.0$	$F_3 > 1.0$
应力	墙体弯距	$F_4 = \dfrac{\text{墙体容许弯距}}{\text{实测(距预测)弯距}}$	$F_4 < 0.8$	$0.8 \leqslant F_4 \leqslant 1.0$	$F_4 > 1.0$
支撑轴力	容许轴力	$F_5 = \dfrac{\text{容许轴力}}{\text{实测(或预测)轴力}}$	$F_5 < 0.8$	$0.8 \leqslant F_5 \leqslant 1.0$	$F_5 > 1.0$
基底隆起	隆起量与开挖深度之比	$F_6 = \dfrac{\text{实测(或预测)隆起值}}{\text{开挖深度}}$	$F_6 > 1.0\%$ $F_6 > 0.5\%$ $F_6 > 0.2\%$	$0.4\% \leqslant F_6 \leqslant 1.0\%$ $0.2\% \leqslant F_6 \leqslant 0.5\%$ $0.04\% \leqslant F_6 \leqslant 0.2\%$	$F_6 < 0.4\%$ $F_6 < 0.2\%$ $F_6 < 0.04\%$
沉降量	沉降量与开挖深度之比	$F_7 = \dfrac{\text{实测(或预测)沉降值}}{\text{开挖深度}}$	$F_7 > 1.2\%$ $F_7 > 0.7\%$ $F_7 > 0.2\%$	$0.4 \leqslant F_7 \leqslant 1.2\%$ $0.2\% \leqslant F_7 \leqslant 0.7\%$ $0.04\% \leqslant F_7 \leqslant 0.2\%$	$F_7 < 0.4\%$ $F_7 < 0.2\%$ $F_7 < 0.04\%$

注:1)F_2 上行适用于基坑旁无建筑物或地下管线,下行适用于基坑近旁有建筑物和地下管线;2)F_6,F_7 上、中行与 F_2 同,下行适用于对变形有特别严格的情况。

相邻房屋的安全与正常使用判别准则应参照国家或地区的房屋检测标准确定,如表 7-7 为上海地区相邻建筑物的基础倾斜允许值,可以在工程中参考采用。地下管线的允许沉降和水平位移量值由管线主管单位根据管线的性质和使用情况确定。

表 7-7　建筑物的基础倾斜允许值

建筑物类别		允许倾斜
多层和高层建筑基础 /m	$H \leqslant 24$	0.004
	$24 < H \leqslant 60$	0.003
	$60 < H \leqslant 100$	0.002
	$H > 100$	0.001
高耸结构基础 /m	$H \leqslant 20$	0.008
	$20 < H \leqslant 50$	0.006
	$50 < H \leqslant 100$	0.005
	$100 < H \leqslant 200$	0.004
	$150 < H \leqslant 200$	0.003
	$200 < H \leqslant 250$	0.002

注:1)H 为建筑物地面以上高度;2) 倾斜是基础倾斜方向两端点的沉降差与其距离的比值。

基坑和周围环境的位移和变形值是为了基坑安全和对周围环境不产生有害影响需要在设计和监测时严格控制的,而围护结构和支撑的内力、锚杆拉力等,则是在满足基坑和周围环境的位移和变形控制值的前提下由设计计算得到的。因此,围护结构和支撑内力、锚杆拉力等应以设计预估值为确定预警值的依据,一般将预警值确定为设计允许最大值的 80%。经验类比值是根据大量工程实际经验积累而确定的预警值,下面一些经验预警值可以作为参考。

(1) 煤气管道的沉降和水平位移均不得超过 10mm,每天发展不得超过 2mm;

(2) 自来水管道沉降和水平位移均不得超过 30mm,每天发展不得超过 5mm;

(3) 基坑内降水或基坑开挖引起的基坑外水位下降不得超过 1000mm,每天发展不得超过 500mm;

(4) 基坑开挖中引起的立柱桩隆起或沉降不得超过 10mm,每天发展不得超过 2mm。

位移与时间曲线也是判断基坑工程稳定性的重要依据,施工监测到的位移与时间曲线可能呈现出三种形态,对于基坑工程施工后测得的位移与时间曲线,如果始终保持变形加速度小于零,则该工程是稳定的;如果位移曲线出现变形加速度等于零的情况,亦即变形速度不再继续下降,则说明工程进入"定常蠕变"状态,须发出警告,及时加强围护和支撑系统;一旦位移出现变形加速度大于零的情况,则表示已进入危险状态,须立即停工,进行加固。此外,对于围护墙侧向位移曲线和弯矩曲线上出现明显转折点或突变点的情况,也应引起足够重视。

(二) 预警制度

在施工险情预测中,应同时考虑各项监测内容的量值和变化速度及其相应的实际变化曲线,结合观察到的结构、地层和周围环境状况等综合因素做出预测。从理论上说,设计合理的、可靠的基坑工程,在每一工况的挖土结束后,应该是一切表征基坑工程结构、地层和周围环境力学形态的物理量随时间而渐趋稳定;反之,如果测得表征基坑工程结构、地层和周围环境力学形态特点的某一种或几种物理量,其变化随时间不是渐趋稳定,则可以断言该工程是不稳定的,必须修改设计参数,调整施工工艺。报警制度宜分级进行,如深圳地区深基坑地下连续墙安全性判别标准给出了安全、注意和危险三种指标。对于这些指标时,应采取不同的措施。如达到报警值的 80% 时,在监测日报表上做上预警记号,口头报告管理人员。达到报警值的 100% 时,除在监测日报表上做上报警记号外,还要写出书面报告和建议,并面交管理人员;达到报警值的 110% 时,除在监测日报表上做上紧急报警记号,写出书面报告和建议外,还应通知主管工程师立即到现场调查,召开现场会议,研究应急措施。

§7-4　监测报表与监测报告

一、监测报表

在基坑监测前要设计好各种记录表格和报表,记录表格和报表应分监测项目,根据监测点的数量分布合理地设计。记录表格的设计应以记录和数据处理方便为原则,并留有一定的空间,以便对监测中观测到和出现的异常情况做及时地记录。监测报表的形式一般有当日报表、周报表和阶段报表,其中当日报表最为重要,通常作为施工调整合安排的依据。周报表通常作为参加工程例会的书面文件,对一周的监测成果作简要的汇总,阶段报表作为某个基坑施工阶段监测数据的小结。

监测日报表应及时提交给工程建设、监理、施工、设计、管线与道路监察等有关单位,并另备一份经工程建设或现场监理工程师签字后返回存档,作为报表收到及监测工程量结算的依据。报表中应尽可能配备形象化的图形或曲线,如测点位置图或桩墙体深层水平位移曲线图等,使工程施工管理人员能够一目了然。报表中呈现的必须是原始数据,不得随意修改、删除,对有疑问、由人为或偶然因素引起的异常点应该在备注中说明。

二、监测曲线

在监测过程中，除了要及时出各种类型的报表、绘制测点布置位置平面图和剖面图外，还要及时整理各监测项目的汇总表和曲线。监测曲线通常包括：各监测项目的时程曲线；各监测项目的速率时程曲线；各监测项目在各种不同工况和特殊日期变化发展的形象图（如围护墙顶、建筑物和管线的水平位移及沉降用平面图，深层侧向位移、深层沉降、围护墙内力、不同深度的孔隙水压力和土压力可用剖面图）。

在绘制各监测项目时程曲线、速率时程曲线，以及在各种不同工况和特殊日期变化发展的形象图时，应将工况点、特殊日期及其引起变化的显著原因标在各种曲线和图上，以便较直观地看到各监测项目物理量变化的原因。上述曲线不是在撰写监测报告时才绘制，而是应该用Excel等软件或在监测办公室的墙上用坐标纸每天加入新的监测数据，逐渐延伸，并将预警值也画在图上，这样每天都可以看到数据的变化趋势和变化速度，以及接近预警值的程度。

三、监测报告

在工程结束时，应提交完整的监测报告。监测报告是监测工作的回顾和总结，监测报告包括如下几部分内容：① 工程概况；② 监测项目和各测点的平面和立面布置图；③ 所采用的仪器设备和监测方法；④ 监测数据处理方法和监测结果汇总表及有关汇总、分析曲线；⑤ 对监测结果的评价。

前3部分的格式和内容与监测方案基本相似，可以以监测方案为基础，按监测工作实施的具体情况，如实地叙述监测项目、测点布置、测点埋设、监测频率、监测周期等方面的情况。要着重论述与监测方案相比，在监测项目、测点布置的位置和数量上的变化及变化的原因等，并附上监测工作实施的测点位置平面布置图和必要的监测项目（土压力盒、孔隙水压力计、深层沉降和侧向位移、支撑轴力）剖面图。第4部分是监测报告的核心，该部分在整理各监测项目的汇总表、时程曲线、速率时程曲线以及各监测项目在各种不同工况和特殊日期变化发展的形象图的基础上，对基坑及周围环境各监测项目的全过程变化规律和变化趋势进行分析，提出各关键构件或位置的变化和内力的最大值，与原设计预估值和监测预警值进行比较，并简要阐述其产生的原因。在论述时应结合监测日记记录的施工进度、挖土部位、出土量多少、施工工况、天气和降雨等具体情况对数据进行分析。第5部分是监测工作的总结与结论，通过基坑围护结构受力和变形，以及对相邻环境的影响程度，对基坑设计的安全性、合理性和经济性进行总体评价。总结设计施工中的经验教训，尤其要总结根据监测结果通过及时的信息反馈对施工工艺和施工方案的调整和改进所起的作用。

对于兼作地下结构外墙的围护结构，有关墙体变位、圈梁内力、围护渗漏等方面的实测结果都将作为构筑物永久性资料归档保存，以便日后查阅。在这种情况下，基坑监测报告的重要性将提高到更高的层次。

第八章　桥梁变形监测

§8-1　概述

一、桥梁变形监测意义

桥梁的基本类型主要有简支梁桥、拱桥、钢构桥、悬索桥、斜拉桥及其组合体系桥。大型桥梁是指在公路桥梁中多孔跨径总长于500m或单孔大于100m的桥梁，以及铁路桥梁中桥长大于500m的桥梁，故大型桥梁主要是指拱桥、连续钢构桥、斜拉桥、悬索桥及由以上不同体系组合而成的桥梁。

桥梁变形监测是对桥梁整体性能的监测，是用工程测量原理、技术和方法以及特种精密工程测量技术，对大桥主梁各控制断面及索塔轴线的位移变形进行定期或实时监测，并绘编相应的位移变形影响线和影响面，以监测各控制部位位移变形状态。通过观测数据，对桥梁变形的显著性进行分析，从而为总体评估大桥的承载能力、营运状态和耐久能力，以及特殊气候、交通条件下或桥梁运营情况严重异常时发出预警信号，为桥梁的维修、养护与管理决策提供依据和指导。

近几来，随着桥梁建设事业的迅猛发展，桥梁结构形式与功能日趋复杂，工程的规模也越来越大，一些大跨度和超大跨度桥梁相继建成，使桥梁的最大跨径记录都在不断被刷新。理论推算，混凝土拱桥的极限跨度可达500m左右，钢拱桥的极限跨度可达1200m左右。目前世界最大跨径的拱桥是上海卢浦大桥，主跨为550m。随着高强度预应力钢材、高强度混凝土、大吨位张拉锚固体系的应用与发展，以及设计手段的计算机化，施工技术水平的提高，大跨度连续钢构桥取得了迅速发展，其中以1985年澳大利亚建成的主跨为260m的门道桥(Gate-Way)和挪威1998年建成的主跨为298m的Raft Sundet桥最为出名。

自世界第一座斜位桥——主跨长600m的美国金门大桥于1965年建成后，斜拉桥的记录不断被刷新。目前，已建斜拉桥的跨径最大的是日本多多罗大桥，主跨890m，而我国正在建造的斜拉桥——苏通长江公路大桥的主跨为1088m。悬索桥最大跨径目前为1990m(日本的明石海峡大桥)，我国正修建中的润扬长江大桥主跨也达到了1490m。进入21世纪后，为适应跨海联岛工程建设的需要，将修建更多、更大跨度的悬索桥，如设计和规划中的悬索桥的最大跨度分别达到了3300m(墨西哥海峡)和5000m(直布罗陀海峡)。

一方面，随着设计水平和施工技术的发展，上述所列的各种桥梁的施工正朝着超大化的方向发展，施工过程中的变形监测就成为必然。另一方面，桥梁的运营维护也是国家基础建设的重要部分。多年来，桥梁结构的安全状况一直是政府有关部门和公众特别关心的问题。虽然合理保守的设计是结构安全的根本保证，但是限于当前对大型复杂结构的认识程度，台风、地震、车载和温度变化，以及许多不定时或不可确定的因素诸如超期服役、飓风、腐蚀、疲劳、甚至突发性地震，车、船的冲击、碰撞和爆炸等危害性事件，人们并不都能有效地控制或预测。1999年

1月重庆彩虹大桥倒塌的悲剧仍让人唏嘘不止。另外，近几年的铁路提速，对于那些设计最大时速仅有120km/h的大批铁路桥梁来说也是严峻考验。为了确保诸如大跨度桥梁这种重要的大型结构设计的使用安全性和耐久性达到预期标准，建立"桥梁健康监测"很有必要。它对于了解桥梁结构内力的变化、分析变形原因无疑有着十分重要的作用。而"桥梁健康监测系统"包括了桥梁几何量变化测量的内容。因此，在建立"桥梁健康监测系统"的同时，研究采用工程测量原理、技术和方法以及特种精密工程测量技术，进行桥梁几何量变化的监视测量，对大跨度桥梁的健康监测系统是十分必要的。

二、桥梁变形的限制

(一) 主梁挠度变形限值

对于桥梁的竖向挠度，《规范》规定：由汽车荷载(不计冲击力)所引起的竖向挠度不应超过表8-1所列允许值。当车辆荷载在一个桥跨范围内移动，因而产生正负两个方向的挠度时，计算挠度应为正负挠度的最大绝对值之和。

表8-1 桥梁允许挠度值

桥梁结构形式	允许挠度值	桥梁结构形式	允许挠度值
简支或连续桁架	$L/800$	梁的悬臂端	$L_1/600$
简支或连续板桥	$L/600$	悬索桥	$L/600$

注：L 为桥梁的计算跨径；L_1 为梁桥悬臂端长度。

对于拱桥，《规范》规定：汽车荷载(不计冲击力)计算的拱桥上部结构在一个桥跨范围内的正负挠度的最大值之和不大于 $L/1000$，用挂车或履带车验算时，上述挠度可增加20%。

斜拉桥的竖向挠度是指主梁在汽车荷载(不计冲击力)的最大竖向挠度。当为混凝土主梁时不应大于 $L/500$，当为钢主梁时不应大于 $L/400$(L 为中跨跨径)。用平板挂车或履带车验算时，上述限值可增加20%，如车辆荷载在一个桥跨范围内移动产生正负不同挠度时，计算挠度应为正负挠度的最大绝对值之和。悬索桥的侧向挠度是指悬索桥应验算风力作用下的侧向挠度，其在行车系的纵向平面内的允许挠度规定为跨径的1/1000。

(二) 墩台沉降变形限值

《规范》规定桥梁的墩台沉降不宜超过下列限值：

(1) 墩台均匀总沉降值(不包括施工中的沉降) $2.0\sqrt{L}$ cm；

(2) 相邻墩台均匀总沉降值(不包括施工中的沉降) $1.0\sqrt{L}$ cm；

(3) 墩台顶面水平位移值 $0.5\sqrt{L}$ cm。

其中 L 为相邻墩台间最小跨径长度，以米计。大跨度桥梁在行车荷载、风力、阵雨和温度等外界因素，以及混凝土收缩徐变、钢筋松弛锈蚀、墩台基础沉降等内在因素的影响下，将产生几何位置变化、内力变化、应力变化和索力变化等各种效应，同时也会发生混凝土老化、碳化、钢筋锈蚀和斜拉索锈蚀等现象。几何位置变化(即结构的变形)在反映桥梁状况变化方面是一个较综合的量，也是一个便于监测的直观量。因此，通过监测桥梁结构的变形来掌握大桥的健康状况，是确保大桥安全运营的重要手段。

三、桥梁变形的分类

桥梁结构在荷载和环境因素作用下所产生的变形可以分成两类:一类变形反映结构的整体工作状况,如挠度、转角、支座位移等,称为整体变形。桥梁逐渐老化,表现最为明显的是桥梁挠度变化,整体变形的能力能够概括结构整个工作的全貌。因此,在一切观测项目中,各种整体变形往往是最基本的;另一类变形能反映结构的局部工作状况,如纤维变形、裂缝、钢筋的滑动等,这称为局部变形。最能表现老化(或缺陷)的特征是裂缝,裂缝的部位、方向提示了桥梁老化(或缺陷)的部位和性质。

§8-2　桥梁静态变形监测

一、桥梁下部结构监测

桥梁下部结构包括桥墩、桥台、桥塔和桩基础,这都是桥梁结构的重要组成部分,它承担着上部结构的自重和汽车、人群等活荷载,并将这些荷载传递给地基。因此,下部结构的工作状态对桥梁结构的安全、正常使用具有决定性的影响。桥梁主桥(塔)墩基础的沉降监测还包括塔、墩台、地面处和其他各截面的水平位移和转角。对于斜拉桥和悬索桥应观测主塔塔顶变位(顺桥向和横桥向),测定塔柱的变位幅度大小和变位规律。

地面是判断桥梁基础承载能力的重要因素,监测应尽量观测桩基础周围的地面变形和开裂情况。如桥墩施工期间产生的沉降有均匀和不均匀之分,后者的发生对桥梁潜在的破坏更明显,它不仅能造成桥梁受力分布的改变,还能引起桥梁的凹陷甚至坍塌。因此,从施工开始即对其实施沉降监测是很有必要的。通过沉降监测来监视桥墩基础在施工期加载过程及建成运行中的均匀或不均匀沉降状态,结合其他资料对桥墩基础变形情况及沉降态势进行分析和预测,为大桥施工与运行决策提供科学的依据,同时墩台沉降变形限值应不超过上节所列的要求。

(一) 监测点布设

监测点的布设原则是要布设在最能反映结构受力的特征点、线或面上。图 8-1 为长江某大跨度中承式悬链无铰钢管混凝土拱桥墩基础沉降监测点布置图,其中 1 号桥墩基础的沉降观测共设 10 点,编号为 DL01 ~ DL10,2 号桥墩基础的沉降观测共设 4 点,编号为 DL11 ~ DL14。

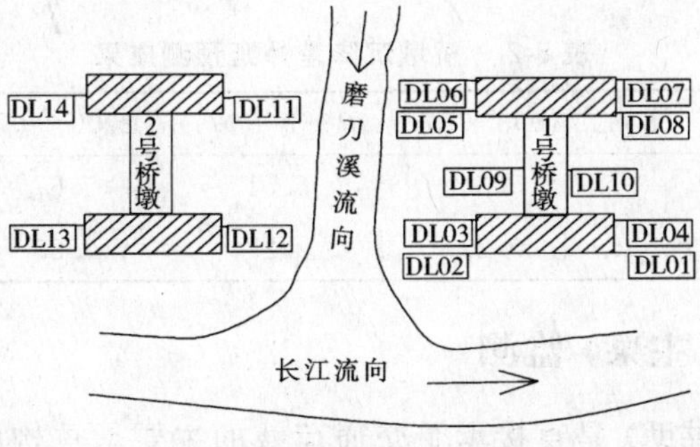

图 8-1　桥墩基础沉降监测点布置

(二) 观测方法及周期

采用级精密水准仪并按国家一等水准测量的要求进行观测,观测周期为 3 天,遇到特殊条件包括汛期、地震及沉降变化异常时增加观测周期。

(三) 观测数据分析

如在上述桥梁工程中,根据观测成果按时间序列绘制了1号桥墩基础的垂直位移过程线(见图8-2)。结果表明,自1995年7月29日1号桥墩基础承受荷载以后,各点都呈持续下沉趋势。在时间和空间上可分为7个阶段,其中1996年2～4月,1996年7～9月为间歇期。可以看出1号桥墩具有不均匀沉降特征,从垂直于桥轴方向来看磨刀溪上游侧各点(见图8-2中的DL07)下沉量显著大于下游侧各点(见图8-2中的DL01),其沉降差若继续发展,显然对大桥的安全构成威胁,有必要对其发展态势进行分析和预测。

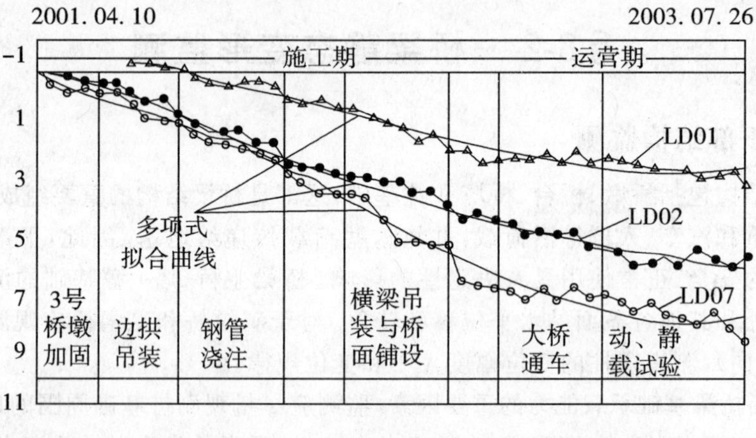

图8-2　1# 桥墩基础沉降过程线

变形预测方法要根据具体对象和环境选择,如本例桥梁工程,可以利用非线性拟合模型及组合模型来建立1号桥墩沉降差模式与预测模型。

组合模型

$$y = k_1 y_1 + k_2 y_2 = k_1 x/(a_1 x + b_1) + k_2 a_2 e^{b_2/x} \tag{8-1}$$

式中,a_1, a_2, b_1, b_2 为模型参数;k_1, k_2 为组合模型权系数。通过拟合计算,求得了1号桥墩沉降差模型具体表达式为

$$y = x/(0.143965x + 3.351426e^{-2.588434/x}) \tag{8-2}$$

利用式(8-2)即可对桥墩沉降差进行预测。预测结果见表8-2。

表8-2　桥墩沉降差外延预测成果

时间(年—月)	1998—07	1999—07	2000—07	预测
沉降差 /mm	5.34	5.51	5.67	7—13
沉降差速率 /(mm/100d)	0.29	0.27	0.25	0

二、桥梁上部结构(主梁)监测

主梁(或者拱桥的主拱助)是直接承受交通荷载的主要承重构件。主梁在运营过程中,车辆及外界活荷载直接作用于主梁,主梁的内力、变形量会随着活荷载的分布及其大小的不断变化产生相应的变化,使主梁产生竖直及水平方向的挠度变形。由于主梁各点变化不均匀,因此桥梁在截面处产生转角,从而使桥梁平面产生扭转。对桥梁特别是柔性比较大的桥梁结构,如

斜拉索桥和悬索桥还会产生明显的振动，从而影响行车的安全性和舒适性。所以，桥梁上部结构测量监测的主要内容如下。

(1) 主梁竖向挠度变形监测及监测点截面偏载情况下扭转角的测量；

(2) 主梁横向水平位移观测(桥轴线偏位观测)；

(3) 主梁纵向位移观测，通过测量主桥主梁梁端与相邻引桥端上固定点之间的距离变化来测定主梁纵向位移变化规律；

(4) 对于斜拉桥和悬索桥，其塔柱在外力、日照、风力等因素的作用下会产生摆动。为研究塔柱在不受悬索拉力作用自然状态下塔柱的摆动规律，即摆幅大小、摆动平衡位置与对应的时间，应在裸塔状态下测量塔柱的位置，并为后续工程施工提供索塔的基础资料。其相应的观测内容包括塔柱在水平方向的扭转变化及在竖直平面的挠曲变化和收缩徐变。

图 8-3 反映的是某斜拉桥在不同重量交通荷载和不同分布位置荷载下，大桥主梁竖向挠度变形情况。可以看出，相对南北两个主桥塔，主梁中有最大挠曲变化。

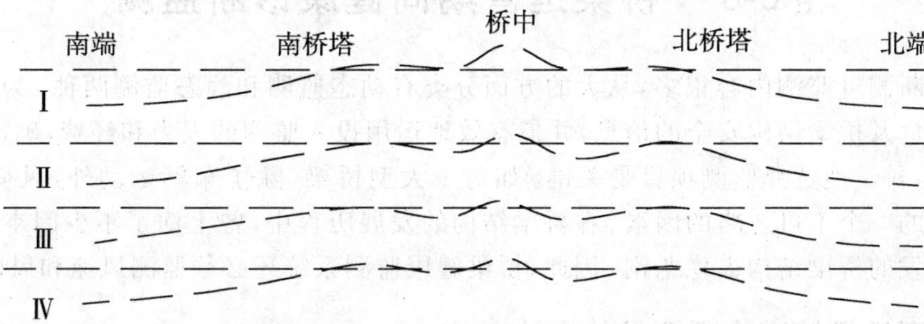

图 8-3　主梁横向水平位移观测(桥轴线偏位观测)

三、环境参数变化监测

桥址处温度参数变化对大桥影响的监测包括：桥梁结构在太阳照射下，混凝土阴阳面最大温差可在 20℃ 以上，日夜最大温差可达 25℃ 以上。当环境温度和日照方向发生变化时，桥梁结构的温度也会随之变化。一般说来，材料的温度变化将会引起构件的变形，当构件的变形受到限制时，构件内部会产生回应力。由于组成大型桥梁结构各个部分的材料、尺寸和结构形式不同，环境温度和日照方向的变化将会在整座桥梁内形成复杂的温度分布。通过对桥梁温度场状况的监测，可以为桥梁设计中关于温度影响的计算提供原始数据。不同温度状态下桥梁工作状态的变化监测，包括桥梁变形和应力分布等的定量分析，对于桥梁设计理论的验证和改进均具有积极意义。

在受温度变化引起的支座纵向伸缩位移中，如某钢桁梁栈桥，当气温变化差在 40℃ 以上时，桥跨间伸缩幅度最大可达 160mm。因此，在每跨桥一个端头设置活动支座，以保证桥跨在纵向水平方向上能够自由伸缩，从而消除附加应力。图 8-4 为某栈桥钢桁架活动支座略图。

当桥跨落桥就位并固定后，可以认为点 B 为不动点，而支座上摆的中心点 A 由于温度变化等原因会随桥端一起产生纵向水平位移，对于使用中的桥跨，设计要求在 8℃ 活动支座处于正中位置，即 A，B 处于同一垂线上，这时规定上摆与下摆的相对移动距离 $\delta_{计}=0$，而随着温度变化，$\delta_{计}$ 应满足下式确定的关系

$$\delta_{计}=1.18(t-8) \tag{8-3}$$

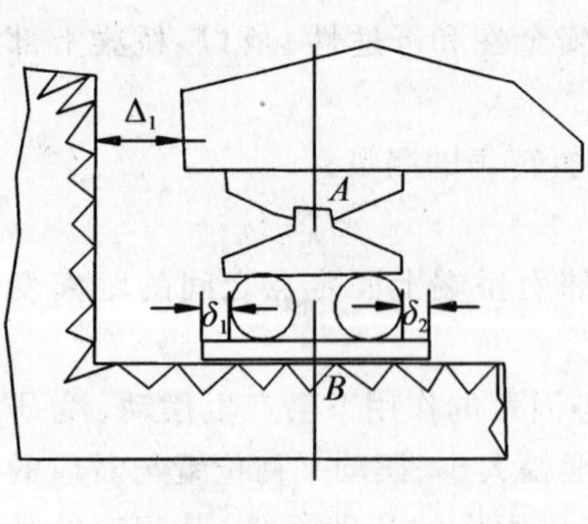

图 8-4　活动支座

式中，t 为观测时的桥面温度。而 δ_1 与 δ_2 的变化即是桥垮支座滚动偏移量

$$\delta_{测} = \delta_1 - \delta_2 \tag{8-4}$$

$\delta_{测}$ 为实际监测获得的上摆与下摆的相对偏移量，$\delta_{测}$ 值不能直接获得，但支座处于正中时，两侧滚轴切点距底座边缘水平距 δ_1 和 δ_2 应相等。若考虑到安装与量测误差等，实际测量移动值与计算值不等，则根据设计要求应满足

$$|\delta_{计} - \delta_{测}| < 10\text{mm} \tag{8-5}$$

影响桥梁变形的环境参数还包括风速、风向等，这些均为动态监测的范畴，且应在桥梁运营期间的健康诊断监测中作为重要分析数据进行采集。

§8-3　桥梁运营期间健康诊断监测

桥梁诊断测量监测内容很多，从大的方面分类有动态监测和静态监测两种。为了及时、无遗漏地捕捉危及桥梁结构安全的信息，并最有效地运用投入监测的人力和经费，确定引起变形的内外因素，科学地选择监测项目是关键。如对于大型桥梁，除了车辆运动外，风荷载也是引起主梁颤振的一个不可忽略的因素。在桥梁结构的发展历程中，曾上演了不少因空气静、动力荷载作用引发的桥梁结构失稳悲剧。因此，桥梁健康监测系统还必须监测风速和风向。

一、大型桥梁健康诊断测量的方法

（一）静态监测方法

静态监测一般以常规地面测量方法、特殊测量手段、摄影测量方法、测量机器人（TCA）及全球定位系统（GPS）测量技术等。

（二）动态监测方法

根据最近几年的应用情况，用来对桥梁结构位移进行动态监测的装置主要有压力监测的液体填充系统、卫星定位系统（GPS）、光谱干涉系统、光载波通信系统和测量机器人等。

虎门大桥、厦门海沧大桥的位移监测是采用 GPS RTK 载波相位实时动态差分技术，江阴长江公路大桥、上海杨浦大桥则是采用测量机器人技术。国外在 20 世纪 80 年代开始了各种规模桥梁健康监测系统的建立；在 20 世纪 90 年代初，英国采用可视监测系统对 Humber 桥的静、动力位移进行监测；近年又采用 GPS 对该桥在重型荷载作用下的变形进行了测试，并将测试结果与有限元计算结果进行了对比，确认 GPS 的测量精度很高，不仅可用于大跨度悬索桥的位移测试，即使用于刚度较大的桥梁结构，也能获得比较满意的精度。

（三）桥梁工作环境监测

桥址处风速和风向监测主要由安装在桥身和桥塔顶上的风速仪完成。测量平均风速和风向，确定平均风速、风向和重现频率。桥址处环境温度和桥梁结构温度分布状况监测由安装在梁、塔及特制测温索内的温度仪完成。主要测量以下内容：桥址环境温度、混凝土箱梁内外表面和塔身内外载面温度分布状况以及斜拉索截面内温度分布状况。

日交通流量的统计由设在收费车道的传感器、摄像机及电脑系统自动进行。内容包括：测量各类车辆的流量及通过时间，记录和观察大桥上交通挤塞情况和车辆分布模式，以推算实时的大桥交通荷载。

二、桥面上部观测点的布设

观测点的布设可按桥型的不同区别对待，具体如下。

(一) 拱桥

(1) 对于下承式拱桥（见图 8-5）上部结构监测点应布设在拱脚、$L/4$（L 表示每跨桥的长度）、跨中和 $3L/4$ 处拱肋或拱圈截面以及墩台顶处，以求得以上各截面处的变形与挠度，必要时还可增加 $L/8$、$3L/8$、$5L/8$ 和 $7L/8$ 截面的挠度观测点。

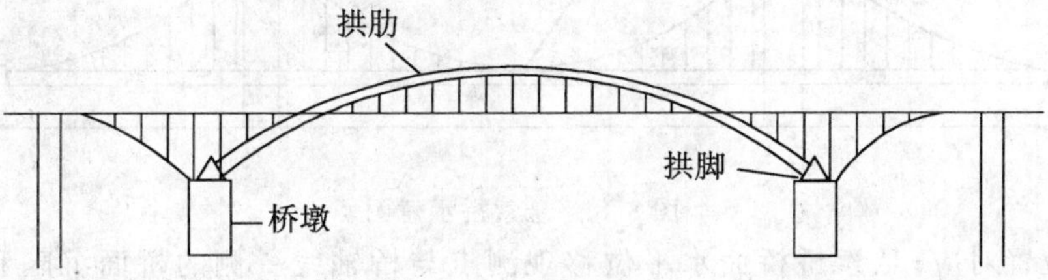

图 8-5　拱桥

(2) 对于中承式或上承式拱桥，还应布设对于吊杆变形的监测点。

(二) 连续钢构桥

连续钢构桥（见图 8-6），控制截面的设计内力包括中跨跨中截面、中跨 $L/4$ 截面、中跨 $3L/4$ 截面的应变，零号块顶面、边跨（次边跨）跨中截面的弯矩和剪力。为此，测量监测点应布设在零号块顶面处，观测零号块的沉降。除此之外在 $L/4$、跨中、$3L/4$ 截面处也应布设观测点，以便于监测 $L/4$、跨中、$3L/4$ 截面处的挠度。

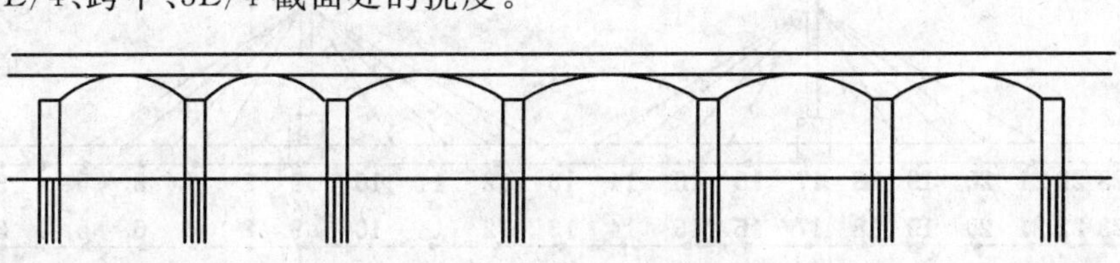

图 8-6　连续钢构桥

(三) 斜拉桥与悬索桥

1. 主梁桥面线形测量与挠度观测点的布设

如图 8-7 所示，斜拉桥控制截面的设计内力包括加劲梁控制截面的弯矩、扭矩与轴力，索塔控制截面的弯矩与轴力，控制拉索的轴力，桥面系的局部弯曲应力等。挠度观测点应布设在斜拉桥各跨支点、$L/4$、跨中、$3L/4$ 截面处，观测其截面处的竖向挠度，必要时还要观测上述部位的扭转角和横桥向的位移。

如图 8-8 所示，悬索桥控制截面的设计内力包括加劲梁控制截面的弯矩、剪力，主缆的轴力、弯矩，吊杆的轴力，桥面系的应力等。监测点应包括加劲梁支点、$L/8$、$L/4$、$3L/8$、跨中、$5L/8$、$3L/4$、$7L/8$ 截面的挠度监测点，求得上述测点的挠度以及在偏载情况下扭转角和横桥向位移。

桥面线形与挠度观测点布置在主梁上。对于大跨度的斜面拉段，线形观测点还与斜拉索

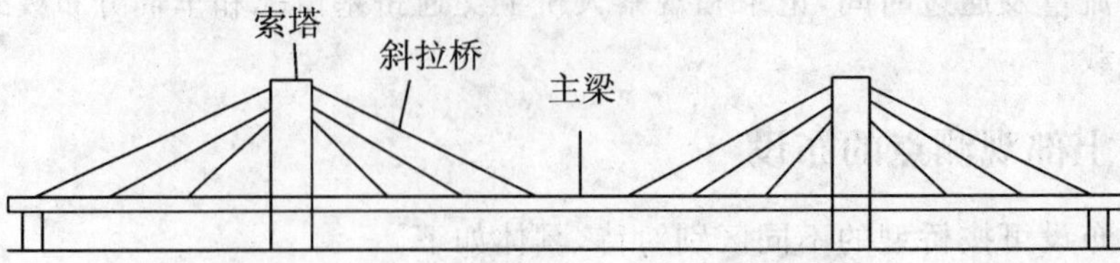

图 8-7 斜拉桥示意图

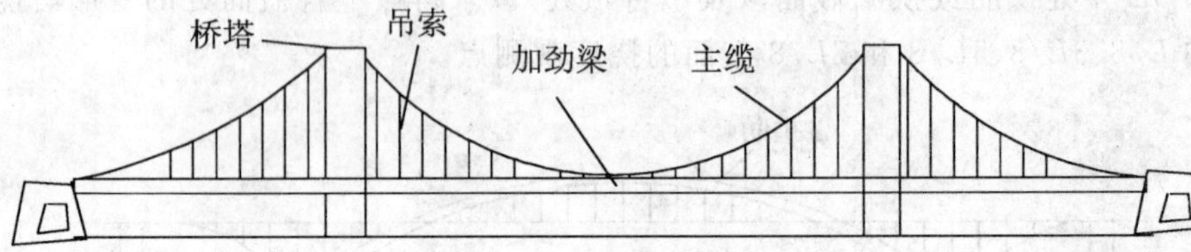

图 8-8 悬索桥示意图

锚固着力点位置对应；悬索桥桥面水平位移观测点与桥轴线一侧的桥面沉陷和线形观测点共点。

胜利大桥是横跨黄河的大型公路桥，由主桥和两个引桥构成。由于主桥为双塔钢跨斜拉桥结构，受车辆载重和颠簸影响，桥面振幅还是很大的，为了了解不同车载位置对大桥挠度的影响，事先选取了主跨和两侧副跨挠度观测点位置，并用特制胶把钢筋头埋设在其上，考虑到以后长期观测的需要，所埋的各点都在桥两侧人行路下的下水孔钢板上。同时严格地标定测站位置，以提高观测精度和速度。图 8-9 即为主桥的挠度观测点分布图。

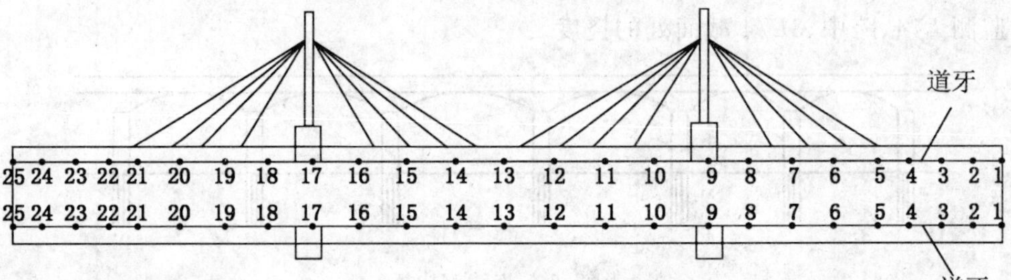

图 8-9 主桥挠度监测点分布

4 种工况分别为桥面空载时（编号 Ⅰ）、荷载为 200t 的 12 辆载重卡车在主跨上沿中线对称分布时（编号 Ⅱ）、12 辆载重卡车在主跨上沿中线一侧（下游侧）对称分布时（编号 Ⅲ），在第 3 种工况不变情况下在副跨（南侧）沿中线一侧（下游侧）增加两辆载重车时（编号 Ⅳ）为第 4 种工况。观测采用的是 WILD 自动安平水准仪并按四等水准测量实施。

如设 $H(I)$ 为对应各挠度的基点，可按下式推出其余工况下（有车载）相对 $H(I)$ 的挠度变化

$$\Delta(K)_j = [H(K) - H(I)]_j \tag{8-6}$$

式中，K 为对应工况号，$K=$ Ⅱ，Ⅲ，Ⅳ；j 为对应各挠度监测点。

图 8-10 是 4 种工况下主桥桥面两侧（上、下游侧）各点对应挠度高程的变化情况。为比较方便，图中高程值（Y 轴）相比距离（X 轴）放大 1000 倍。

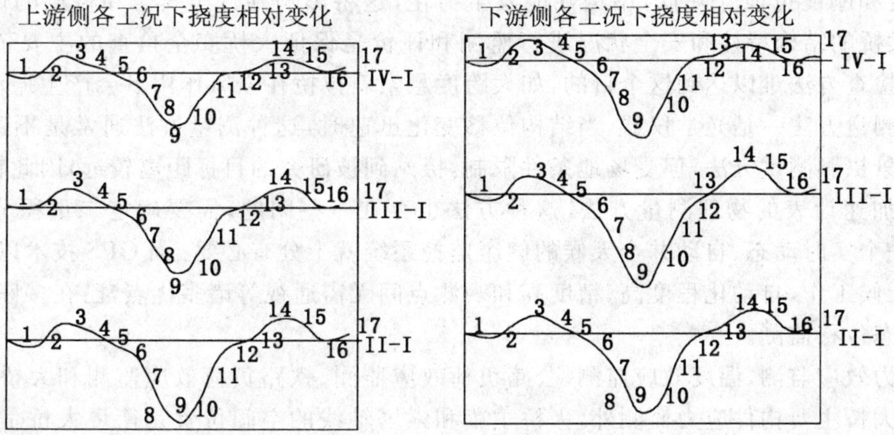

图 8-10　大桥挠度监测

2. 索塔塔顶水平位移监测点布设

如图 8-11 所示，塔柱摆动观测点一般布置在主塔上柱顶部的侧壁或顶面上便于测量的地方，必要时应在塔柱的不同高度处布设多个截面的观测点。观测可以采用 GPS RTK 方法，也可以采用全站仪遥测。

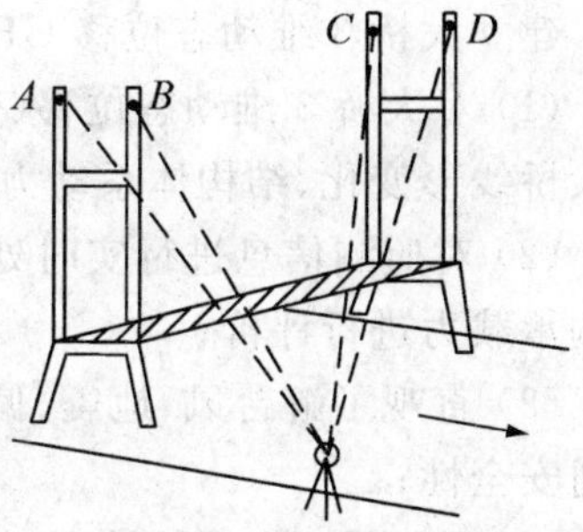

图 8-11　索塔塔顶水平位移监测

3. 悬索桥主缆线形观测点的布设

主缆线形观测点一般要分别布设在两边跨的跨中，中跨的 1/4、1/2 和 1/4 处，以及主缆在塔顶和锚碇出口处。观测缆顶标高前，一般在主缆上放样出这些测点的平面位置，测量后再根据缆径换算到主缆的中心。

三、下部梁结构变形监测

大跨度桥梁的墩台一般都比较高大，特别是一些城市建设中的高墩连续钢构桥。对于高大的墩台，不但要监测其基础的沉降，还要监测其水平位移，这时候监测点应布设在墩台地面处和其他各截面处，以监测各截面处的竖向位移、水平位移和转角。连续钢构桥的桥墩(台) 沉陷观测点一般布置在承台面上。当承台被水淹没时，可布设在与墩(台) 顶面对应的桥面上，对于斜拉桥和悬索桥的索塔，沉降监测点一般布设在索塔基础的承台面上。

§8-4　GPS 技术在大跨度斜拉桥动态变形监测

一、GPS 动态变形监测系统的建立

常规沉降监测设备包括几何水准、挠度仪和千分表等。近些年，GPS 测量技术和 3D 扫描已用于桥梁动态变形监测中。GPS 作业模式已从完全静态测量后处理数据模式发展到动态初始化(OTF) 厘米级实时 RTK 测量模式。

大桥建成通车后在环境因素影响、运营荷载和特殊荷载(如台风、地震、特种运输等) 作用

下，其强度和刚度可能会降低，结构性能发生劣化，这将影响到行车安全和桥梁的使用寿命。因此，对大桥的结构特性和安全状况进行监测和评价是保证大桥安全检查的主要依据。而传统的桥梁检查方法难以达到这个目的，如大跨度悬索斜拉桥在强风作用下会产生振动式位移。经典位移测量方法一是光学仪器，当结构位移变化迅速时，这种测量方法通常是不适合的；二是采用近景摄影测量方法，但受场地条件限制，摄站到被研究的目标距离较远，因此精度不高；三是使用加速计表的物理测量方法，这种方法也存在一些问题，需要确定二重积分常数。因此，建立一个实时动态、自动并全天候的健康监控系统就十分有必要。而 GPS 技术以其实时性好，可全天候工作，自动化程度高、精度高和观测点间无需通视等诸多优点，已在多座大桥上用于大桥动态位移监测。

除风力效应监测、温度效应监测、公路负荷效应监测、铁路负荷效应监测和大桥钢索索力监测以及大桥主要构件应力监测外，大桥主梁和索塔轴线的空间位置是衡量大桥是否处于正常运营状态的一个重要标志。因此，用测量手段获取不同工况下大桥主梁和索塔轴线特征点的空间位置变化是大跨度斜拉桥健康监测的重要组成部分。相对于传统桥梁变形监测手段，GPS 技术有如下优点：直接获取独立的 3 维绝对坐标，增强对桥梁结构健康监测的可靠度；实时计算并显示 3 维位移；全天候 24 小时连续观测；与已有系统的绝对位置独立检核。

建立大桥 3 维动态位移 GPS 监控系统的目的如下：

(1) 对大桥 3 维动态位移（竖向、横向和纵向）和环境变化进行长期的实时性监测，实时获取大桥线形变化、结构体系动力特性信息以及环境参数；

(2) 对监测信息进行实时处理和模型分析，进一步反演分析结构内力和刚度变化，从而对结构承载力进行评价；

(3) 直观了解台风、地震、偏载和特种运输等特殊荷载下的结构响应，判断结构安全性和交通安全性；

(4) 根据设定的安全参数建立多等级报警系统，以可视化的 3 维动态形式及时了解和掌握大桥在各种条件下的工作状况，实现动态的结构危险分析、评价和预警。

如图 8-12 所示，GPS 桥梁监测系统由 GPS 传感器（天线）、通信链路、数据处理和管理软件、附件和分析软件等在内的一个完整的系统组成。

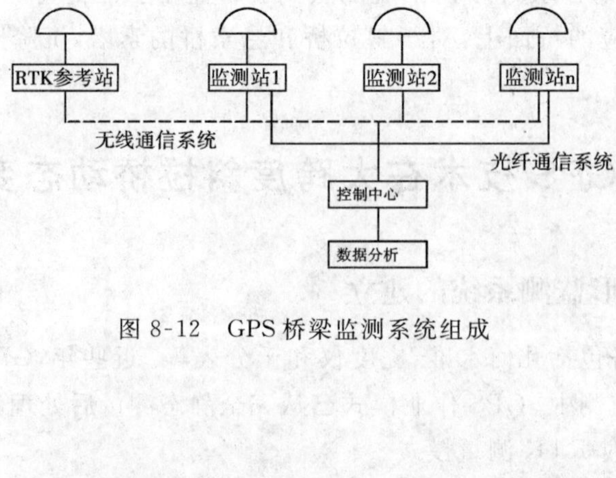

图 8-12　GPS 桥梁监测系统组成

图 8-13 为大桥 3 维位移 GPS 监测位置分布。

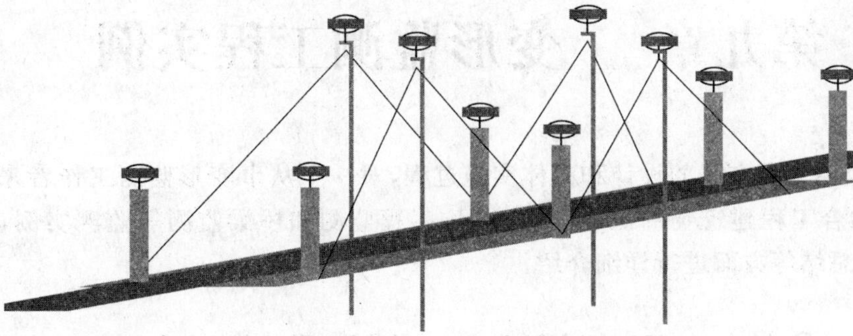

图 8-13　GPS 监测点位置分布

利用建立的 GPS 监测系统实现了对桥梁的全天候自动监测和数据的实时获取。通信网络系统负责传输 GPS 数据和遥控 GPS 接收机，控制中心分析和管理系统可以实现对数据的实时分析，输出监测结果，并实现自动报警功能。系统通过对桥梁位移和变形的高精度实时监测和分析，为桥梁的管理和维护提供了科学的依据。

二、GPS 用于桥梁结构动态监测

利用 GPS RTK 实时定位技术可以按设定的采样频率采集桥梁动态变化时监测特征点的空间位置数据。目前，双频 GPS 接收机的最高采样频率为 10Hz(事后数据处理方式)，这就意味着在实时监测点测量时，流动站上的 GPS 接收机可以达到每秒 10 个数据的采集率。因此，它完全可以用于监测振动频率为 1Hz 以下的桥梁振动变化。一般来说，在外力(如台风、地震和车载)作用下，大型桥梁的振动具有简谐性质，并且随着外力的变化其摆动(或振动)的幅度和频率也在变化。

通过国内外许多学者的试验，可知 GPS 动态试验的精度是可以评估的。可以利用观测的结果绘制变形体的位移与时间关系振动曲线图，估计这个图形的近似频率。再利用谱分析工具，可以从桥梁水平振动和垂直振动过程中根据振幅和频率变化过程曲线得到更加精确的频率估计，结合不同条件下振动状态，得到不同频谱特性曲线图。

第九章　变形监测工程实例

掌握变形监测工程方案的设计和具体实施过程，对一个从事变形监测工作者来说是非常必要的。本章结合工程建筑物的沉降监测、基坑工程监测和桥梁监测等监测实例，从方案设计、监测报告和总结等方面进行详细介绍。

§9-1　玉森新城1＃楼沉降监测方案

一、工程概况

烟台开发区玉森房屋综合开发有限公司玉森新城1＃楼位于烟台市福山高新区。同三高速路以南，福海路以西，由烟台开发区玉森房屋综合开发有限公司建设。范围为一栋公寓楼。主楼高为103.4m左右，地下一层，地上30层。采用桩基基础，框架结构。为了监测建筑物在施工期间及使用初期基础沉降变化情况，给甲方、监理、设计及施工单位及时提供准确可靠的测量数据，确保施工顺利进行，特编写本沉降观测设计方案。

二、编写依据

(1)《建筑变形测量规程》JGJ/T8—97；

(2)《国家一、二等水准测量规范》GB12897—2006；

(3)《工程测量规范》GB50026—93；

(4)《沉降观测说明》烟台建筑设计院。

三、高程监测网的布设与施测

高程监测网按二级变形测量精度布设，基准点布设4个，组成一闭合路线。基准点布设在变形区域外坚实稳固的地方，使用钢桩标志采用深埋方法。监测网使用日本产AT-G2＋测微器自动安平水准仪，配因瓦水准尺观测。水准仪性能指标为：望远镜放大倍数为32倍；自动安平精度为±0.3″；估读值为0.01mm。每公里往返测高差中误差≤＋0.4mm，观测前应对测量仪器进行全面检验，均符合相应规范技术要求。高程监测网首期观测两次，按二级变形测量精度限差要求观测，在计算机上进行平差计算，取各基准点的平均值作为沉降观测的起算高程，环线闭合差及往返较差需满足：$\Delta h < 1.0\sqrt{n}$mm（n为测站数）。在以后的沉降观测过程中定期对基准点进行检测，以验证各基准点的稳定性，检测已测高差之差≤$1.5\sqrt{n}$mm。

四、工作基点的布设与施测

工作基点布设1个，在建筑场地附近既便于工作又不易破坏的位置，使用钢桩标志采用深埋方法。观测方法和技术要求与基准点相同，应定期与基准点联测，进行检查。检测已测高差

之差 $\leqslant \pm 1.5\sqrt{n}$ mm，n 为测站数。

五、沉降监测点的布设与施测

根据《规范》要求，沉降监测点布设在建筑物的拐角处、沉降缝两侧及重要的承重部位，沉降监测点根据甲方提供的由建筑设计院布设的点位在现场实地布设。点位高度应在室外坪以上 0.25m 处，点位正上方 2.5m 范围内不应有突出物，以便于立尺观测。标志在墙上打孔，并将标志连接在建筑物的主体上，观测时采用可旋进旋出式外部顶端为球面的钢棒膨胀标志，不用时用丝堵保护，确保沉降观测精度。首次观测方法及技术要求与基准点相同，首次观测 2 次，取各点平均值作为沉降观测点首期观测成果。

六、观测方案

该工程采用任意高程基准。根据设计院的沉降观测说明。甲方要求随着建筑工程的进展，公寓楼每增高 2 层观测 1 次。公寓楼在主体封顶后第 1 年每季度观测 1 次，共计 4 次，直至下降稳定为止，共计 19 次。

七、施工组织设计

公司指派项目经理 1 人，水准组 1 组 4 人、司机 1 人，共计 6 人。其中工程师 1 人、助理工程师 2 人。

为提高观测精度和速度，尽可能消除各种误差的影响，采用五固定的方法，既固定作业人员、固定仪器设备、固定设置镜站、采用相同的图形和观测方法。在工作过程中，若发现异常沉降，并经重新观测，在成果可靠的情况下，及时向甲方和有关部门反映，采取必要措施。

八、质量保证体系

实行项目管理，建立以项目经理为负责人的质量保证体系，设立质量管理小组，负责整个工程的质量工作。严格工序管理，每道工序都进行 100% 检查，检查合格后，方可进行下一道工序。做到当天的内业，当天完成，发现问题及时解决。切实保证工程质量及工程进度。在整个作业过程中，所做成果、成图均经过 200% 检查，即组检、院检。实行三级检查制度，即组检、部检、院检，其中院检由院总工办组织专职人员负责，检查工作随工作进展随时进行，100% 图幅进行外业巡视和内业检查。严格执行《变形测量规程》、《水准规范》等有关要求。

九、提交资料

自第二次观测起，每次观测后提交中间技术成果，工程结束后，一个月内提交技术总结。每次观测整理后的沉降成果一式二份，在下次观测前提交给甲方和有关部门，提交资料内容包括：

(1) 变形观测点平面示意图；

(2) 沉降观测点的沉降量、累积沉降量成果表；

(3) 观测点沉降变化曲线图；

(4) 技术报告。

§9-2 紫郡城楼盘一期 2# 楼沉降监测中期报告

一、目的与任务

为了能确切反映建筑物在施工期间及使用初期基础沉降变化情况，给甲方、监理、设计及施工单位及时提供准确可靠的测量数据，确保施工顺利进行，受山东桦林建设集团有限公司的委托，我公司承担了紫郡城一期工程的沉降观测任务。自 2007 年 10 月 25 日开始观测，2# 楼已经封顶，现将工作进展情况作以总结。

二、工程概况

烟台桦林紫郡城项目位于烟台市芝罘区，南至红旗路北至宁海路东至迎祥路，由山东桦林建设集团有限公司建设。由 17 栋小高层住宅和地下车库组成其中 1# ～8# 楼及其附属地下车库为本次设计的一期工程，其中 1# 楼设计为 11 层，地下一层，长度约为 34.70m；5# 楼设计为 11 层，地下 2 层，长度约为 33.8m(独立)；6# 楼设计为 13 层，地下 2 层，长度约为 39.6m(独立)；2# 楼设计为 11 层，地下 1 层长度约为 34.70m，(CFG 桩＋独立)；3# 楼设计为 11 层，长度约为 34.70m(独立)；4# 楼设计为 11 层，长度约为 34.70m；7# 楼设计为 11 层，地下 2 层，长度约为 33.8m。采用 CFG 桩进行地基处理，筏板基础，框架剪力墙结构。为了监测建筑物在施工期间及使用初期基础沉降变化情况，给甲方、监理、设计及施工单位及时提供准确可靠的测量数据，确保施工顺利进行，特编写本沉降观测设计方案。

三、作业依据

(1)《建筑变形测量规程》(JGT/T8－97)

(2)《国家一、二等水准测量规范》(GB12897－2006)

(3) 本工程《技术设计书》

四、高程监测网的布设与施测

高程监测网按《建筑物变形测量规程》二级变形测量精度进行，在测区布设 3 个基准点，组成闭合路线。基准点布设在变形区域外坚实稳固的地方，使用钢桩标志采用深埋方法。监测网使用日本产 AT－G2＋测微器自动安平水准仪配铟瓦水准尺观测。水准仪性能指标为：望远镜放大倍数为 32 倍；自动安平精度为 ±0.3"；估读值为 0.01mm。每公里往返测高差中误差 ≤＋0.4mm。观测前应对测量仪器进行全面检验，均符合相应规范技术要求。基准点监测网观测 2 次，在计算机上进行平差计算，取各基准点的平均值作为沉降点观测的起算数据，环线闭合差及往返较差应满足 $\Delta h < \pm 1.0\sqrt{n}$ mm（n 为测站数）。在以后的沉降观测过程中要定期对基准点进行检测以验证各基准点的稳定性。检测已测高差之差 $\leqslant 1.5\sqrt{n}$mm，n 为测站数。

五、基准点、工作基点和沉降监测点的布设

(1) 根据现场情况，在建筑物附近道路上布设 3 个基准点 BM1，BM2，BM3，在建筑物主体附近布设 1 个工作基点，基准点使用螺栓标志，采用浅埋方法设置，高程采用任意高程基准。

(2) 沉降观测点的布设根据建筑物的结构特点，在建筑物外侧主要承重柱及基础能反映建筑物地基变形的位置布设了6个沉降监测点，沉降监测点采用隐蔽式可旋螺栓观测标志，各沉降观测点编号用“$X-x$” 表示。

六、基准点、工作基点和沉降监测点的观测

观测使用日本产 AT-G2＋测微器自动安平水准仪，配铟瓦水准尺，按《建筑变形测量规程》二级沉降观测的要求进行，观测方法执行《国家一、二等水准测量规范》有关要求。首先对基准点、工作基点进行连续两次观测，在计算机上进行平差计算，取两次高程平均值作为沉降观测的起算数据。每期观测均采用相同的观测路线和观测方法，固定仪器、人员、镜位的原则。环线闭合差及往返较差均$<\pm 1.0\sqrt{n}$mm(n为测站数)，定期对基准点、工作基点联测检查，检测已测高差之差均小于$<\pm 1.5\sqrt{n}$mm(n为测站数)。

对沉降观测点采用往返测的方法进行观测，数据经计算机平差，前后期成果进行比较。每次观测至少联测两个以上工作基点进行检核，保证资料的准确性、可靠性，求出各沉降观测点高程。

七、资料分析

(一) 基准点检测

2007年12月22日，对各基准点进行了检测，计算得到每测站高差中数中误差

$$M_{\Delta}=\pm\sqrt{[\Delta\Delta]/n/4N}=0.16\text{mm}$$

式中，M_{Δ} 每站高差中数中误差，N 测站数，Δ 往返高差较差，n 各测段的平均测站数，达到了二级变形测量的精度要求($M_{\Delta}\leqslant 0.5$mm)。

(二) 沉降点观测

2007年10月22日开始对沉降点进行观测，已观测7期，此时建筑物已经封顶。每测站高差中数中误差小于0.5mm，符合精度要求。各期观测计算资料准确、可靠，可提供甲方及有关单位，成果及精度见表9-1和表9-2。

表 9-1　基准点、工作基点成果表

点名	高程 /m	备注
BM1	100.000 00	
BM2	100.441 18	任意高程基准
BM3	100.874 60	

表 9-2　基准点检测精度一览表

日期	期数	起讫点	最大较差 /mm	限差 /mm
2007.10.25	1	BM1－BM2－BM3	－0.20	±3.35
2007.11.04	2	BM1－BM2－BM3	－0.18	±3.35
2007.11.14	3	BM1－BM2－BM3	－0.18	±3.35
2007.11.27	4	BM1－BM2－BM3	－0.19	±3.35

2007.12.07	5	BM1－BM2－BM3	－0.17	±3.35
2007.12.15	6	BM1－BM2－BM3	－0.18	±3.35
2007.12.22	7	BM1－BM2－BM3	－0.16	±3.35

§9-3 广泉小区沉降监测

一、工程概况

本工程位于北京朝阳区广渠门外、马圈长途汽车站以东约100m，北依广渠门外大街，西临广和里中路，东临垂杨柳中街。实施沉降监测的建筑物为3栋高层建筑物，建筑物地上为25～28层，地下2层。监测时间自2005年11月17日至2006年12月20日，共计400天。

二、沉降监测技术依据

(1) 国标.GB5002.工程测量规范。

(2) 行业.JGJ/T-1997.建筑变形测量规程。

(3) 沉降技术方案。

(4) 甲方技术要求。

三、观测方法与技术

(一) 基准点与监测点的建立

1. 基准点的建立

依照有关规范及建筑物周边的实际情况，在建筑物周围布设了3个水准基点BM1、BM2和BM3。水准基点布设于沉降区外约50m的路上。

2. 沉降监测点的建立

根据监测目的，沉降监测点的布设位置原则为：布设于明显而又有代表性的部位；甲方及设计人员的特殊要求。按照以上要求，本次沉降监测点布设30个点。

(二) 采用的仪器设备

本工程采用蔡司Dini12电子精密水准仪一套，2m铟钢水准尺一对。

(三) 观测方法与实际精度

1. 基准点和沉降监测点观测

基准点和沉降监测点观测利用几何水准测量的方法，采用独立高程系统(相对高程)。基准点按国家一等水准要求进行观测，沉降监测点按照国家二等水准测量方法施测。一等水准满足其相邻基点高差中误差≤±0.3mm，往返较差或符合环线闭合差≤±$0.3\sqrt{n}$ mm的精度要求(n为测站数)；二等水准满足高差中误差≤±1.0mm，相邻点的高差中误差≤±0.5mm；闭合差≤±$0.6\sqrt{n}$mm(n为测站数)。

2. 观测周期

2005年11月二层封顶后进行第一、二次观测。以后对该建筑群每增加三层观测一次，具体观测时间、载荷状况见表9-3和表9-4所示。

表 9-3　11# ～ 13# 楼观测时间与荷载

观测时间	观测次数	楼层
2005.11.17	第1、2次	二层
2005.11.30	第3次	四层
2005.12.20	第4次	七层
2006.02.10	第5次	九层
2006.02.28	第6次	十二层
2006.03.31	第7次	十五层
2006.04.20	第8次	十八层
2006.05.17	第9次	二十一层
2006.06.10	第10次	结构封顶
2006.09.11	第11次	封顶3个月
2006.12.20	第12次	封顶6个月

表 9-4　14# 楼观测时间与荷载

观测时间	观测次数	楼层
2005.11.17	第1、2次	二层
2005.11.30	第3次	四层
2005.12.13	第4次	六层
2005.12.25	第5次	九层
2006.02.10	第6次	十二层
2006.03.09	第7次	十四层
2006.03.09	第8次	十八层
2006.04.27	第9次	二十一层
2006.05.17	第10次	二十三层
2006.06.10	第11次	二十六层
2006.06.25	第12次	结构封顶
2006.09.11	第13次	封顶3个月
2006.12.20	第14次	封顶6个月

四、内业计算与成果分析

(一) 内业计算

本次沉降观测使用蔡司 Dini12 电子精密水准仪，外业自动记录，内业仪器自动平差后传入计算机得出数据。

(二)成果分析

(1)对基准点及沉降观测点观测精度成果数据统计来看,观测精度符合有关技术要求;

(2)2005年度、2006年度仪器检测前后精度变化值比较稳定,可以保证沉降数据的连续使用;

(3)通过以上精度分析,观测成果符合有关规定要求,观测成果真实可靠。

五、结论

(1)自2005年11月17日至2006年12月20日的观测成果分析,该高层建筑11# ～13#楼在观测期间沉降量最大的点是10号点,沉降量为－15.30mm,最小的是3号点,沉降量为－12.99mm,差异沉降量为－2.31mm;

(2)自2005年11月17日至2006年12月20日观测成果分析,该建筑14# 楼在观测期间沉降量最大的点是22号点,沉降量为－19.49mm,最小的是27号点,沉降量为－17.45mm,差异沉降量为－2.05mm;

(3)自2006年12月20日最后的观测成果分析,该建筑的各观测点沉降量都小于等于沉降稳定限制4.0mm/百日,沉降量基本稳定。

六、附表和图

表9-5:沉降观测成果汇总表;表9-6:沉降观测成果表(11# 楼)

图9-1:沉降观测点位布置图;图9-2:沉降观测变化量曲线图(11# 楼)

表9-5 11# ～14# 楼沉降观测成果统计表

11# 楼		12# 楼		13# 楼		14# 楼	
点号	累计沉降	点号	累计沉降	点号	累计沉降	点号	累计沉降
10	－15.30	5	－13.19	1	－14.01	22	－19.49
11		6	－14.08	2	－15.01	23	－18.17
12	－14.46	7	－13.54	3	－12.99	24	－18.27
13	－14.96	8	－13.06	4	－14.96	25	－18.18
14	－15.60	9	－14.46	21		26	－18.60
15		17	－13.19	29	－14.90	27	－17.45
16	－14.31	18	－13.89	30	－14.98	28	－17.61
		19	－13.60				
		20	－14.38				
备注	1.每点平均沉降量－15.28mm;2.每日平均沉降速度－0.04mm;3.建筑物状况是结构封顶6个月;4.说明:11#,15#,21# 点被破坏,没有统计在内。						

表 9-6　11# 楼沉降观测成果

次数	第一、二次			第三次		
日期	2005.11.17			2005.11.30		
点号	高程一 /m	高程二 /m	平均高程 /m	高程 /m	沉降量 /mm	累计沉降量 /mm
10	40.002 85	40.002 84	40.002 85	40.001 82	−1.03	−1.03
11	40.008 04	40.008 05	40.008 05	40.007 16	−0.89	−0.89
12	39.932 36	39.932 33	39.932 35	39.931 34	−1.01	−1.01
13	39.951 80	39.951 75	39.951 78	39.950 94	−0.84	−0.84
14	39.529 67	39.529 61	39.529 64	39.528 72	−0.92	−0.92
15	39.538 66	39.538 63	39.538 65	39.537 92	−0.73	−0.73
16	39.924 65	39.924 63	39.924 63	39.923 81	−0.83	−0.83
备注	1. 每点平均沉降量−0.89;2. 每日平均沉降速度−0.07;3. 建筑物状况:地上四层封顶					

次数	第三次			第四次		
日期	2005.11.30			2005.12.20		
点号	高程 /m	沉降量 /mm	累计沉降量	高程 /m	沉降量 /mm	累计沉降量
10	40.001 82	−1.03	−1.03	40.000 47	−1.35	−2.38
11	40.007 16	−0.89	−0.89	40.005 57	−1.58	−2.47
12	39.931 34	−1.01	−1.01	39.930 14	−1.19	−2.20
13	39.950 94	−0.84	−0.84			−0.84
14	39.528 72	−0.92	−0.92			−0.92
15	39.537 92	−0.73	−0.73			−0.73
16	39.923 81	−0.83	−0.83	39.921 90	−1.91	−2.74
备注	1. 平均沉降量−1.51;2. 日沉降速度−0.08;3. 状况:七层封顶,13#,14# 和 15# 点被遮挡。					

次数	第四次			第五次		
日期	2005.12.20			2006.2.10		
点号	高程 /m	沉降量 /mm	累计沉降量	高程 /m	沉降量 /mm	累计沉降量
10	40.000 47	−1.35	−2.38	39.998 37	−2.10	−4.48
11	40.005 57	−1.58	−2.47			−2.47
12	39.930 14	−1.19	−2.20	39.928 29	−1.85	−4.05
13	39.950 94		−0.84	39.947 65	−3.29	−4.13
14	39.528 72		−0.92	39.525 86	−2.86	−3.78
15			−0.73			−0.73
16	39.921 90	−1.91	−2.74	39.920 52	−1.38	−4.12
备注	1. 平均沉降量−2.30;2. 日沉降速度−0.04;3. 状况:九层封顶,11# 和 15# 点被破坏。					

续表 9-6 11# 楼沉降观测成果

次数	第五次			第六次		
日期	2006.11.30			2006.2.28		
点号	高程 /m	沉降量 /mm	累计沉降量	高程 /m	沉降量 /mm	累计沉降量
10	39.998 37	－2.10	－4.48	39.996 64	－1.73	－6.21
11			－2.47			－2.47
12	39.928 29	－1.85	－4.05	39.925 78	－2.51	－6.56
13	39.947 65	－3.29	－4.13	39.944 66	－2.99	－7.12
14	39.525 86	－2.86	－3.78	39.522 25	－3.61	－7.39
15			－0.73			－0.73
16	39.920 52	－1.38	－4.12	39.918 05	－2.47	－6.59
备注	1. 平均沉降量－2.66;2. 日沉降速度－0.15;3. 状况:地上十二层封顶,11# 和 15# 点被破坏					

次数	第六次			第七次		
日期	2006.2.28			2006.3.31		
点号	高程 /m	沉降量 /mm	累计沉降量	高程 /m	沉降量 /mm	累计沉降量
10	39.996 64	－1.73	－6.21	39.994 27	－2.37	－8.58
11			－2.47			－2.47
12	39.925 78	－2.51	－6.56	39.923 94	－1.84	－8.40
13	39.944 66	－2.99	－7.12	39.942 48	－2.18	－9.30
14	39.522 25	－3.61	－7.39	39.519 89	－2.36	－9.75
15			－0.73			－0.73
16	39.918 05	－2.47	－6.59	39.916 71	－1.34	－7.93
备注	1. 平均沉降量－2.02;2. 日沉降速度－0.07;3. 状况:地上十二层封顶,11# 和 15# 点被破坏					

次数	第七次			第八次		
日期	2006.3.31			2006.4.20		
点号	高程 /m	沉降量 /mm	累计沉降量	高程 /m	沉降量 /mm	累计沉降量
10	39.994 27	－2.37	－8.58	39.992 53	－1.74	－10.32
11			－2.47			－2.47
12	39.923 94	－1.84	－8.40	39.922 86	－1.08	－9.48
13	39.942 48	－2.18	－9.30	39.940 47	－2.01	－11.31
14	39.519 89	－2.36	－9.75	39.517 95	－1.94	－11.69
15			－0.73			－0.73
16	39.916 71	－1.34	－7.93	39.914 71	－2.00	－9.93
备注	1. 平均沉降量－1.75;2. 日沉降速度－0.09;3. 状况:地上十八层封顶,11# 和 15# 点被破坏					

续表 9-6　11# 楼沉降观测成果

次数	第八次			第九次		
日期	2006.4.20			2006.5.17		
点号	高程 /m	沉降量 /mm	累计沉降量	高程 /m	沉降量 /mm	累计沉降量
10	39.992 53	−1.74	−10.32	39.991 48	−1.05	−11.37
11			−2.47			−2.47
12	39.922 86	−1.08	−9.48	39.921 87	−0.99	−10.47
13	39.940 47	−2.01	−11.31	39.939 26	−1.21	−12.52
14	39.517 95	−1.94	−11.69	39.516 87	−1.08	−12.77
15			−0.73			−0.73
16	39.914 71	−2.00	−9.93	39.913 34	−1.37	−11.30
备注	1. 平均沉降量 −1.14；2. 日沉降速度 −0.04；3. 状况：地上二十一层封顶，11# 和 15# 被破坏					

次数	第九次			第十次		
日期	2006.5.17			2006.6.10		
点号	高程 /m	沉降量 /mm	累计沉降量	高程 /m	沉降量 /mm	累计沉降量
10	39.991 48	−1.05	−11.37	39.990 75	−0.73	−12.10
11			−2.47			−2.47
12	39.921 87	−0.99	−10.47	39.921 20	−0.67	−11.14
13	39.939 26	−1.21	−12.52	39.938 80	−0.46	−12.98
14	39.516 87	−1.08	−12.77	39.516 28	−0.59	−13.36
15			−0.73			−0.73
16	39.913 34	−1.37	−11.30	39.912 86	−0.48	−11.78
备注	1. 平均沉降量 −0.59；2. 日沉降速度 −0.02；3. 状况：结构封顶，11# 和 15# 点被破坏					

次数	第十次			第十一次		
日期	2006.6.10			2006.9.11		
点号	高程 /m	沉降量 /mm	累计沉降量	高程 /m	沉降量 /mm	累计沉降量
10	39.990 75	−0.73	−12.10	39.988 96	−1.79	−13.89
11			−2.47			−2.47
12	39.921 20	−0.67	−11.14	39.919 36	−1.84	−12.98
13	39.938 80	−0.46	−12.98	39.937 59	−1.21	−14.19
14	39.516 28	−0.59	−13.36	39.514 95	−1.33	−14.69
15			−0.73			−0.73
16	39.912 86	−0.48	−11.78	39.911 39	−1.47	−13.25
备注	1. 平均沉降量 −1.53；2. 日沉降速度 −0.02；3. 状况：结构封顶三个月，11# 和 15# 点被破坏					

续表 9-6　11# 楼沉降观测成果

次数	第十一次			第十二次		
日期	2006. 9. 11			2006. 12. 20		
点号	高程 /m	沉降量 /mm	累计沉降量	高程 /m	沉降量 /mm	累计沉降量
10	39.988 96	−1.79	−13.89	39.987 54	−1.42	−15.31
11			−2.47			−2.47
12	39.919 36	−1.84	−12.98	39.917 89	−1.47	−14.45
13	39.937 59	−1.21	−14.19	39.936 82	−0.77	−14.96
14	39.514 95	−1.33	−14.69	39.514 04	−0.91	−15.60
15			−0.73			−0.73
16	39.911 39	−1.47	−13.25	39.910 33	−1.06	−14.31
备注	1. 平均沉降量 −1.13；2. 日沉降速度 −0.01；3. 状况：结构封顶六个月，11＃ 和 15＃ 被破坏					

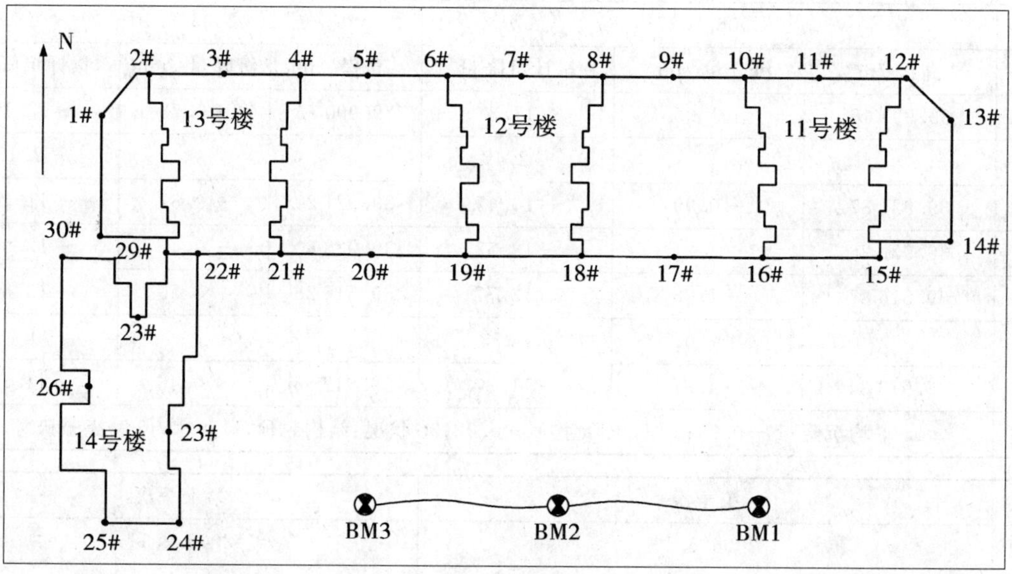

图 9-1　沉降观测点位布置图

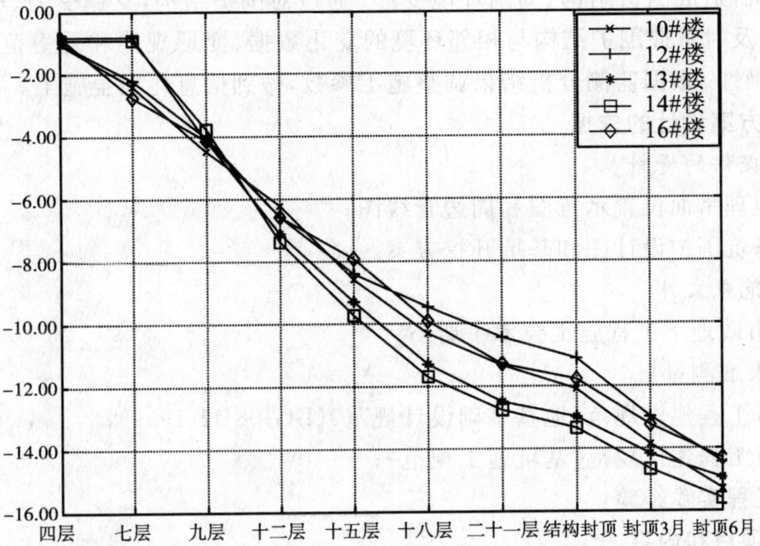

图 9-2　楼沉降量曲线

§9-4　香格里拉大酒店扩建工程基坑围护施工监测方案

一、概况

(一) 工程概况

浦东香格里拉大酒店扩建工程位于浦东新区银城西路、富都路之间的X1—4地块，由香格里拉酒店有限公司投资建设，香港建设（控股）有限公司总承包。围护采用水泥土搅拌桩（防水），钻孔灌注桩（挡土）相结合的围护体系，钻孔灌注桩桩径为 Φ800mm、Φ850mm 两种，设计桩长为18.30m、20.80m和22.30m。基坑开挖深度为8.70m到14.7m，支撑采用二道钢筋混凝土支撑。

(二) 水文及工程地质

参见本工程地质勘察报告。

(三) 周围环境

1. 地下管线

位于基坑东侧的银城西路下由近及远依次有上水 DN300、煤气 DN100、电话 36XD100、雨水 DN800、污水 DN800、煤气 DN200 等地下管线；基坑的西侧管线作废；南侧紧贴围护新做一根 DN300 上水；北侧由近及远依次有上水 DN300、雨水 DN800、污水 DN450 地下管线。

2. 建筑物

基坑西侧距离约8.0m是香格里拉大酒店（一期）；北侧距离约10.0m是正大广场，为重点监测对象；基坑南侧为在建震旦大厦，距离较远，不予监测。

二、监测方案

(一) 监测目的

基坑内土体的挖出，及坑内降水等施工因素造成坑外土压力、水压力向基坑水平移动，带动周围土体下沉，造成围护结构、周围环境变形。通过对围护结构，支撑受力、坑外水位和周围环境等的监测，及时掌握围护结构与相邻环境的变化数据、变形规律和受力范围，修正开挖方案并验证其正确性。根据监测分析结果调整施工参数，做到信息化安全施工。

（二）监测方案设计的依据

1. 委托方提供的资料

(1) 工程地理平面位置示意图和周边管线图；

(2) 提供基坑围护设计图和基坑开挖方案。

2. 监测规范或文件

(1)《软土市政地下工程施工技术手册》；

(2)《工程水准测量》；

(3) 上海市工程建设规范《地基基础设计规范》(DGJ08-11-1999)；

(4) 上海市工程建设规范《基坑施工规范》；

(5) 同类工程实践经验。

（三）监测项目和内容

本次监测可分为周边环境监测和基坑围攻护监测，根据委托方提供的施工监测项目和内容，投入的监测项目如下。

1. 围护墙体测斜

主要了解随基坑开挖深度的增加，墙体在不同深度的水平位移变化情况。

2. 围护墙顶水平、垂直位移监测

主要掌握基坑开挖期间、墙顶水平位移及垂直位移的变化情况。

3. 支撑轴力测试

掌握支撑受力变化情况。

4. 基坑外地下水位测试

掌握基坑止水帷幕的止水效果。

5. 建筑物垂直位移监测

掌握基坑周围主要建筑物沉降随基坑开挖深度的增加而变化的情况。

6. 地下管线监测

掌握工程施工过程中，地下管线水平和垂直位移变化情况。

7. 支撑立柱垂直位移

了解支撑立柱的垂直位移。

（四）监测点(孔)布置

1. 墙体测斜孔

基坑围护共布设 4 只，地下通道布设 1 只，测斜孔埋设深度与围护钻孔灌注桩体同深，编号为(CX01-CX05)。

2. 支撑轴力

在基坑第一、第二道支撑上安装钢筋应力计，共安装 5 组；每组安装 2 只钢筋应力计，整个工程共计安装 10 只钢筋应力计，编号为 ZL01(1-4)、ZL02(1-6)。

3. 围护墙顶位移测点

包含与测斜孔同点位监测点，合计布设 21 只监测点，编号为(G01-G21)。

4. 坑外地下水位监测孔

沿基坑围护外侧均匀布置4只水位观测孔，埋设深度为11m，编号为(SW01-SW04)。

5. 房屋监测点

基坑两侧邻近建筑物布设监测点30只，编号为(F01-F30)，并对建筑物加以裂缝观测。

6. 管线监测点

因各管线间的距离较近，经综合比较，选择上水、煤气管线每隔15m布设一监测点，雨污水管线每隔20m布设一监测点，相邻管线监测点交错布设，共布设20只。

7. 支撑立柱垂直位移

共布设13只测点，编号为(H01-H13)。

以上监测点布设为方案设计，现场布设时，依据施工现场的实际情况具体调整。

(五) 监测点(孔) 埋设

1. 围护墙体测斜

将PVC测斜管逐节绑扎在桩体钢筋骨架上，管间用套管衔接，接头用自贡螺丝拧紧，并用防水胶带密封。管壁内有二组互为90°的导向槽，使其中一组导槽与围护墙水平延伸方向基本垂直，并在管内注满清水，防止其上浮，测斜管管底及管顶用布料堵塞，盖好管盖。

2. 围护墙顶水平、垂直位移监测点

在围梁浇砼时，将划"+"字的钢筋插入砼中，并固定。

3. 水位观测孔

用30型钻机在设计孔位钻至设计深度，钻孔清孔后放入PVC水位管，水位管底部使用透水管，并在其外侧用滤网扎牢，在透水管的深度范围内，用黄沙回填，保持良好的透水性，其他段用回填土填实，孔口加盖保护。

4. 房屋监测点

用射钉枪将8cm射钉打入墙壁，并固定。

5. 地下管线监测点

尽可能采用直接点(在设定位置开挖样硐，用抱箍束紧管道，并引至路面，用水泥固结)或利用地下管线地面标志作为监测点；条件不具备的，采用间接监测点。

6. 支撑轴力

将钢筋计的配件圆钢平头一端与同直径的半米长的钢筋碰焊，螺丝口一端与钢筋计螺母拧紧，联成一体，钢筋应力计埋设在支撑截面的四个角上，将碰焊好的钢筋计电焊在支撑的钢筋上，电焊长度大于10倍钢筋直径，电焊要平整、充实。将钢筋计的导线引至集线箱并编号。

7. 立柱沉降

在支撑浇砼时，将划"+"字的钢筋插入砼中，并固定。

(六) 监测方法

1. 沉降监测

采用高精度水准测量，进行闭合路线观测，采用中视法读数，沉降初始值为两次测试后的平均值。

2. 平面位移监测

采用轴线投影法或小角度法，位移初始值为2次测试后的平均值。

3. 墙体测斜

采用孔顶为假设不动点，以孔顶平面位移值作为测斜修正值的侧斜方法，测试时，探头在管底稳定数分钟（主要是消除探头与水的温差），待读数稳定后，按 0.5m 点距由下往上逐点进行读数，采取 0°、180° 双向读数。在基坑开挖前，完成测斜数据初始值标定工作，选取收敛较小的一次观测数据为该孔的初始值。

4. 水位观测

在基础施工前，在 2-3 天晴好天气用水位计连续测试水位，取其平均值为水位初始值。

5. 轴力测试

支撑的砼强度达到设计值标准时，传感器的频率测试值作为初始频率，或者当基坑支撑悬空前一天频率测试值作为初始频率。

三、仪器和设备

（一）测量系统

（1）国产 SYGDS3-Z 型自动安平水准仪以及相应铟瓦标尺，读数精度为 0.01mm；

（2）国产 T2 经纬仪，测角为 2″ 级；

（3）瑞士莱卡 TCA1800 全站仪，测角精度 1″，测距精度 2mm。

（二）量测系统

（1）SINCO 测斜仪，美国生产，其读数分辨率可达 0.02mm，接收仪为该公司的 Data Mate，它可以记录、存储 A，B 二向测斜数据，并可与电脑连接，利用配套的 DMM 软件进行数据处理，打印变形曲线；

（2）SWZ90 钢尺水位仪，测试水位变化；

（3）ZXY-1 型钢弦式频率接收仪；

（4）数据处理系统，TCL 电脑及相应的电算处理软件。

四、施工安排、组织与成果

（一）施工安排

监测时间初步计划见表 9-7。

表 9-7 监测计划

序号	工 序	监测项目	工作量	完成工作量（台班）	时间（日历天）	累计时间（日历天）
1	基坑加固、降水	A，C	10	30	30	
2	安放第一道支撑	A，B，C，D，E，F	10	20	15	45
3	安放第二道支撑		20	40	20	65
4	浇底板		25	65	20	85
5	结构至 ±0.00m		15	80	65	150

注：A、地下管线及周围建筑物变形（含裂缝）观测；B、围护顶平面位移及沉降；C、地下水位监测；D、围护墙体变形；E、支撑轴力；F、支撑立柱沉降；G、上表为初步计划，具体实施按照实际工期调整。

(二) 组织机构

(1) 施工组织是决定本次监测质量的关键,为此特成立“中国地质工程公司上海公司浦东香格里拉大酒店扩建工程监测项目经理部”,确保工程顺利展开,主要工作人员如下。

项目经理:XXX(高级工程师)

技术负责:XXX(工程师)

测试负责:XXX(工程师)

测量负责:XXX(工程师)

内业:XXX(工程师)

(2) 基坑开挖要特别注意安全,工作人员进工地穿标志服、戴安全帽。同时,请施工单位采用一些安全措施。

(3) 加强内部管理,实行项目管理制度,内部实行岗位责任制,监测人员按岗位职责范围和义务进行监测工作;

(4) 我公司已通过 ISO－9002 质量认证,对该项目的监测按 ISO－2000 管理程序执行。

(三) 质量保证措施

1. 质量过程控制

项目合同评审、监测过程控制、监测仪器控制、质量记录控制、质量考核奖惩、质量和技术业务培训等方面给予保证。

2. 质量保证措施

(1) 钢筋应力计等传感器在埋设安装之前进行重复标定,水准仪、经纬仪、全站仪、测斜仪测量精度满足本工程监测要求,均在上海市法定计量单位进行检验、标定,并取得合格证,监测工作中定期对仪器进行认真自检;

(2) 施工前对周围建筑物和有关设施的现状,裂缝开展情况等进行调查,详细记录并拍照作为施工前档案资料;

(3) 基准点在施工前根据施工现场埋设(不少于 2 个),并设在施工影响范围外,监测期间定期联测以检验其稳定性,在整个施工期内,采取有效的保护措施,确保基准点正常使用;

(4) 监测点(孔) 在施工前观测,初始观测两次;

(5) 在监测测试工作中,固定观测人员和仪器,采用相同的观测方法和观测路线,在基本相同的情况下施测;

(6) 本工程监测人员必须具有监测的专业知识,丰富的监测经验,实行有证上岗,并定期进行培训与考核,实行奖惩制度;

(7) 监测数据认真整理,仔细校核,及时提交当次监测报表,并实行签名制,责任到人,每月提供阶段性报告,在报表和报告中,结合施工工况,天气情况、周围环境变化原因及变化趋势;

(8) 当监测值达到报警指标时,应及时签发报警通知,当达到报警指标或观测值变化速率加快或出现危险征兆时,加密观测次数;

(9) 选派专职人员,加强与施工单位的沟通,强化对各监测点(孔) 的保护,尽可能保全每只测点,确保监测数据的普遍性和连续性。

(四) 关系协调与文明安全

(1) 配合现场专职安全员,服从管理,工人进场前,由安全员进行教育,定期召开安全工作会议，定期开展现场安全工作活动；

(2) 认真执行安全生产的各项规定；各工种、各班组设立兼如职安全员；

(3) 坚持执行施工前的安全技术交底，认真做好安全生产日记；

(4) 吊重体下严禁行人停留和通过；

(5) 吊运操作时有专人指挥；

(6) 现场配备各种消防器材，电器控制系统必须有防雨设施；

(7) 尊重业主、总报、设计和监理，精心测试；

(8) 接受质量、安全、市容、卫生、交通等社会部门的监督管理，遵守市容交通及环境卫生条例；

(9) 主动协调好相关部门的关系，积极工作，加强联系和沟通；

(10) 认真执行标准化管理，从项目经理到各级管理人员，将工地文明建议列为重要的工作内容，遵守市、区、街道有关制度。

(五) 监测精度及频率

1. 监测精度

本工程监测按国家二等水准观测要求施工，采用闭合路线或往返观测，平面位移采用轴线投影法。水准每站观测高差中误差 m_0 为 ±0.5mm，水准附合路线的限差 f_ω 为 $1.0\sqrt{n}$ mm(n 为测站数)，最弱点观测高程中误差 $m_{弱}$ 为 ±1.4mm，平面位移最弱点观测中误差 $m_{弱}$ 为 ±2.1mm。

2. 监测频率见表 9-8

表 9-8 监测频率

施工情况	监测频率
施工前	测 2～3 次初始值
地基加固与降水	1 次 /3 天
开挖至第一道支撑	1 次 /1 天
开挖至第二道支撑	1 次 /1 天
开挖至浇垫层	1～2 次 /1 天
浇好垫层至浇好底板	1～2 次 /1 天
浇好底板后 7 天内	1 次 /1 天
浇好底板后 7～30 天内	1 次 /2 天
浇好底板 30～180 天内	1 次 /7 天

当监测点(孔) 当日变形量、变形速率或累计变形量达到警戒值时，应增大监测频率。

(六) 警戒值

监测警戒值由设计和市政管线单位提出，经业主和监理认可后由我公司执行。根据上海市工程建设规范《基坑施工规范》和《软土市政地下工程施工技术手册》(上海市市政工程管理局编)，拟定监测建议警戒值如下。

1. 围护墙测斜

以 0.2%H(开挖深度) 计算，最大平面位移累变量达到 50mm，速率变化 2mm/d，且连续出现 3 天。

2. 围护墙顶垂直、平面位移

位移累变量达到 30mm，速率变化 2mm/d，且连续出现 3 天。

3. 地下水位测试

水位累计下降 1000mm，速率变化 500mm/d；

4. 地下管线平面、垂直位移

累变量达到 10mm，速率变化 3mm/d；

5. 支撑轴力

以测试值达到设计值的 100% 计算。

6. 建筑物及立柱沉降

累变量达到 30mm，速率变化为 5mm/d，差异沉降大于 1/800。

(七) 拟提交成果

(1) 建立日报制度，汇报当天监测的本次变化量、累计变化量以及需要注意的问题，及时通过远程监控系统报送数据、提交报表；

(2) 建立月报制度，每月总结本月监测情况；

(3) 当监测(孔) 达到报警值时，立即报警；

(4) 对监测数据进行计算机数据处理，计算日变量和月变量，并绘制必要的变形曲线图和工程进展图；

(5) 监测工作结束，提交《浦东香格里拉大酒店扩建工程基坑信息化施工监测成果报告》。

§9-5　天津国际航运大厦施工监测实施技术方案

一、施工监测内容

(1) 自基坑开挖时起至主体出 ±0.000，基坑围护结构(地连墙及灌注桩) 的水平位移变形监测。

(2) 自基坑开挖时起至主体出 ±0.000，基坑周围原有建筑物的沉降和倾斜监测。

(3) 自主体出 ±0.000 起至主体竣工后的一段时期，主体的沉降倾斜监测。

(4) 自主体出 ±0.000 起至主体封顶，电梯井垂直度的监测。

二、精度设计

无论水平位移变形，还是沉降、倾斜(或垂直度)，其监测的精度等级均为一等。根据建设部技术监督局联合发布的《工程测量规范》的规定，对于一等水平位移监测，位移点的点位中误差不超过 ±1.5mm；对于一等沉降监测，沉降点高程中误差不超过 ±0.3mm；对于一等倾斜监测，测斜相对误差不超过 1：20000。

三、监测方法

(一) 基坑围护结构的水平位移变形监测

以轴线法(亦称视准线法) 为主，并以小角度法作检核。

轴线法是沿基坑环梁设置位移点，在基坑边的延长线上并离开位移区域建立两个基准点，两基准点的连线即为轴线。将经纬仪安置在基准点上，监测位移点与轴线的水平偏距，通过两次观测所得偏距的比较可得位移点的水平位移量。

小角度法与轴线法类似，而是通过测量基准点与位移点的水平距离和距离方向线与轴线所夹的水平小角度，然后计算而得。

（二）基坑周围原有建筑物的沉降监测和主体沉降监测

采用国家一等精密水准测量的方法：首先在沉降区域外建立若干个（一般不少于3个）基准点和一些工作基点（工作基点的个数视沉降区域的大小及施工现场的实际条件而定）。在沉降区域内（一般在周围原有建筑物的墙体上和主体的首层柱墙上）布设沉降点，然后通过精密水准将基准点的绝对高程（以大地水准面起算）传递到工作基点上，进而传递到沉降点上，比较沉降点两次所测得的绝对高程即知沉降点的沉降量。

（三）基坑周围原有建筑物的倾斜监测和主体的倾斜监测

采用经纬仪视准面法。视准面法是面对建筑物设置两条相互垂直的水平基线，分别过两条基线将经纬安置在离建筑物一定距离的地方。当整平经纬仪后，则经纬仪的视准面即为一竖直面，借助于这一竖直的视准面将建筑物竖直边线上各不同高度的点投影到建筑物底部，从而可算得建筑物的倾斜度。

（四）电梯井垂直度的监测

采用激光准直法。激光准直法是在电梯井内安置激光铅直仪，借助铅直的激光束可测得电梯井筒竖直边线上各不同高度点的水平位置，从面可算得电梯井的垂直度。

四、仪器设备

（一）经纬仪

德国 ZEISS 厂制造的 Thoe 010 精密光学经纬仪，其望远镜放大倍率为 28 倍，望远镜物镜有效孔径为 40mm，一测回水平方向中误差为 ±1″。

（二）水准仪

德国 ZEISS 厂制造的 NI007 自动安平精密水准仪，其望远镜放大倍率为 40 倍，望远镜有效孔径为 50mm，测量中误差为 ±0.7mm/km。与之配套的水准尺为 INVAR 合金带精密水准尺，其膨胀系数为 $\alpha = 0.5\times10-6$/℃。

（三）激光铅直仪

瑞士 WILD 厂制造的 ZNL 激光铅直仪，其垂准误差为 ±1″。

五、监测周期与期限

（一）基坑围护结构的水平位移变形监测

在开挖取土的高峰期，一般 1 天 1 次，若出现特殊情形（如位移量以异常速度猛增或超过设计值而仍未趋于稳定），可缩短监测周期。当水平位移趋于缓慢稳定时，可适当延长监测周期，直至稳定为止。

（二）基坑周围的原有建筑物的沉降倾斜变形监测

其监测周期与期限和基坑围护桩的基本一致。

（三）主体的沉降倾斜监测

一般情况下，每上增一层监测 1 次，主体封顶后的第一年每季度监测 1 次，第二年每半年监测 1 次，直至沉降基本稳定为止。

(四) 电梯井垂直度的监测

自首层施工起与主体沉降倾斜的监测同步，直至主体封顶后为止。

六、成果资料提交的内容及时间

提交的成果资料包括：① 基准点、监测点布设的位置图；② 监测点的变形量及累积变形量；③ 以表格、曲线图进行统计、处理、分析及由此得出的结论和意见。

一般情况下，每监测 1 次，及时提交 1 次监测资料。另外最后汇成总成果报告分 3 次提交，这 3 次的时间为：① 地下室完工后；② 主体封顶后；③ 大厦沉降稳定后。

七、注意事项

(一) 仪器的检验与校正

在监测工作进行之前，需对所用仪器作全面的检验与校正。

经纬仪需检校的项目有：① 照准部水准管轴垂直于竖轴；② 视准轴垂直于横轴；③ 横轴垂直于竖轴；④ 光学测微器的行差；⑤ 望远镜调焦透镜运动的正确性；⑥ 水平度盘的偏心差。

水准仪需检校的项目有：① 圆水准器轴平行于仪器竖轴；② 十字丝横丝垂直于竖轴；③ 视准轴平行于水平面；④ 调焦透镜运动的正确性；⑤ 光学测微器效用的正确性。

水准尺需检校的项目有：① 圆水准器安置的正确性；② 水准标尺中轴线垂直于底面；③ 水准标尺零点差；④ 米、分米分划误差；⑤ 标尺分划面弯曲差。

激光铅直仪需检校的项目有：① 圆水准器轴平行于竖轴；② 激光的稳定度；③ 激光的散射角。

(二) 基准点的检测及稳定性分析

无论是水平位移监测，还是沉降监测，其基准点的坐标(平面坐标、高程) 是变形监测的基本依据。因此，变形监测时有一个前提，即基准点必须是稳定不动的，这样，基准点与监测点的两次坐标之差即为监测点的位移量(或沉降量)。实际上基准点也有可能位移或升降，为了判定基准点稳定性，必须对基准网进行检测，一般情况下，每作 2 ～ 3 次变形监测，则需对基准网进行一次检测。

基准点稳定性分析的基本思想为：根据数据统计的原理，首先提出原假设："所有基准点都没动"。然后对两次检测的数据平差计算，并组成统计量，给出一定的置信度，通过对统计量进行检验来判断原假设是否成立，如原假设被接受，则检验过程即告结束，否则剔除可能不稳定的点再重新检验，直至原假设不再被拒绝为止，最后剩下的即为稳定的基准点。

§9-6　彩虹大桥变形监测技术方案

一、监测内容

(1) 桥墩：垂直位移、水平位移和转角位移；

(2) 桥面：垂直位移和水平位移；

(3) 拱脚：横向垂直度、转角位移、绝对沉降与相对沉降、水平位移和支座的压缩变形；

(4) 拱肋：横向水平位移和垂直位移。

二、技术依据

(1)《彩虹大桥观测方案》,由设计单位:铁道部第三勘测设计院提出;

(2)《城市测量规范》(CJJ8-85),建设部;

(3)《工程测量规范》(GB50026-93),建设部和国家技术监测局;

(4)《建筑变形测量规程》(JGJ/T8-97),建设部。

三、监测精度

如图 9-3 所示,彩虹大桥主桥为三孔跨径 168m 无推力下承式带系杆钢管混凝土拱跨结构。主桥桥面全宽 29m,采用吊杆悬挂于拱肋上,每孔分别设固定支座及活动支座(单向活动及多向活动),支承于桥墩顶面。无论从同类型下承拱桥的跨径或从采用系杆消除拱脚推力的结构形式,本桥均为国内首例。因此,按照建设部和国家技术监督局颁布的《工程测量规范》(GB50026-93) 的规定,对于"变形比较敏感的建筑"或"重要工程设施"的监测,可采用二等变形监测,即对于被测建筑上的各种变形点,当涉及其高程的测量时,如垂直位移监测等,其高程中误差不超过 ± 0.5mm;当涉及其平面位置的测量时,如水平位移监测等,其点位中误差不超过 ± 3.0mm。另外,用游标卡尺量测小尺寸时,其误差不超过 ± 0.1mm。

图 9-3　天津彩虹大桥

四、监测方法

(一) 桥墩

1. 垂直位移

桥墩的垂直位移监测可根据实际情况,采用三角高程法和精密水准法。

(1) 三角高程法

如图 9-4 所示,在每个桥墩的墩帽(帽梁) 顶面四角各埋设 1 个垂直位移观测点,其标志用短钢筋制作,凿孔后打入或埋入墩帽,观测点必须稳固可靠。然后在两岸陆地上适当的地方各设立 1 个观测墩。

图 9-4　桥墩及在观测墩上监测

如图 9-5 中的 T_1 和 J_1，此观测墩必须建立在不受地基变形影响的地方，并且从观测墩必须能同时看到较近两桥墩上各至少 1 个垂直位移点。另外，在两观测墩上各埋设 1 个用于经纬仪强制对中的装置，同时还埋设 1 个水准基点。观测时，先用电子全站仪或激光测距仪精确地测量出观测墩至两桥墩上的各 1 垂直位移点的水平距离 D，然后将 WILDT3 精密经纬仪安置到观测墩上，测量出仪器中心至垂直位移点的竖直角 α。

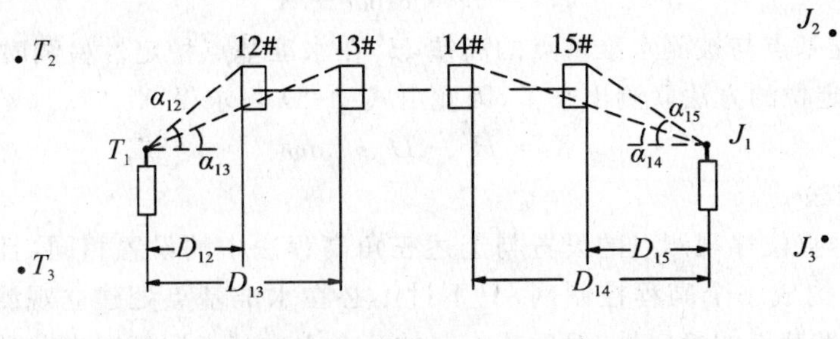

图 9-5　三角高程法监测桥墩垂直位移

若已知观测墩上的水准基点至仪器中心的高差为 X，则观测墩上水准基点与桥墩上垂直位移点的高差为

$$H = D \cdot \tan\alpha + X \tag{9-1}$$

测算出各桥墩上 1 个垂直位移点的高程后，然后根据这个点的高程用精密水准的方法测出同一桥墩上其他 3 个垂直位移点的高程，通过比较 2 次所测各垂直位移点的高程之差，即可得知这 2 次期间各点垂直位移量。这里有两个问题需要注意。

第一，两观测墩上水准基点的稳定性检测。水准基点的高程稳定不变是上述方法的前提，尽管水准基点设置时尽量确保其稳定性，但不能因此就认为它固定不动，因此必须定期检测其稳定性。具体做法为：在两岸再各布设另外两个水准基点(如图 9-5 中的 T_2，T_3，J_2，J_3)，各岸的 3 个水准基点相互连接成一个高程控制网，并定期采用精密水准的方法或 GPS 卫星定位的方法检测这两个高程控制网的稳定性，然后对这 6 个水准基点中不稳定点的高程进行修正，以确保两观测墩上的水准基点 T_1 和 J_1 的高程准确无误。

第二，式(9-1) 中的 X 如何精确地求出？若用小钢卷尺直接量测，其精度肯定不够。对此，这里有两种解决方法。

方法一：确保每次监测时 X 不变，则可不必求出 X。

第一次监测可得

$$H_1 = D_1 \cdot \tan\alpha_1 + X_1 \tag{9-2}$$

第二次监测可得

$$H_2 = D_2 \cdot \tan\alpha_2 + X_2 \tag{9-3}$$

将式(9-3) 减式(9-2)，则得两次期间桥墩的垂直位移

$$\Delta H = H_2 - H_1 = (D_2 \cdot \tan\alpha_2 + X_2) - (D_1 \cdot \tan\alpha_1 + X_1) \tag{9-4}$$

上式中，若 $X_2 = X_1 = X$(常数值)，则上式变为

$$\Delta H = H_2 - H_1 = D_2 \cdot \tan\alpha_2 - D_1 \cdot \tan\alpha_1 \tag{9-5}$$

从式(9-5) 可以看出，只要 X 在第一次监测时的值与第二次监测时的值相等，即 X 保持每次监测时都为同一固定不变的常数值，则桥墩垂直位移量的计算与 X 无关。因此，为了保证 X 不变，则每次监测时所用仪器不仅要为同一仪器，而且其安置的位置、姿态以及脚螺旋的旋转

量都应不变。

方法二：在每次观测桥墩垂直位移时，先测算出 X。用安置在观测墩上的经纬仪观测同岸另一水准基点的竖直角得 α'，并且用电子全站仪或激光测距仪精确在测出观测墩至这一水准基点的水平距离 D'，则根据式(9-1) 可写出观测墩上的水准基点与被测水准基点的高差计算式

$$H' = D' \cdot \tan\alpha' + X \tag{9-6}$$

而观测墩上的水准基点与被测水准基点的高差 H' 在水准基点稳定性检测时已用精密水准的方法或 GPS 卫星定位的方法联测出来了，因此由式(9-6) 可求得 X

$$X = H' - D' \cdot \tan\alpha' \tag{9-7}$$

(2) 精密水准法

每个桥墩上垂直位移观测点的设置与上述三角高程法中的设置相同，且两岸亦各建立 3 个水准基点，并各构成一个高程控制网，只不过不必在水准基点处建立观测墩了。每次监测时，亦首先检测水准基点的稳定性，然后从一岸的某个水准基点用精密水准联测至另一岸的某个水准基点，并且在联测过程中，每经过一桥墩处的桥面时，在桥面上设置 1 工作基点，如图 9-6 中的 G_1、G_2 和 G_3、联测完成后，通过平差计算，推算出这 4 个工作基点的高程，然后再分别将各工作基点的高程用精密水准的方法引测至桥面下的各桥墩上，从而测量出桥墩上的各垂直位移点高程，同样，通过比较两次监测所得的垂直位移点的高程之差，即可得知其在这 2 次期间的垂直位移量。

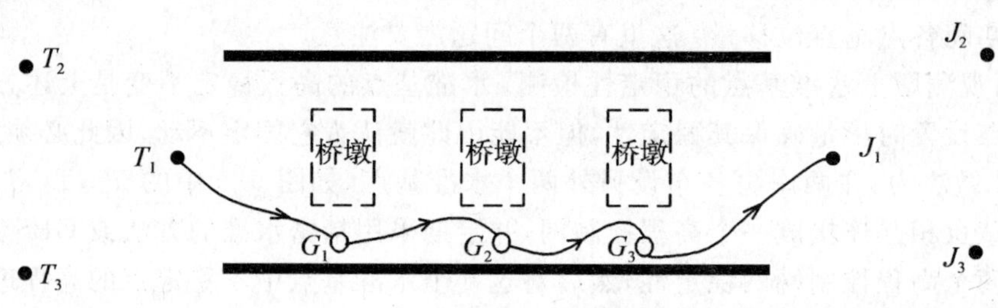

图 9-6 监测桥墩垂直位移时基准点布设

这里需要注意的是：将桥面上的工作基点的高程引测到桥墩的垂直位移点上时，因高差较大，且无合适的坡道安置水准仪和水准尺，因此，必须采用悬吊多尺的方法。如图 9-7 所示，将一经过检定后的钢尺的零端挂一重锤，从桥面悬吊到桥墩上，并在桥墩上放一盛满水的水桶，将重锤悬置于水中。测量时，首先在桥面上安置水准仪，并在工作基点 G 上立水准尺，读数为 a，且读钢尺的读数为 b；然后将水准仪搬迁至桥墩上，将水准尺立在垂直位移点 V，上，安置好水准仪后，再读钢尺读数为 c，读水准尺读数为 d。若桥面上工作基点的高程为 H_G，则桥墩上垂直位移点 V 的高程为

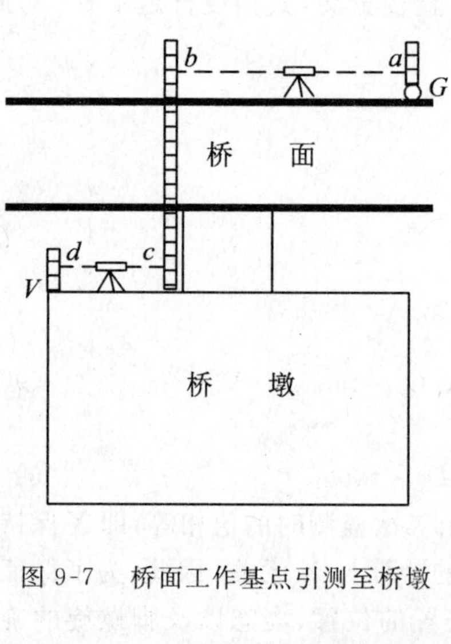

图 9-7 桥面工作基点引测至桥墩

$$H_V = H_G + a - b + c - d \tag{9-8}$$

2. 水平位移

桥墩的水平位移是指墩帽(帽梁)顶的横向水平位移和纵向水平位移。

(1) 横向水平位移

桥墩的横向水平位移可用平行线法(又称视准线法)或测小角法。

方法一:平行线法

在两岸边附近设置两个固定桩,如图 6 中的 A、B 两点,这两个固定桩的连线为 12♯ ～15♯ 桥墩纵向中线的平行线,平行线距离墩帽外沿距离(图中的 d_1,d_2,d_3,d_4)以10cm左右为宜。

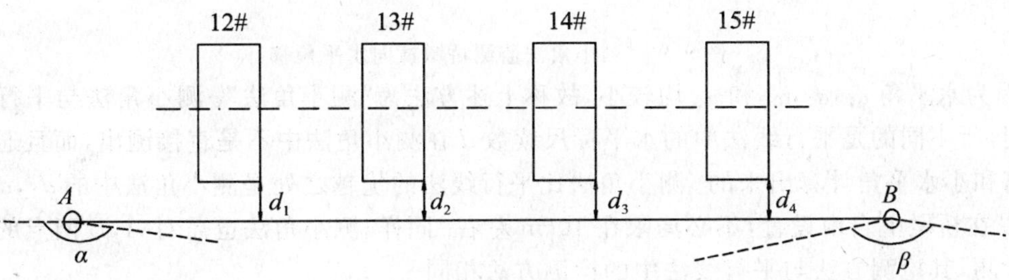

图 9-8　监测桥墩横向水平位移

观测时,用经纬仪贯通点 A,点 B,同时将水平标尺从墩帽上的观测点向外支放(注意水平标尺应平行于墩帽横向中线),通过视线在标尺上的读数即可观测墩帽的横向水平位移量。这里有两点需要注意:一是 A,B 两点的稳定性检测。若 A,B 两点本身的水平位置发生变化,则以 A,B 两点为基准测出的桥墩横向位移将不可信。因此,在观测桥墩横向位移之前,必须首先检测 A,B 两点的稳定性。但是如果 A,B 两点存在垂直位移或纵向位移,都不影响桥墩横向位移的监测,所以在检测 A、B 两点的稳定性,实际上只是需要检测 A,B 两点是否存在横向位移。检测方法时,分别在 A,B 两点安置经纬仪,沿 A,B 连线方向前后较远处各选择两个固定的自然目标(如避雷针或天线等),使之与 A,B 各构成一个接近于 180° 的角度,如图 9-8 中的 α,β,并且用电子全站仪或激光测距仪测出 A,B 两点分别至自然目标的水平距离。每次检测时,观测 α,β 角,如果 α 或 β 的角值有变化,则说明点 A 或点 B 存在横向水平位移,然后对点 A 或点 B 的位置进行修正;二是从理论上讲,在点 A 或点 B 上架设一次经纬仪,就能全部读出 4 个桥墩的标尺读数,但为了提高观测精度,减小读数误差,应分别在 A,B 两点各架设一次经纬仪。从点 A 只读 12♯ 和 13♯ 桥墩的标尺读数 d_1 和 d_2,从 B 点只读 14♯ 和 15♯ 桥墩的标尺读数 d_3 和 d_4,这样视线长度缩短一半,读数精度将提高。

方法二:测小角法

如图 9-9 所示,首先,点 A,点 B 固定桩的设置与上述"平行线法"相同,另外,在每个桥墩墩帽接近外沿处建立一个观测点,监测之前,先用电子全站仪或激光测距仪精确地测出点 A 至 12♯ 和 13♯ 桥墩观测点水平距离 L_1,L_2,以及点 B 至 14♯ 和 15♯ 桥墩观测点的水平距离 L_3,L_4,然后开始监测。监测时,分别将经纬仪安置在点 A 和点 B,测出水平角 α_1,α_2,α_3 和 α_4,由此可以用

$$d_i = L_i \cdot \tan\alpha_i \tag{9-9}$$

计算出各桥墩观测点距 AB 线的水平距离 d_1,d_2,d_3 和 d_4。

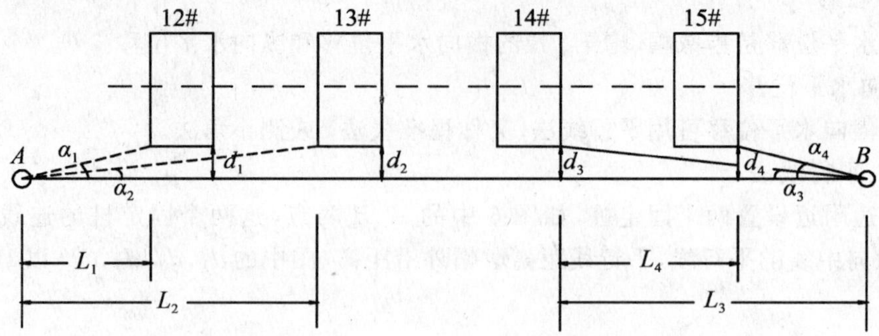

图 9-9 测小角法监测桥墩横向水平位移

因为水平角 α_1,α_2,α_3 和 α_4 均较小,故称上述方法为"测小角法"。测小角法与平行线法大致相同,所不同的是平行线法中的水平标尺读数 d 在测小角法中不是直接测出,而且通过测水平距离和小水平角计算出来的。测小角法比平行线法的优越之处是测小角法中的 d_1,d_2,d_3 和 d_4 可以在桥墩上自由设置,不必局限在 10cm 左右。同样,测小角法也需对 A,B 两点的稳定性进行检测,其检测方法与平行线法中的检测方法相同。

(2) 纵向水平位移

桥墩的纵向水平位移可用交会法或直接测距法。

方法一:交会法

交会法又分贯穿直线交会法和角度交会法两种。如图 9-10 所示,对于 12♯ ~14♯ 桥墩,首先在两岸适当地点,设置固定桩 E,F,将经纬仪架设在与 E,F 点上,分别后视固定桩 E_1,E_2,E_3,F_1,F_2,F_3,然后纵转望远镜,在桥墩顶上分别放出各观测点,与原先设置的各观测点比较,即可沿纵向量测出其纵向位移量。对于 15♯ 桥墩,因其在岸上,首先设置固定桩 C,D,且 C,D 两点的连线通过 15♯ 桥墩顶上的观测点并与桥墩横向轴线平行。每次监测时,在点 C 上安置经纬仪,后视点 D,然后纵转望远镜,在 15♯ 桥墩顶上放出观测点,与原先设置的观测点比较,即可沿纵向量测出其纵向位移量。

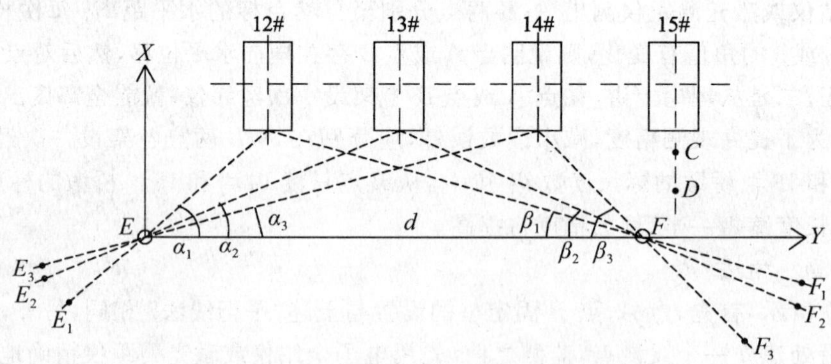

图 9-10 交会法监测桥墩纵向水平位移

以上为贯穿直线交会法,由于此法需在岸上设置较多的固定桩,如 E,E_1,E_2,E_3F,F_1,F_2 和 F_3 等,这些固定桩本身的稳定性也需检测,另外,在放各桥墩观测点时,各桥墩上必须有人,而且最好是 E,F 两点上同时架设仪器才容易实现,故此法比较麻烦。如果改用角度交会法则较方便。角度交会法只需在岸上设置相互通视的两个点 E,F(E,F 两点的连线与桥的纵向中心线大致平行)，然后在各桥墩上设置好观测点，观测时，人不用到桥墩上，只需观测水平角α_1，α_2，α_3，β_1，β_2，β_3，然后测量出E、F两点的水平距离d。

根据图中建立的平面直角坐标系$E\text{-}XY$，则可计算出各桥墩观测点的平面坐标

$$\left.\begin{aligned} X_i &= d = \cdot \frac{\sin\alpha_i \cdot \sin\beta_i}{\sin(\alpha_i + \beta_i)} \\ Y_i &= d \cdot \frac{\cos\alpha_i \cdot \sin\beta_i}{\sin(\alpha_i + \beta_i)} \end{aligned}\right\} \tag{9-9}$$

式中，X_i为各观测点的横向坐标，Y_i为各观测点的纵向坐标。因此，两次观测所得纵向坐标之差即为纵向位移量，两次观测所得横向坐标之差即为横向位移量。由此可知，上述的角度交会法既能测出桥墩的纵向水平位移，同时还能测出桥墩的横向水平位移。

方法二：直接测距法

上述的贯穿直线交会法和角度交会法都需对岸上设置的固定桩进行稳定性检测。贯穿直线交会法的特点是固定桩特别多，而角度交会法虽然比较简单，且还能同时测出桥墩观测点的纵向横向两种水平位移，但是角度交会法的交会精度受交会图形的影响很大，有时交会图形不理想，其交会精度很难满足要求。鉴于此，纵向水平位移的监测还可用直接测距法。如图9-11所示，在各桥墩上设置一观测点，然后用电子全站仪或激光测距仪直接测量观测点两两之间的水平距离d_{23}，d_{34}，d_{45}，d_{24}，d_{35}，d_{25}，通过与第一次测得的起始水平距离相比较，即可得知各桥墩之间相对的纵向水平位移量。

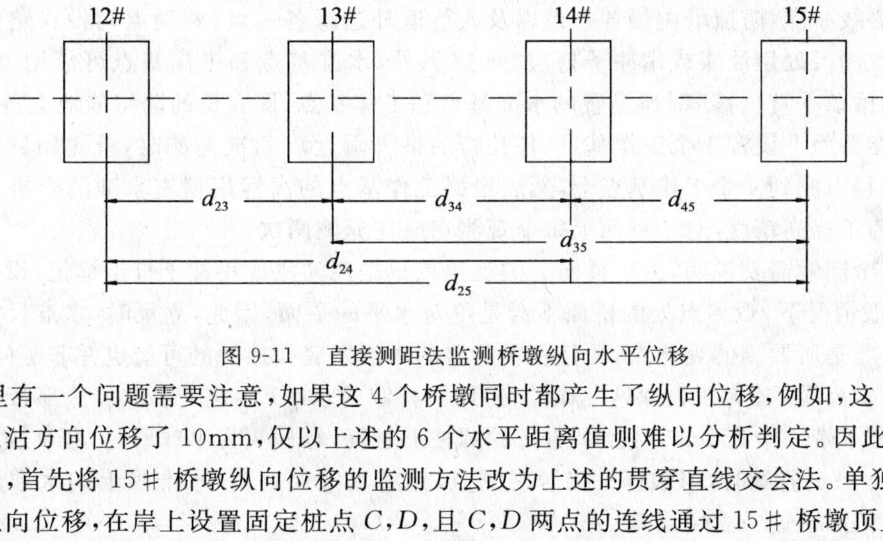

图9-11　直接测距法监测桥墩纵向水平位移

这里有一个问题需要注意，如果这4个桥墩同时都产生了纵向位移，例如，这4个桥墩都同时向汉沽方向位移了10mm，仅以上述的6个水平距离值则难以分析判定。因此，为了克服这一缺陷，首先将15＃桥墩纵向位移的监测方法改为上述的贯穿直线交会法。单独测出15＃桥墩的纵向位移，在岸上设置固定桩点C，D，且C，D两点的连线通过15＃桥墩顶上的观测点并与桥墩横向轴线平行，将经纬仪设于点C，后视点D，即可测出墩顶的纵向水平位移量，然后用电子全站仪或激光测距仪测量12＃，13＃，14＃桥墩分别与15＃桥墩的水平距离d_{25}，d_{35}，d_{45}，从而可得知12＃，13＃，14＃这3个桥墩的纵向水平位移。

3．转角位移

根据设计单位提出的监测要求，这里的转角位移仅指桥墩沿行车方向的转角位移。可采用沉降差推算法或垂线法监测转角位移。

(1) 沉降差推算法

在监测桥墩垂直位移时，已测出了桥墩顶四角设置的观测点的沉降量，根据四个观测点的

沉降量，算出沿行车方向两两观测点的沉降差 $\triangle h_1$，$\triangle h_2$，并用钢尺量出这两两观测点之间的水平距离 d_1，d_2，则得桥墩的转角位移值

$$\psi_1 = \arctan\frac{\Delta h_1}{d_1}, \quad \psi_2 = \arctan\frac{\Delta h_2}{d_2} \tag{9-10}$$

式中，ψ_1 与 ψ_2 一般应相等（若不顾及测量误差），如果不相等，则说明桥墩不仅存在转角位移，而且还存在扭曲位移。

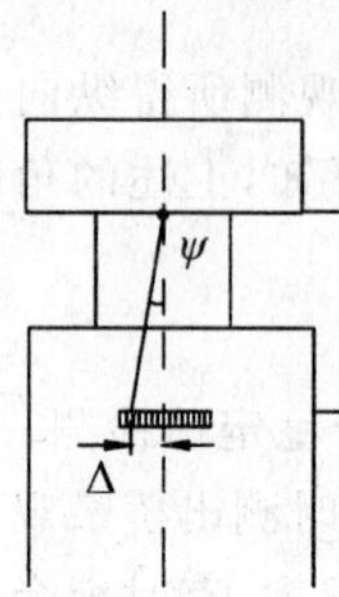

图 9-12　垂线法监测桥墩转角位

(2) 垂线法

如图 9-12 的示，首先在墩帽上、下游两端中心线上埋设垂线吊点螺栓。由于本桥主桥墩墩帽桃檐较大，故吊点也可设在桃檐底面，以便使垂线尽量靠近墩柱表面。然后在墩柱表面距吊点正下方一定距离 L 凿槽埋贴水平刻线尺，每次观测时，读取垂线在刻线尺上偏离原始读数的数值 Δ，则可算得桥墩的转角位移

$$\psi = \arctan\frac{\Delta}{L} \tag{9-11}$$

（二）桥面

1. 垂直位移

以每一孔跨作为一观测单元，将桥面沿纵向每隔 8.3m（吊杆中心处）在横向设 5 个观测点，即桥中心线一点，防撞墙内侧各一点以及人行道外边缘各一点，观测点均设在路面或人行道面上，在立测尺处用油漆或用冲子打出标记。另外，水准基点和工作基点可借用上述“精密水准法监测桥墩垂直位移”时所设置的水准基点和工作基点，即在桥的两岸陆地上各建立 3 个水准基点，在桥面上设置 4 个工作基点（各孔跨的拱脚附近）。每次监测时，首先用精密水准将水准基点高程引测到 4 个工作基点上，然后根据工作基点的高程用精密水准测出桥面各观测点的高程，为了提高精度，对于桥面上每个观测点应往返测两次。

这里有个问题需要说明，由于桥面上的观测点只是用油漆或用冲子打出标记，没有突出点作标志。一般情况下，观测点处的桥面不会是绝对水平的平面，因此，立尺时，水准尺的底面接触的可能并非是所要测的观测点，而且各次监测的水准尺底面接触的可能也并非是同一个点，这样就存在立尺误差。为了消除这一误差，可用一特制的水准尺。这一水准尺底部带一个固定的护套，护套下带一个长 5cm，直径 0.5cm 的圆柱形触杆，触杆头为半球形，护套及触杆由铜或不锈钢制成。每次监测时，用触杆头接触观测点，且将水准尺立直（水准尺上的水准盒气泡居中），这样就消除了这一立尺误差。

2. 水平位移

桥面的水平位移分横向水平位移和纵向水平位移。

(1) 横向水平位移

以每一孔跨作为一观测单元，分别取每孔两端的上、下游拱脚分中点作为 2 个基点。用经纬仪贯穿这 2 个基点得 1 条基准线，即在每孔上、下游可各设置 1 个基准线，然后沿着基准线在桥面每隔 8.3m（吊杆中心处）设置 1 位移观测点，各基点和观测点均用钢钉打入路面并用油漆做出明显标记。每次观测时，采用视准线法，测出各观测点偏离基准线的偏距，则可得知各观测点的横向水平位移量。按照设计单位提出的技术要求，分别在 2 个基点上置镜，进行 2 次

测定。

(2) 纵向水平位移

亦以每一孔跨作为一观测单元，将每孔固定端的上、下游固定拱脚中心线在拱脚内侧板上标明出来。每次观测时，将这两拱脚中心线的连线投影至桥面上，以此作为基准线，量测出基准线与伸缩缝靠跨中一侧边缘的距离，两次量测所得的距离之差，即为这两次期间桥面在此孔跨处的纵向水平位移。这里需要注意的是，为了保证每次量测同一点位，伸缩缝边缘处的观测点要用油漆作好固定的明显标记。另外，为了检核测量结果，还要同时量测出各伸缩缝本身的伸缩值。

(三) 拱脚

1. 横向垂直度

2. 转角位移

以上两项监测内容均可采用以下 3 种方法：沉降差法、经纬仪投点法和垂线法。

(1) 沉降差法

在拱脚的内、外侧板的底线两端各设 1 个沉降观测点，如图 9-13 中的 A, B, C 和 D。通过精密水准测量，测出这 4 点相互之间的沉降差 $\triangle_{AB}$, $\triangle_{CD}$, $\triangle_{AC}$ 和 $\triangle_{BD}$，并量取这四点相互之间的水平距离 L_{AB}, L_{CD}, L_{AC} 和 L_{BD}。则可算得此拱脚的横向垂直度 $\omega(\omega')$ 和转角位移 $\theta(\theta')$

$$\omega = \arctan\frac{\Delta_{AC}}{L_{AC}} \text{ 或 } \omega' = \arctan\frac{\Delta_{BD}}{L_{BD}} \tag{9-12}$$

$$\theta = \arctan\frac{\Delta_{AB}}{L_{AB}} \text{ 或 } \theta' = \arctan\frac{\Delta_{CD}}{L_{CD}} \tag{9-13}$$

(2) 经纬仪投点法

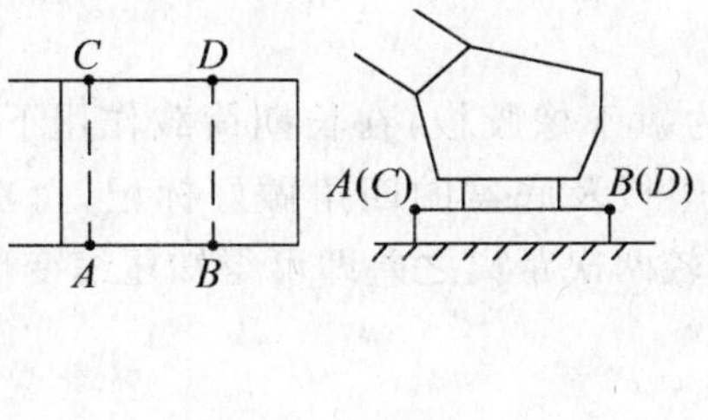

图 9-13　沉降差法的观测点设置图

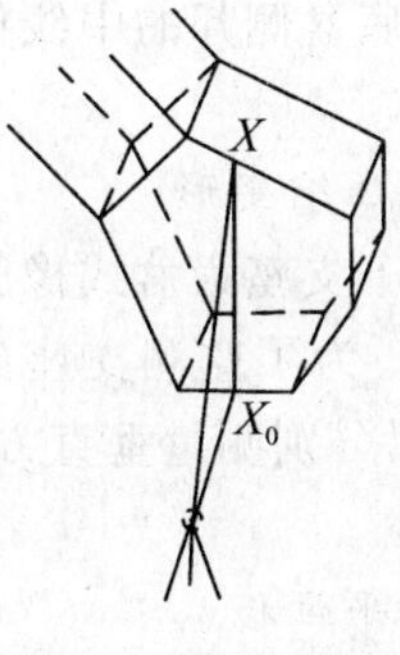

图 9-14　转角位移监测

如图 9-14 所示，取拱脚内侧板底的中点为 X_0，并作好明显标记。经纬仪架设在内侧板的上桥面的另一侧，将点 X_0 竖直投影到内侧板的上线上得点 X，并将点 X 设置固定的明显标记，同时测得 X_0 与 X 之间的高差 h_{X_0X}。每次监测时，用经纬仪将 X 竖直投影到内侧板的底线上，得到与 X_0 的水平偏距 Δ_{X_0X}，则此拱脚的转角位移

$$\theta = \arctan\frac{\Delta_{X_0X}}{h_{X_0X}} \tag{9-14}$$

同理，如图 9-15 所示，在拱脚内侧板（或外侧板）的最高点附近且垂直于板面焊一根长

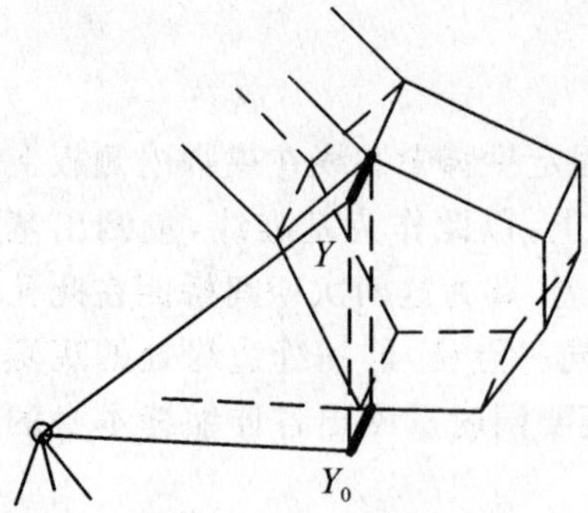

图 9-15 横向垂直度监测

5cm左右，直径1cm的钢筋棍。在钢筋棍的正下方接近于板面底线处再焊一根同样的钢筋棍，将经纬仪架设在板面底线一端的延长线上，瞄准上部钢筋棍的2.5cm附近，并做好标记Y，然后将点Y竖直投影到下部钢筋棍上得点Y_0且做好标记，同时测出点Y_0与点Y之间的高差，每次监测时，用经纬仪将点Y竖直投影到下部钢筋棍上，得到与点Y_0的水平偏距$\triangle_{Y_0Y}$，则此拱脚的横向垂直度

$$\omega = \arctan \frac{\Delta_{Y_0Y}}{\Delta h_{Y_0Y}} \tag{9-15}$$

(3) 垂线法

垂线法与上述的经纬仪投点法类似，所不同的是垂线法是用一根垂线将经纬仪投点法中的竖直投影线标明出来，显得更直观些。

3. 绝对沉降与相对沉降

拱脚绝对沉降观测点的设置与图9-13相同，即在内、外侧板的底线两端各设一个沉降观测点，结合桥面垂直位移的监测同时进行测量，从而得到拱脚的绝对沉降量。拱脚的相对沉降指的是上、下游两拱脚之间沉降的差值，其观测点仍采用图9-13中所示的观测点，监测方法既可结合桥面垂直位移的监测同时进行，也可单独联测上、下游两拱脚的高差，通过两次高差比较算出两拱脚的相对沉降。

4. 水平位移

按照设计，每跨的4个拱脚只有汉沽方向下游侧的拱脚相对于墩脚是固定不动的。其余3个拱均随气温变化而产生一定的水平位移，其中塘沽方向上游的拱脚可产生纵向及横向双向水平位移。由于拱脚下支座的上座板与底盆分别固定于拱脚底板及墩帽垫石上，故量测此二者的相对位移量即可得出拱脚的水平位移量。具体做法为：在每个拱脚支座四周立面的上座板中线与相应底盆侧邦的中线做出标记，每次监测时，用游标卡尺量测各面两中线之间的相对位移量。

5. 支座的压缩变形

主桥拱脚下支座为盆式橡胶支座，其中层承压件为氯丁橡胶板，在长期荷载作用下，可能产生压缩变形。为了监测支座的压缩变形，首先在上座板及底盆的四角做好标记，每次监测时，用游标卡尺分别测量垂直方向两者之间的距离，比较两次距离之差即可得知压缩变形值。

(四) 拱肋

1. 横向水平位移

以每一孔跨作为一观测单元，上、下游两拱肋分别进行观测。观测方法可采用平行线法(或称视准线法)。在每片拱肋的两个拱脚，靠桥中心线一侧由拱脚内侧板沿垂向各量出50cm，在桥面上设置固定桩(置镜点)，用经纬仪贯通，将观测点设在各拱肋横撑根部附近。第一次设观测点须用高空作业升降台配合，以后长期观测时，用经纬仪直接读出设在各观测点处的水平刻线尺即可。

2. 垂直位移

根据当前现场观测条件，拱肋各截面的垂直位移，若采用水准测量法，只能通过设在各吊杆上的观测点进行间接近似的观测。具体做法是，选用牢靠的扣件，将其固定于各吊杆某一高度(应超出吊杆护套上端),然后在桥面或防撞墙顶置镜,将水准尺倒置测量吊杆上各观测点(扣件)的标高,比较两次标高之差,即可得知这两次期间此吊杆处的拱肋垂直位移量。

五、监测仪器

(一) 测角仪器

(1) 瑞士 WILD T_3 精密经纬仪,其一测回测角中误差为 $\pm 1''$。

(2) 美国 Leica T1800 电子经纬仪,其一测回测角中误差为 $\pm 1''$。

(二) 测距仪器

(1) 日本 TOPCON GTS-301D 电子全站仪,其测距中误差为 $\pm 2\text{mm} + 2 \times 10^{-6} D$。

(2) 瑞士 WILD ME3000 激光测距仪,其测距中误差为 $\pm(1\text{mm} + 1 \times 10^{-6} D)$。

(三) 测高仪器

(1) 德国 ZEISS Ni007 自动安平水准仪,其测高中误差为 ±0.7mm/km。

(2) 美国 Leica NA3003 电子水准仪,其测高中误差为 ±0.4mm/ km。

(四) 定位仪器

美国 Trimble GPS 卫星定位仪,其静态定位精度为 $\pm 2\text{mm} + 1 \times 10^{-6} D$。

附录1 相关系数检验法的临界值

自由度 n	置信水平 0.05	置信水平 0.01	自由度 n	置信水平 0.05	置信水平 0.01
1	0.997	1.000	24	0.388	0.496
2	0.950	0.990	25	0.381	0.487
3	0.878	0.959	26	0.374	0.478
4	0.811	0.917	27	0.367	0.470
5	0.754	0.874	28	0.361	0.463
6	0.707	0.834	29	0.355	0.456
7	0.616	0.798	30	0.349	0.449
8	0.632	0.765	35	0.325	0.418
9	0.602	0.735	40	0.304	0.393
10	0.576	0.708	45	0.288	0.372
11	0.553	0.684	50	0.273	0.354
12	0.532	0.661	60	0.250	0.325
13	0.514	0.641	70	0.232	0.302
14	0.497	0.623	80	0.217	0.283
15	0.482	0.606	90	0.205	0.267
16	0.468	0.590	100	0.195	0.254
17	0.456	0.575	125	0.174	0.228
18	0.444	0.561	150	0.159	0.208
19	0.433	0.549	200	0.138	0.181
20	0.423	0.537	300	0.113	0.148
21	0.413	0.526	400	0.098	0.128
22	0.404	0.515	500	0.088	0.115
23	0.396	0.505	1000	0.062	0.087

附录 2　F 分布表($\alpha = 0.05$)

自由度 $n-m-1$	自变量个数 m									
	1	2	3	4	5	6	8	12	24	∞
1	161.4	199.5	215.7	224.6	230.2	234.0	238.9	243.9	249.0	254.3
2	18.51	19.00	19.16	19.25	19.30	19.30	19.37	19.41	19.45	19.50
3	10.13	9.55	9.28	9.12	9.01	8.94	8.84	8.74	8.64	8.53
4	7.71	6.94	6.59	6.39	6.26	6.16	6.04	5.91	5.77	5.63
5	6.61	5.79	5.41	5.19	5.05	4.95	4.82	4.68	4.53	4.36
6	5.99	5.14	4.76	4.53	4.39	4.28	4.15	4.0	3.84	3.67
7	5.59	4.74	4.35	4.12	3.97	3.87	3.37	3.57	3.41	3.23
8	5.32	4.46	4.07	3.84	3.69	3.58	3.44	3.28	3.12	2.93
9	5.12	4.26	3.86	3.63	3.48	3.37	3.23	3.07	2.90	2.71
10	4.96	4.10	3.71	3.48	3.33	3.22	3.07	2.91	2.75	2.54
11	4.83	3.98	3.59	3.36	3.20	3.09	2.95	2.79	2.61	2.40
12	4.75	3.88	4.49	3.26	3.11	3.00	2.85	2.69	2.50	2.30
13	4.67	3.80	3.41	3.18	3.02	2.92	2.77	2.60	2.42	2.21
14	4.60	3.74	3.34	3.11	2.96	2.85	2.70	2.53	2.35	2.13
15	4.54	3.68	3.29	3.06	2.90	2.79	2.64	2.48	2.29	2.07
16	4.49	3.63	3.24	3.01	2.85	2.74	2.59	2.42	2.24	2.01
17	4.45	3.59	3.20	2.96	2.81	2.70	2.55	2.38	2.19	1.96
18	4.41	3.55	3.16	2.93	2.77	2.66	2.51	2.34	2.15	1.92
19	4.38	3.52	3.13	2.90	2.74	2.63	2.48	2.31	2.11	1.88
20	4.35	3.49	3.10	2.87	2.71	2.60	2.45	2.28	2.08	1.84
21	4.32	3.47	3.07	2.84	2.68	2.57	2.42	2.25	2.05	1.81
22	4.30	3.44	3.05	2.82	2.66	2.55	2.40	2.23	2.03	1.78
23	4.28	3.42	3.03	2.80	2.64	2.53	2.38	2.20	2.00	1.76
24	4.26	3.40	3.01	2.78	2.62	2.51	2.36	2.18	1.98	1.73
25	4.24	3.38	2.99	2.76	2.60	2.49	2.34	2.16	1.96	1.71
26	4.22	3.37	2.98	2.74	2.59	2.47	2.32	2.15	1.95	1.69
27	4.21	3.35	2.96	2.73	2.57	2.46	2.30	2.13	1.93	1.67
28	4.20	3.34	2.95	2.71	2.56	3.44	2.29	2.12	1.91	1.65
29	4.18	3.33	2.93	2.70	2.54	2.43	2.28	2.10	1.90	1.64
30	4.17	3.32	2.92	2.69	2.53	2.42	2.27	2.09	1.89	1.62
40	4.08	3.23	2.84	2.61	2.45	2.34	2.18	2.00	1.79	1.51
60	4.00	3.15	2.76	2.52	2.37	2.25	2.10	1.92	1.70	1.39
120	3.92	3.07	2.68	2.45	2.29	2.17	2.02	1.83	1.61	1.25
∞	3.84	2.99	2.60	2.37	2.21	2.10	1.94	1.75	1.52	1.00

附录3 DW检验表(1)：$\alpha=0.05$的上下界

n	$m=1$		$m=2$		$m=3$		$m=4$		$m=5$	
	d_L	d_U	d_L	d_U	d_L	d_U	d_L	d_U	d_L	d_U
15	1.08	1.36	0.95	1.54	0.82	1.75	0.39	1.97	0.56	2.21
16	1.10	1.37	0.98	1.54	0.86	1.73	0.74	1.93	0.62	2.15
17	1.13	1.38	1.02	1.54	0.90	1.71	0.78	1.90	0.67	2.10
18	1.16	1.39	1.05	1.53	0.93	1.69	0.82	1.87	0.71	2.06
19	1.18	1.40	1.08	1.53	0.97	1.68	0.86	1.85	0.75	2.02
20	1.20	1.41	1.10	1.54	1.00	1.68	0.90	1.83	0.79	1.99
21	1.22	1.42	1.13	1.54	1.03	1.67	0.93	1.81	0.83	1.96
22	1.24	1.43	1.17	1.54	1.08	1.66	0.99	1.79	0.90	1.92
23	1.26	1.44	1.17	1.54	1.08	1.66	0.99	1.79	0.90	1.92
24	1.27	1.45	1.19	1.55	1.10	1.66	1.01	1.78	0.93	1.90
25	1.29	1.45	1.21	1.55	1.12	1.66	1.04	1.77	0.95	1.89
26	1.30	1.46	1.22	1.55	1.14	1.65	1.06	1.76	0.98	1.88
27	1.32	1.47	1.24	1.56	1.16	1.65	1.08	1.76	1.01	1.86
28	1.33	1.48	1.27	1.56	1.18	1.65	1.10	1.75	1.03	1.85
29	1.34	1.48	1.27	1.56	1.20	1.65	1.12	1.74	1.05	1.84
30	1.35	1.49	1.28	1.57	1.21	1.65	1.14	1.74	1.07	1.83
31	1.36	1.50	1.30	1.57	1.23	1.65	1.16	1.74	1.09	1.83
32	1.37	1.50	1.31	1.57	1.24	1.65	1.18	1.73	1.11	1.82
33	1.38	1.51	1.32	1.58	1.26	1.65	1.19	1.73	1.13	1.81
34	1.39	1.51	1.33	1.58	1.27	1.65	1.21	1.73	1.15	1.81
35	1.40	1.52	1.34	1.58	1.28	1.65	1.22	1.73	1.16	1.80
36	1.41	1.52	1.35	1.59	1.29	1.65	1.24	1.73	1.18	1.80
37	1.42	1.53	1.36	1.59	1.31	1.66	1.25	1.72	1.19	1.80
38	1.43	1.54	1.38	1.60	1.33	1.66	1.27	1.72	1.22	1.79
39	1.43	1.54	1.38	1.60	1.33	1.66	1.27	1.72	1.22	1.79
40	1.44	1.54	1.39	1.60	1.34	1.66	1.29	1.72	1.23	1.79
45	1.48	1.57	1.43	1.62	1.38	1.67	1.34	1.72	1.29	1.78
50	1.50	1.59	1.46	1.63	1.42	1.67	1.38	1.72	1.34	1.77
55	1.53	1.60	1.49	1.64	1.45	1.68	1.41	1.72	1.38	1.77
60	1.55	1.62	1.51	1.65	1.48	1.69	1.44	1.73	1.41	1.77
65	1.57	1.63	1.54	1.66	1.50	1.70	1.47	1.73	1.44	1.77
70	1.58	1.64	1.55	1.67	1.52	1.70	1.49	1.74	1.46	1.77
75	1.60	1.65	1.57	1.68	1.54	1.71	1.51	1.74	1.49	1.77
80	1.61	1.67	1.60	1.70	1.57	1.72	1.53	1.74	1.51	1.77
85	1.62	1.67	1.60	1.70	1.57	1.72	1.55	1.75	1.52	1.77
90	1.63	1.68	1.61	1.70	1.59	1.73	1.57	1.75	1.54	1.78
95	1.64	1.69	1.62	1.71	1.60	1.73	1.58	1.75	1.56	1.78
100	1.65	1.69	1.63	1.72	1.61	1.74	1.59	1.76	1.57	1.78

附录 3　DW 检验表(2)：$\alpha = 0.01$ 的上下界

n	$m=1$		$m=2$		$m=3$		$m=4$		$m=5$	
	d_L	d_U	d_L	d_U	d_L	d_U	d_L	d_U	d_L	d_U
15	0.81	1.07	0.70	1.25	0.59	1.46	0.49	1.70	0.39	1.96
16	0.84	1.09	0.74	1.25	0.63	1.44	0.53	1.66	0.44	1.90
17	0.87	1.10	0.77	1.25	0.67	1.43	0.57	1.63	0.48	1.85
18	0.90	1.12	0.80	1.26	0.71	1.42	0.61	1.60	0.52	1.80
19	0.93	1.13	0.83	1.26	0.74	1.41	0.65	1.58	0.56	1.77
20	0.95	1.15	0.86	1.27	0.77	1.41	0.68	1.57	0.60	1.74
21	0.97	1.16	0.89	1.27	0.80	1.41	0.72	1.55	0.63	1.71
22	1.00	1.17	0.91	1.28	0.83	1.40	0.75	1.54	0.66	1.69
23	1.02	1.19	0.94	1.29	0.86	1.40	0.77	1.53	0.70	1.67
24	1.04	1.20	0.96	1.30	0.88	1.41	0.80	1.53	0.72	1.66
25	1.05	1.21	0.98	1.30	0.90	1.41	0.83	1.52	0.75	1.65
26	1.07	1.22	1.00	1.31	0.93	1.41	0.85	1.52	0.78	1.64
27	1.09	1.23	1.02	1.33	0.95	1.41	0.88	1.51	0.81	1.63
28	1.10	1.24	1.04	1.32	0.97	1.41	0.90	1.51	0.83	1.62
29	1.12	1.25	1.05	1.33	0.99	1.42	0.92	1.51	0.85	1.61
30	1.13	1.26	1.07	1.34	1.01	1.42	0.94	1.51	0.88	1.61
31	1.15	1.27	1.08	1.34	1.02	1.42	0.96	1.51	0.90	1.60
32	1.16	1.28	1.10	1.35	1.04	1.43	0.98	1.51	0.92	1.50
33	1.17	1.29	1.11	1.36	1.05	1.43	1.00	1.51	0.94	1.59
34	1.18	1.30	1.13	1.36	1.07	1.43	1.01	1.51	0.95	1.59
35	1.19	1.31	1.14	1.37	1.08	1.44	1.03	1.51	0.97	1.59
36	1.21	1.32	1.15	1.38	1.10	1.44	1.04	1.51	0.99	1.59
37	1.22	1.32	1.16	1.38	1.11	1.45	1.006	1.51	1.00	1.59
38	1.23	1.33	1.18	1.39	1.12	1.45	1.07	1.52	1.02	1.58
39	1.24	1.34	1.19	1.39	1.14	1.45	1.09	1.52	1.03	1.58
40	1.25	1.34	1.20	1.40	1.15	1.46	1.10	1.52	1.05	1.58
45	1.29	1.38	1.24	1.42	1.30	1.48	1.16	1.53	1.11	1.58
50	1.32	1.40	1.28	1.45	1.24	1.49	1.20	1.54	1.16	1.59
55	1.36	1.43	1.32	1.47	1.38	1.51	1.25	1.55	1.21	1.59
60	1.38	1.45	1.35	1.48	1.32	1.52	1.28	1.56	1.25	1.60
65	1.41	1.47	1.38	1.50	1.35	1.53	1.31	1.57	1.23	1.61
70	1.43	1.49	1.40	1.52	1.37	1.55	1.34	1.58	1.31	1.61
75	1.45	1.50	1.42	1.53	1.39	1.56	1.37	1.59	1.34	1.62
80	1.47	1.52	1.44	1.54	1.42	1.57	1.39	1.60	1.36	1.62
85	1.48	1.53	1.46	1.55	1.43	1.58	1.41	1.60	1.39	1.63
90	1.50	1.54	1.47	1.56	1.45	1.59	1.43	1.61	1.41	1.64
95	1.51	1.55	1.49	1.57	1.47	1.60	1.45	1.62	1.42	1.64
100	1.52	1.26	1.50	1.58	1.48	1.60	1.46	1.63	1.44	1.65

附录4 t分布表 $P\{t(n) > t_\alpha(n)\} = \alpha$

n	$\alpha=0.25$	0.10	0.05	0.025	0.01	0.005
1	1.000	3.077 7	6.313 8	12.706 2	31.820 7	63.657 4
2	0.816 5	1.885 6	2.920 0	4.302 7	6.964 6	9.924 8
3	0.764 9	1.637 7	2.353 4	3.182 4	4.540 7	5.840 9
4	0.740 7	1.533 2	2.131 8	2.776 4	3.746 9	4.604 1
5	0.726 7	1.475 9	2.015 0	2.570 6	3.364 9	4.032 2
6	0.717 6	1.439 8	1.943 2	2.446 9	3.142 7	3.707 4
7	0.711 1	1.414 9	1.894 6	2.364 6	2.998 0	3.499 5
8	0.706 4	1.396 8	1.859 5	2.306 0	2.896 5	3.355 4
9	0.702 7	1.383 0	1.833 1	2.262 2	2.821 4	3.249 8
10	0.699 8	1.372 2	1.812 5	2.228 1	2.763 8	3.169 3
11	0.697 4	1.363 4	1.795 9	2.201 0	2.718 1	3.105 8
12	0.695 5	1.356 2	1.782 3	2.178 8	2.681 0	3.054 5
13	0.693 8	1.350 2	1.770 9	2.160 4	2.650 3	3.012 3
14	0.692 4	1.345 0	1.761 3	2.144 8	2.624 5	2.976 8
15	0.691 2	1.340 6	1.753 1	2.131 5	2.602 5	2.946 7
16	0.690 1	1.336 8	1.745 9	2.119 9	2.583 5	2.920 8
17	0.689 2	1.333 4	1.739 6	2.109 8	2.566 9	2.893 2
18	0.688 4	1.330 4	1.734 1	2.100 9	2.552 4	2.878 4
19	0.687 6	1.327 7	1.729 1	2.093 0	2.539 5	2.860 9
20	0.687 0	1.325 3	1.724 7	2.086 0	2.528 0	2.845 3
21	0.686 4	1.323 2	1.720 7	2.079 6	2.517 7	2.831 4
22	0.685 8	1.321 2	1.717 1	2.073 9	2.508 3	2.818 8
23	0.685 3	1.319 5	1.713 9	2.068 7	2.499 9	2.807 3
24	0.684 8	1.317 8	1.710 9	2.063 9	2.492 2	2.796 9
25	0.684 4	1.316 3	1.708 1	2.059 5	2.485 1	2.787 4
26	0.684 0	1.315 0	1.705 6	2.055 5	2.478 6	2.778 7
27	0.683 7	1.313 7	1.703 3	2.051 8	2.472 7	2.770 7
28	0.683 4	1.312 5	1.701 1	2.048 4	2.467 1	2.763 3
29	0.683 0	1.311 4	1.699 1	2.045 2	2.462 0	2.756 4
30	0.682 8	1.310 4	1.697 3	2.042 3	2.457 3	2.750 0
31	0.682 5	1.309 5	1.695 5	2.039 5	2.452 8	2.744 0
32	0.682 2	1.308 6	1.693 9	2.036 9	2.448 7	2.738 5
33	0.682 0	1.307 7	1.692 4	2.034 5	2.444 8	2.733 3
34	0.681 8	1.307 0	1.690 9	2.032 2	2.441 1	2.728 4
35	0.681 6	1.306 2	1.689 6	2.030 1	2.437 7	2.723 8
36	0.681 4	1.305 5	1.688 3	2.028 1	2.434 5	2.719 5
37	0.681 2	1.304 9	1.687 1	2.026 2	2.431 4	2.715 4
38	0.681 0	1.304 2	1.686 0	2.024 4	2.428 6	2.711 6
39	0.680 8	1.303 6	1.684 9	2.022 7	2.425 8	2.707 9
40	0.680 7	1.303 1	1.383 9	2.021 1	2.423 3	2.704 5
41	0.680 5	1.302 5	1.682 9	2.019 5	2.420 8	2.701 2
42	0.680 4	1.302 0	1.682 0	2.018 1	2.418 5	2.698 1
43	0.680 2	1.301 6	1.681 1	2.016 7	2.416 3	2.695 1
44	0.680 1	1.301 1	1.680 2	2.015 4	2.414 1	2.692 3
45	0.680 0	1.300 6	1.679 4	2.014 1	2.412 1	2.689 6

参考文献

[1]黄声享,尹晖,蒋征.2003.变形监测数据处理[M].北京:测绘出版社.

[2]陈永奇,吴子安,吴中如.1998.变形监测分析与预报[M].北京:测绘出版社.

[3]夏才初,潘国荣.2001.土木工程监测技术[M].北京:中国建筑工业出版社.

[4]朱建军,贺跃光.2003.变形测量的理论与方法[M].长沙:中南大学出版社.

[5]周秋生.1991.测量控制网优化设计[M].北京:测绘出版社.

[6]陈永奇,张正禄,吴子安,等.1996.高等应用测量[M].武汉:武汉测绘科技大学出版社.

[7]陈龙飞,金其坤.1990.工程测量[M].上海:同济大学出版社.

[8]周江文,陶本藻,庄昆元.1987.拟稳平差论文集[C].北京:测绘出版社.

[9]伊晓东,李保平.2006.变形监测技术及应用[M].郑州:黄河水利委员会出版社.

[10]杨志法,齐俊修.2003.岩土工程监测技术及监测系统问题[M].北京:海洋出版社.

[11]刘招伟,赵运臣.2006.城市地下工程施工监测与信息反馈技术[M].北京:科学出版社.

[12]刘大杰,陶本藻.2000.实用测量数据处理方法[M].北京:测绘出版社.

[13]冯大雍.1985.回归分析方法[M].北京:科学出版社.

[14]唐孟雄,陈如桂,陈伟.2006.深基坑工程变形控制[M].北京:中国建筑工业出版社.

[15]邓聚龙.1986.灰色预测和决策[M].武汉:华中理工大学出版社.

[16]傅立.1992.灰色系统理论及其应用[M].北京:科学技术文献出版社.

[17]胡伍生.2005.神经网络理论及其工程应用[M].北京:测绘出版社.

[18]安鸿志.1983.时间序列的分析与应用[M].北京:科学出版社.

[19]刘涛,曾祥利,曾军.2006.实用小波分析入门[M].北京:国防工业出版社.

[20]王德厚.2004.大坝安全监测与控制[M].北京:中国水利水电出版社.